普通高等教育网络空间安全系列规划教材

网络空间安全系统科学与工程

闫怀志　编著

U0287089

科学出版社

北　京

内 容 简 介

本书主要论述网络空间安全及其保障体系构建的系统科学与工程问题，内容包括网络空间安全系统科学与工程绪论，系统论、信息论、控制论、耗散结构理论、协同论、突变论以及复杂系统等理论及其在网络空间安全中的应用，霍尔结构、综合集成、MBSE 等系统工程方法、体系工程及其在网络空间安全中的应用，定性、定量、定性与定量相结合的安全分析、评估与决策方法，基于系统科学与工程的网络空间安全保障技术体系与管理体系构建方法。最后给出了大型信息系统安全保障系统工程实践过程实例。本书是作者长期从事相关领域科研与教学成果的高度凝练和系统总结，并融合了本领域的最新理论与技术。

本书可作为高等院校网络空间安全类、系统工程类、计算机类等专业高年级本科生和研究生教材，也可作为相关专业人员的参考书。

图书在版编目（CIP）数据

网络空间安全系统科学与工程 / 闫怀志编著. — 北京：科学出版社，2019.6

普通高等教育网络空间安全系列规划教材

ISBN 978-7-03-061028-7

Ⅰ. ①网⋯ Ⅱ. ①闫⋯ Ⅲ. ①计算机网络-网络安全-高等学校-教材 Ⅳ. ①TP393.08

中国版本图书馆 CIP 数据核字 (2019) 第 068979 号

责任编辑：潘斯斯 刘 博 董素芹 / 责任校对：郭瑞芝
责任印制：张 伟 / 封面设计：迷底书装

科学出版社 出版
北京东黄城根北街 16 号
邮政编码：100717
http://www.sciencep.com
北京厚诚则铭印刷科技有限公司 印刷
科学出版社发行 各地新华书店经销

*

2019 年 6 月第 一 版 开本：787×1092 1/16
2021 年 1 月第二次印刷 印张：16 1/4
字数：400 000

定价：**68.00** 元
（如有印装质量问题，我社负责调换）

前　言

　　网络空间是人类自然与社会以及国家的公域空间，已成为人类除陆、海、空、天之外的第五维活动空间，具有全球空间的性质。因此，网络空间安全(Cyberspace Security)及其保障体系构建成为了一个复杂的系统问题。构建网络空间信息系统的安全保障体系，首先要认知网络空间安全，认知的手段和方法至关重要。德国著名物理学家普朗克指出，科学是内在的统一整体，它被分解为单独的"个体"不是源自事物本身，而是源自人类认识能力的局限。网络空间安全领域也是如此。

　　随着研究的不断深入，人们逐渐认识到网络空间安全问题需要采用系统科学与系统工程的方法来解决。系统科学理论和系统工程方法论当之无愧地成为了网络空间安全的重要理论基础。考察网络空间安全的概念及其相关联系，既离不开信息论、系统论和控制论等系统科学经典理论(老三论)和耗散结构论、协同论、突变论(新三论)以及复杂系统与复杂网络等新兴理论，也需要运用系统工程和体系工程等思想和方法来解决工程实践问题。而实施网络空间安全系统工程，又离不开安全分析、评估与决策方法。不难看出，网络空间安全系统科学与工程，具有鲜明的多学科交叉融合、理论与实践高度结合等特点。

　　近年来，作者在国家重点研发计划(2016YFB0800700、2016YFC1000301)的支持下，持续开展了网络空间安全系统科学与工程领域的科学研究和工程实践，并为研究生和高年级本科生开设了相关课程，北京理工大学"十三五"规划专项也给予了大力支持。全书的主要架构和很多思想源自作者在承担相关领域国家级、省部级和企业课题中的理论和实践探索。本书还参考了国内外该领域的最新研究成果，力图反映最新的理论和技术方法。全书以系统科学和工程的理论和方法为指导，围绕系统科学理论与系统工程方法、网络空间安全保障体系构建两条主线，分7章论述网络空间安全保障体系构建中的系统科学与工程问题。

　　第1章绪论部分主要讨论网络空间安全系统科学与工程的基本问题，主要包括：网络空间安全概述(网络空间、信息安全、网络空间安全)；系统科学与系统工程(系统与整体性、系统科学与系统工程概述及其研究对象、内容与方法)；系统科学与系统工程视角下的网络空间安全等。

　　第2章主要论述系统论、信息论与控制论及其在网络空间安全中的应用，主要包括：系统论与网络空间安全(还原论与整体论的思想、方法及其历史贡献与历史局限，系统论的提出及其发展，系统概念的内涵和外延及其辩证分析，线性动态系统与非线性动态系统，开放系统、孤立系统与封闭系统，整体性、关联性、层次性、统一性、目的性、动态开放性以及自组织原理，结构功能相关、信息反馈、竞争协同、涨落有序以及优化演化等基本规律，系统论在网络空间安全宏观、中观、微观层面的应用)；信息论与网络空间安全(信息论的基本思想及其发展，信息的概念、特征及传输模型及度量，香农三大定理，信息论在密码学、数据压缩、信息隐藏、隐私保护以及可认证性、可信性和完整性保护中的应用)；控制论与网络空间安全(控制论的提出及其发展，控制论的科学思维与方法，经典控制理论、现代控制理论以及大系统理论与智能控制的基本思想与分析方法，控制论在网络空间安全控制、攻防对抗、动态防御和主动防御中的应用等）。

第 3 章讨论耗散结构理论、协同论与突变论及其在网络空间安全中的应用，主要包括：耗散结构理论、协同论、突变论的基本思想及其发展、基本概念与方法，及其在网络空间安全中的应用。同时还讨论了复杂系统理论、复杂适应系统理论、复杂网络理论的概念、基本思想、模型，及其在网络空间安全中的应用。

第 4 章系统工程与体系工程方法及其在网络空间安全中的应用部分，主要分析霍尔三维结构方法论、切克兰德方法论、综合集成方法论、MBSE 方法论以及体系工程方法论，以及上述方法在网络空间安全领域的典型应用分析和示例。

第 5 章讨论了网络空间安全系统分析、评估与决策方法，主要内容有：定性与定量问题的研究方法与途径；定性方法（逻辑分析法、德尔菲法主要步骤及其应用）；定量方法（主成分分析法、因子分析法、聚类分析法、时间序列模型分析法、回归分析法、决策树分析法的基本思想与基本步骤）；定性与定量相结合的方法（层次分析法 AHP、网络分析法 ANP、模糊综合评价法、灰色综合分析法、数据包络分析法、神经网络分析法和深度学习分析法的基本思想、基本步骤和应用领域等）。

第 6 章阐述了基于系统科学与工程的网络空间安全保障体系构建方法，主要包括：信息系统安全保障系统工程（安全保障系统工程过程，信息系统安全保障体系总体、技术保障体系、管理保障体系的设计，信息系统安全保障体系测评）；安全技术体系与管理体系通用框架（通用安全保护能力、对象、等级与要求，云计算平台、移动互联网络、物联网、工业控制系统及工业互联网的功能架构、安全威胁及安全防护架构）；安全技术体系构建（技术体系架构与总体技术要求，物理和环境、网络和通信、设备和计算、应用和数据的问题及技术措施）；安全管理体系构建（管理体系架构与总体管理要求，安全策略和管理制度，安全管理机构和人员，安全建设及运维管理等）；基于系统工程的网络空间安全整体防护能力形成（纵深防御体系的构建，安全技术与管理措施的协调、互补与融合，OODA 循环在网络空间安全攻防对抗中的应用等）。

第 7 章以人类遗传资源数据管理服务系统为例，介绍了大型网络信息系统安全保障系统工程实践过程，主要包括：系统安全保障需求；安全保障技术体系设计与实施（安全域划分及边界确定，物理和环境安全、网络和通信安全、设备和计算安全、应用和数据安全、数据共享安全与隐私保护的设计与实施，云支撑平台安全防护功能设计、安全管理中心设计与部署、安全设备和产品选型与部署等）；安全保障管理体系设计与实施（组织管理架构、安全策略体系的设计与实施，信息安全与隐私保护标准体系建设，系统安全管理及运维服务）；系统安全测试与评估（安全合规测评，云平台安全保障能力综合评估）等。

本书得到了北京大学、清华大学、上海交通大学、北京航空航天大学、北京理工大学、国家卫健委科学技术研究所、中国科学院信息工程研究所、中国航天系统科学与工程研究院、公安部第一研究所、中国电子科学研究院、中国人民解放军战略支援部队、军事科学院等单位同行专家的大力帮助。科学出版社对本书的出版给予了大力支持。同时，本书还参阅了大量的国内外专著、科研论文以及网络学术资源，在此一并致谢。

曾佳、闫振民、卢道英、边霞、曾永歧等参加了本书的文字处理、绘图等编写工作。

感谢家人在本书著述过程中的无私奉献、无限包容和大力支持。特别感谢各位校友和朋友在我最困难的时刻给予我的无私帮助。

为方便教学，本书随附提供参考教学大纲、教案、电子课件等辅助教学和学习资源。由于教材篇幅所限，与本书内容有关的大量背景知识、辅助内容及应用案例等将通过微信公众号(公众号名："网络空间安全系统科学与工程")提供。

由于相关领域的研究和应用正处于不断深入过程当中，加之作者水平有限，本书虽已尽力避免不足，难免仍有疏漏和错误，恳请广大读者将意见和建议发至 yhzhi@bit.edu.cn，作者不胜感激。

闫怀志

2019 年春于北京中关村

目　录

第1章 绪 论

本章将结合系统科学与系统工程原理来讨论网络空间安全系统科学与工程概念的基本范畴，具体包括网络空间，信息安全，网络空间安全，系统与复杂系统，系统科学与系统工程的研究对象、内容与方法，系统科学与系统工程视角下的网络空间安全等基本内容。

1.1 网络空间安全概述

1.1.1 网络空间

人们最熟悉的空间概念来自物理空间。物理空间大多通过长度、宽度、高度等维度来表现，用来描述物体及其运动的位置、形状、方向等物理性质。物理空间是与时间相对的一种物质客观存在形式，是三维的，可以容纳物质存在与运动，也可以称为"具体空间"。与此相对应，还存在"一般空间"。"一般空间"是概念性空间，是抽象的、不可见的多维特征空间，它没有具体的长、宽、高的维度限制，也没有具体数量规定。数学空间则是物理空间概念的延伸和抽象。随着人类认知的发展，又出现了思想空间、宇宙空间、信息空间与网络空间等概念。

网络空间概念的形成，经历了较长的发展历程。20世纪中叶以来，计算机与现代通信技术相互融合形成的互联网飞速发展，使人类对"一般空间"的认识，又增加了全新的技术特点和时代特征。20世纪70年代中期问世的信息网络飞速扩张，构筑了承载政治、军事、经济、文化的全新空间，即网络空间(Cyberspace)。Cyberspace原是哲学与计算机网络领域中的一个抽象概念，1982年由美籍科幻作家威廉·吉布森(William Gibson)首创，由Cybernetics(控制论)和Space(空间)组合而得。Cyberspace也常译为赛博空间、多维信息空间，军事应用中又称网电空间。

20世纪末，国际学术界认为Cyberspace与因特网基本同义，随后，又将对其的认识扩展为"基于计算机、现代通信网络以及虚拟现实等信息技术的综合运用，以知识和信息为内容的新型空间"，认为它是人类运用知识创造的一种人工世界，而且是适用于知识交流的虚拟空间。

20世纪以来，国际上对网络空间的认知继续深化，完成了对网络空间从抽象到具体，从单纯虚拟空间到"物理、信息、认识、社会"多维空间的认识转变。

当前，人们普遍认为，网络空间是以自然电磁能为载体，以功能、互联程度、技术复杂性以及脆弱性各不相同的人造异构网络化系统及相关的物理基础设施为平台，通过网络将信息渗透、充斥到陆、海、空、天实体空间，依托电磁信号传递、存储、处理和利用无形信息，通过协议、接口以及基础设施的标准化来实现不同分系统之间的信息交换，并经由信息控制实体行为，从而构成实体层、电磁层、虚拟层深度融合、相互贯通的，无所不在、无所不控、虚实结合、多域融合的复杂空间。网络空间的本质要素是信息、信息承载主体——信息系统以及信息环境。

具体到工程技术领域，网络空间中的信息系统，既可以指全球范围的 Internet 系统、通信基础设施等一般称作网络的信息系统，也可指有具体范围的电子信息环境，如政府、企业、军事等机构或组织的信息系统，还包括与网络空间有关的、影响重要基础设施的公共电话网、电力网、石化系统、金融、交通、广电、军事和其他政府信息系统等。网络空间的关键信息基础设施主要包括以下内容：提供公共通信、广播电视传输等服务的基础信息网络；公共服务领域的重要信息系统；军事网络；国家机关等政务网络；用户数量众多的网络服务提供者所有或管理的网络和系统。

由此可以看出，网络空间作为客观存在的人造空间，较之作为物质载体或物质运动形式的现实物理空间和传统的 IP 网络，呈现出以下新特点：①从计算机网络扩展到涉及陆、海、空、天等所有信息环境；②从计算机、网络设备扩展到使用各种芯片的嵌入式处理器和控制器；③从物理设施扩展到人的活动。这些特点，一方面体现了计算机、网络及应用的技术演变趋势；另一方面也反映出人们对网络空间内涵和外延认识的深化过程。

1.1.2 信息安全

1. 信息安全的发展历程与趋势

信息安全问题古已有之，最原始的安全问题涉及隐写术和古典密码学，尤以军事领域的应用为盛。中国古代的矾书采用明矾水书写，水干无迹、湿时方显，具备信息隐藏术的技术特征。古代西方军队也使用了很多保密通信技术，如公元前 5 世纪古希腊的斯巴达密码棒(Scytale)以及后来出现的恺撒(Kaiser)密码都是古典密码学的经典应用。虽然古代已经出现了以隐写术和古典密码学为代表的信息安全概念的雏形，但是，现代意义上的信息安全概念则是发展、形成并完善于近代信息技术飞速发展之后。国际上通常将信息安全的发展划分为三个阶段：①信息保密阶段(20 世纪初开始)；②信息保护阶段(20 世纪 80 年代开始)；③信息保障阶段(20 世纪 90 年代后期开始)。

信息的保密性(Confidentiality)是人类最先认识的安全要求，至今仍是信息安全的基础要求之一。最早的电话、电报通信安全主要是在信息交换环节，当时大多采用密码算法来实现加密传输，同时辅以访问控制和授权管理等手段。因此，这一阶段也被称为信息保密阶段。此阶段有四个里程碑式事件发生：①1949 年，美国数学家克劳德·香农(Claude Shannon)发表了《保密系统通信原理》(*Communication Theory of Secrecy Systems*)一文，标志着密码学变为一门应用科学；②1976 年，美国斯坦福大学教授迪菲(Diffie)和赫尔曼(Hellman)发表了《密码学的新方向》(*New Directions in Cryptography*)一文，标志着密码学发展到了公钥密码体制阶段，奠定了现代密码学的基础；③1977 年，美国国家标准局(NBS)采用了 IBM 研制的数据加密标准(DES)，标志着适用于计算机系统的商用密码体系的建立；④1983 年，美国国防部(DoD)公布了 TCSEC(可信计算机系统评价准则，俗称橘皮书)，标志着基于访问控制模型的可信信息系统等级化要求的形成以及计算机系统安全评估的第一个正式标准的建立。在这一阶段，人们充分认识到保密性是信息安全的一个基本要求，特别是 DES 和 TCSEC 的出现，更标志着以保密性为重点的信息安全研究及应用进入了新阶段。

后来，单纯的密码技术已无法满足计算机和网络系统的安全需求。人们对信息安全的关注逐渐扩展到完整性(Integrity)和可用性(Availability)方面。这一阶段称为信息保护阶段，国际上出现了两个著名的标准：

(1) ITSEC(欧洲信息安全评价准则)。该标准由欧洲多国于 1991 年联合制定，分为功能需求与评估两部分，此标准最重要的贡献是将完整性、可用性与保密性视为同等重要的安全要求。

(2) CC(信息技术安全评价通用准则)。该标准由美国、加拿大、欧洲共同体等于 1993 年制定，分安全功能需求和安全保证需求两方面。CC 综合了美国 TCSEC、欧洲 ITSEC、加拿大 CTCPEC、美国 FC 等信息安全标准和指南，给出了一个更全面的信息技术安全性评估框架。

20 世纪末，网络信息技术飞速发展，信息安全不再局限于传统的保密性、完整性和可用性问题，人们使用信息与信息系统的身份和需要承担的责任成为必须考虑的重要问题，可认证性(Authenticity)、抗抵赖性(Non-repudiation)、可追溯性(Accountability)和可控性(Controllability)等安全性概念应运而生。因此，美国国防部于 20 世纪 90 年代提出了信息保障(IA)的概念，并得到了国际上的广泛认可，标志着信息安全进入了信息保障的新阶段。信息保障旨在保证信息系统能够安全运行，从整体角度来考虑信息安全保障体系建设，是信息安全适应信息时代的新发展。此阶段主要采用技术、管理等综合性手段，使信息以及处理、管理、存储、传输信息的信息系统具备保密性、完整性、可用性、可认证性、抗抵赖性、可追溯性等，并具备遭受攻击后的可恢复性，其核心是实现具备保护、检测、响应和恢复等能力的"深度防御"思想。信息保障阶段的标志性事件是 1998 年美国国家安全局(NSA)颁布的信息保障技术框架(IATF)V1.1。信息保障的内涵和外延十分丰富，一直有效地指导信息安全保障体系的建设，网络空间安全时代仍然处于信息保障阶段。

2. 信息安全的概念和基本要求

关于信息领域安全的定义，国际上有不同的版本，分别侧重于计算机安全、网络安全和信息安全。国际标准化组织(ISO)的定义侧重于计算机信息系统信息的静态保护。美国国家标准与技术研究所(NIST)的定义侧重于信息安全，尤其是其中对可用性的要求，暗含了对系统动态运行的安全保护要求。

本书采用如下定义："信息安全是指对信息系统的硬件、软件及其数据信息实施安全防护，保证在意外事故或恶意攻击情况下系统不会遭到破坏、敏感数据信息不会被篡改和泄露，保护信息的保密性、完整性、可用性以及可认证性、抗抵赖性、可追溯性、可控性等，并保障系统能够连续可靠地正常运行，信息服务功能不中断。"这个定义，既强调了信息安全的防护对象——信息和信息系统，也强调了安全属性方面的具体要求，同时强调了对系统运行的动态防护。

前述定义中提到的保密性、完整性、可用性、可认证性、抗抵赖性、可追溯性以及可控性等，称为信息安全要求或信息安全属性。其中，保密性、完整性、可用性最为基础，是信息安全的基本要求，并称为信息安全 CIA 三要素。而可认证性、抗抵赖性、可追溯性以及可控性等则称为信息安全的扩展要求。对上述安全要求的任何破坏，都是对信息和信息系统安全的破坏，换言之，如果无法有效满足上述安全要求，那么该信息或信息系统就是不安全的。

1) 保密性

保密性(机密性)是人们最先认识到的安全要求，它是指信息按给定要求不泄露给非授权(非法)的个人、实体或过程，或提供其利用的特性，即杜绝有用信息泄露给非授权个人或实体，强调有用信息只被授权(合法)对象使用的特征。保密性针对的是防止对信息进行未授权的"读"，其核心是通过各种技术和手段来控制信息资源开放的范围。

2) 完整性

完整性是指网络信息在存储或传输过程中保持不被偶然或蓄意地删除、修改、伪造、乱序、重放、插入等行为破坏和(或)丢失的特性，用以保证数据的一致性。简而言之，完整性是指信息未经授权不能进行改变。完整性要面对的是防止或者至少是检测出未授权的"写"(对数据的改变)，其核心是保证信息不被修改、不被破坏以及不丢失。完整性的破坏可能来自未授权、非预期、无意这三个方面的影响。也就是说，除了恶意破坏之外，还可能出现误操作以及没有预期到的系统误动作，它们也会对完整性产生影响。

3) 可用性

可用性是在信息保护阶段针对信息安全提出的新要求，在网络空间也必须要满足。可用性用来保证合法用户对信息、信息系统和系统服务的使用不会被不正当地拒绝。攻击者通常会采取资源占用的方式来破坏可用性，使授权者的正常使用受到阻碍。信息和资源在授权主体需要时可以提供正常访问和服务，甚至在信息系统部分受损或需要降级使用时，仍能为授权用户提供有效服务。

4) 可认证性

可认证性(真实性)是对技术保证和人的责任的总体要求，不能被完整性所取代。可认证性用来核实合法的传输行为、被传输消息或消息源的真实性，用来确保实体身份或信息、信息来源真实，即保证主体或资源确系其所声称的身份的特性，以建立对该主体或资源的信心。这里的实体是指用户、信息、进程或系统等。

5) 抗抵赖性

抗抵赖性(不可否认性)是指信息交换双方(人、实体或进程)在交换过程中发、收信息的行为均不可抵赖，这是面向收、发双方的信息真实同一的安全要求，包括源发证明和交付证明，用来保证信息和信息系统的使用者无法否认其行为及其结果，防止参与某次操作或通信的一方事后否认该事件曾发生过的企图得逞。源发证明为信息接收者提供证据，使得发送者谎称未发送过该信息或者否认其内容的企图无法得逞；交付证明则为信息发送者提供证明，使得接收者谎称未接收过该信息或者否认其内容的企图无法得逞。与完整性不同，抗抵赖性除了关注信息内容认证本身，还可以涵盖收发双方的身份认证。

6) 可追溯性

可追溯性(可核查性、可确认性)是指确保某个实体的行动能唯一地追溯到该实体，即能够追究信息资源什么时候使用、谁在使用及如何操作使用等，表征实体对自己的动作和做出的决定负责。

7) 可控性

可控性是指能够保证信息管理者掌握和控制信息与信息系统的基本情况，可对其使用实施可靠的授权、审计、责任认定、传播源追踪和监管等控制，保证能对传播的信息及内容实施必要的控制及管理，即对信息的传播及内容具有控制能力。

1.1.3 网络空间安全

网络空间安全是人类自然与社会以及国家的公域空间，已成为人类除陆、海、空、天之外的第五维空间，具有全球空间的性质。网络空间的固有特点，对其安全保障提出了新的挑战。

1. 网络空间的特点对安全提出的新挑战

1) 网络空间与物理空间和社会空间相互交融、渗透与控制

由于物理空间和社会空间等现实空间都可以向网络空间"投影"映射，网络已深度渗透到政治、经济、社会、军事等各方面管理当中，出现了崭新形态的网络政治、网络经济、网络文化、网络军事和网络外交等，网络空间中的信息能够连续地无缝突破和穿越政治、文化、宗教和地缘的各种界限，同时，该空间的基础设施软硬件研发、生产和应用也已经实现全球化，新的计算工具和通信手段的出现、新的信息系统的建立等都会扩展和延伸网络空间的边界。社会空间等现实空间不可避免地与网络空间领域紧密联系，并实现相互交融、相互渗透与相互控制。

2) 网络空间具有显著的复杂性

随着云计算、物联网、大数据、移动通信等领域的不断发展，网络空间作为一个极度分散的空间区域，涵盖诸多非连续网络节点及其链路，因此，该区域可以视为非连续型极度分散且持续演变的动态异构域。网络空间具有日益增加的全球连接、无所不在的高度机动性，使网络与电磁空间融为一体，实现基础设施和设备操作要求的动态配置，核心是使信息从平面、线式交互发展为大纵深的网络空间立体交互。因此，网络空间具有典型的复杂性。

2. 网络空间安全的内涵本质与外延构成

网络空间安全问题与网络空间相伴相生，网络空间安全的概念也是由信息安全、计算机安全以及网络安全等概念发展和拓展而来，其关注对象包括因特网、电信网、计算机系统以及嵌入式处理器和控制器等的安全问题，并将安全的范围拓展至网络空间中所形成的一切安全问题，涉及诸多领域，具备综合性和全球性的新特点。

网络空间安全涵盖了传统的信息安全和网络安全的内容，但其更加关注与陆、海、空、天并行的空间概念，安全问题具有跨时空、多层次、立体化、广渗透、深融合的新形态，而且一开始就具有鲜明的体系和对抗的性质。网络空间安全所涉及的主体、客体及其相互作用构成了一个复杂动力系统，必须基于复杂系统的观点来考察网络空间。

从外延来看，网络空间安全包括网络空间关键信息基础设施运行安全、网络空间攻防对抗、网络空间信息传播及其管控以及信息隐私保护等。

1.2　系统科学与系统工程

探讨网络空间的安全问题，首先要认知网络空间安全，而认知的手段和方法至关重要。德国著名物理学家普朗克指出，科学是内在的统一整体，它被分解为单独的"个体"不是源自事物本身，而是源自人类认识能力的局限。考察网络空间安全的概念及其相关联系，离不

开信息论、系统论和控制论等系统科学经典理论(老三论)和耗散结构理论、协同论、突变论等新兴理论(新三论)。同时还需要系统工程和体系工程等思想和方法。

1.2.1　系统与整体性

辩证唯物主义认为，世界是普遍联系的整体，任何事物之间及事物内部各要素之间均存在相互影响、相互作用和相互制约的关系，即客观世界的事物是普遍联系的。客观事物是普遍联系的整体，必然存在客观规律，考察客观事物就应该研究、认识和运用这些规律。事物的普遍联系是一个客观事实和本质特征，而系统就是能够反映与概括这个客观事实和本质特征的最基本且最重要的概念。

系统是指由相互联系、相互作用、相互依赖、相互影响的若干组成部分构成的具有特定功能的有机整体，而且其本身又是它所从属的某个更大系统的组成部分。系统在自然、社会和人类等客观世界中普遍存在。系统的结构与环境及其关联关系，决定了系统的整体性与功能，而整体性则是研究及应用系统的核心所在。系统功能是系统整体性的外在表现，而整体性是系统最重要的特点，是指系统在整体上具有其组成部分所没有的性质。

系统的整体性意味着，系统功能绝非其组成部分性质或性状的简单叠加，而是系统整体涌现的结果，遵从涌现机理和规律。也就是说，对于系统来说，其核心在于系统整体所涌现出来的功能，即便全部认识了其组成部分，也并不等于认识了系统自身。

按照前述系统原理，为使系统具备所期望的功能尤其是最优功能，可以通过调整和改变其结构或环境及其关联关系来实现。不过，系统环境通常无法任意改变或调整，多数情况下只能去适应环境，而系统的组成结构则可以通过一定的手段和方法去重新设计、组织、调整和改变。由此，便能够通过设计、组织、调整和改变系统组成部分或其间、层次结构之间及其与环境之间的关联关系，实现系统整体、部分与环境相互协调、统一与协同，因系统整体涌现而使功能甚至是最优功能得以实现。此即系统控制、管理与干预的基本内涵，属于系统管理、系统控制等研究的应用理论范畴，同时也是系统工程等要实现的核心目标。

1.2.2　系统科学与系统工程概述

1. 科学、技术与工程的关系

为讨论系统科学与系统工程问题，我们先来考察科学、技术与工程的关系，这个问题向来是国内外科学界、工程技术界和哲学界关注的核心关键问题。

科学是运用定理、定律等思维形式，反映现实世界各种现象的本质和规律的知识与理论体系，即关于事物的基本原理和事实的有组织、有系统的知识。科学的主要任务是研究世界万物变化的客观规律，解决"为什么"的问题。技术是人在改造自然、改造社会，以及改造自我的过程中所用到的一切手段、方法的总和，是在科学指导下解决实际问题的某种范围的应用单元，解决"如何实现"的问题。工程是和科学与技术有关的综合实践过程，具有特定目标并注重效益，且受政治、经济、社会、法律、人文等多种因素的影响和约束，综合集成多种技术并实现优化。

简而言之，科学是系统理论知识，可用于指导实践；技术则是在科学的指导下，直接为生产提供指导与服务的一种知识；工程是运用科学和技术进行的一种实践活动。实施工程需要科学的指导与技术的实现，而做好技术则应首先掌握其科学原理。

例如，在网络空间安全领域，密码学基础理论就涉及基础科学，是综合提炼具体的加密、认证等各种现象的性质和较为普遍的原理、原则、规律等形成的基本理论，是网络空间安全技术科学、工程技术的先导。网络空间安全技术处于科学与工程的中间层次，以揭示现象的机理、层次、关系等为重点，并将网络空间安全工程中普遍适用的原则、规律和方法提炼出来。网络空间安全工程是其基础科学与技术发展的根本动力，它重点关注基础科学与技术科学知识在工程实践中的应用，并在实践中总结经验、创新技术与方法。

2. 系统科学与系统工程的关系

系统科学和系统工程是现代科学技术体系中的重要分支，处于飞速发展过程当中。现代科学技术的发展，又为系统科学与系统工程的发展提供了极大推动力和广阔空间。

系统科学经历了从还原论到整体论再到系统论的发展历程，而系统论方法则与现代系统科学体系的形成与发展密不可分。现代科学技术的发展，具有既高度分化又高度综合的显著趋势，行业和领域细分现象越来越明显，同时，不同行业和领域交叉融合的需求越来越强烈，对系统科学和系统工程提出了强烈需求。现代信息技术特别是大数据、深度学习、人工智能的出现，大大推动了人类思维方式的变革，人机结合的系统思维方式的出现，客观上也推动了系统论方法的发展及应用。

运用系统论来研究和认知系统，揭示系统客观规律并建立其知识体系，即系统认识论，而系统认识论就体现为系统科学体系。与自然科学的基础科学、技术科学(应用科学)、工程技术(应用技术)的三个层次知识结构相类似，系统科学体系的知识结构也分为三个层次：①处于基础科学层次，揭示系统一般规律的为系统科学(包括系统学和复杂巨系统学等)；②处于技术科学层次，直接为系统工程提供理论方法的有运筹学、控制论、信息论等；③处于工程技术或应用技术层次，直接用于改造客观世界的工程技术为系统工程。与机械工程、软件工程等其他工程技术不同，系统工程是组织管理系统的技术。这种体系是系统科学思想在科学、工程、技术等不同层次上的体现，将系统思想建立于科学基础之上，把理论和实践二者的统一。系统科学体系中，技术科学层次上的控制论、信息论形成了相应的理论和方法，并在持续发展，而系统工程更是在实践中获得了广泛应用。

客观世界本身作为相互联系、相互作用、相互影响的整体而存在，并不因人类有没有方法、使用何种方法来认识客观世界而转移。无论采用何种方法来认识客观世界，客观世界的不同领域、不同层次的科学技术也必然是相互联系、相互作用、相互影响的统一知识体系。正是在这个意义上，系统科学和系统工程得到了辩证统一。

1.2.3 系统科学的研究对象、内容与方法

系统思想古已有之，作为系统科学方法的启蒙，最早源于古代人类的农业、军事、天文及工程等社会实践所积累的系统资料。20世纪中叶，传统科学思想及方法无法解决现代环境及工程问题，必须采用新的理论和方法来组织管理，因此在近现代科学技术的推动下，产生了以系统思想为核心的现代系统科学方法。

1. 系统科学的研究对象与内容

系统科学研究客观世界的着眼点是事物整体与部分、局部与全局以及层次关系，即从系统角度来研究自然科学、社会科学等领域的问题，进行综合性、系统性和整体性研究。因而，系统科学研究具有交叉性、综合性和整体性的特点，这些特点又使系统科学成为现代科学技术体系的重要和采要的组成部分。

一般认为，系统科学是以系统及其机理为对象，研究系统类型、性质及其运动规律的科学。采用系统科学方法开展系统研究，从系统具体形态及其特定结构功能中抽象出一般形态的系统类型、性质及其运动规律，因此具有方法论意义。具体来说，方法论意义上的系统科学，是将拟改进或新建对象视为系统，运用具体的科学方法和工具，分析其目标、功能、环境、投入和产出等，并对相关数据和资料进行收集、分析与处理，构建模型并给出若干解决方案，基于给定目标与准则，通过模拟仿真、试验、分析与计算来进行比较、评价与预测，最终实现综合决策，以保证系统整体效益最佳。

2. 系统科学体系结构与方法

系统科学体系结构涉及以下内容：①系统概念，研究关于系统的一般思想与理论；②一般系统理论，研究采用数学形式描述以及确定系统结构与行为的数学理论；③各系统理论分支，研究解决各类系统结构与行为的专门理论；④系统方法及其应用，包括分析、计划、设计和运用系统对象时采用的具体理论与技术方法。

系统科学涉及多种方法，可大致分为三类。第一类是 20 世纪四五十年代的"老三论"。"老三论"，是指从美籍奥地利理论生物学家和哲学家贝塔朗菲(Bertalanffy)的"一般系统论"发展而来的"系统论"、美国数学家维纳(Wiener)的"控制论"与美国数学家香农的"信息论"。与上述三种理论相对应的方法有系统方法、控制论方法与信息方法。第二类是 20 世纪六七十年代创立的"新三论"。"新三论"，是指比利时物理学家普利高津的"耗散结构理论"、德国物理学家哈肯的"协同论"与法国数学家雷内·托姆的"突变论"。此外，德国化学家艾根还提出了"超循环论"。这些理论的共同特征是研究非线性复杂自组织演化与形成过程，建立了系统的组织理论，形成了自组织方法。具体的自组织方法有耗散结构理论中的非平衡系统方法、协同论中的序参量方法、突变论中的突变演化方法等，在宇宙演化、天体形成、社会发展等方面应用广泛。第三类主要是 20 世纪八九十年代至今的复杂性科学方法，以"复杂系统理论"为典型代表，研究非线性科学和复杂性科学中的秩序与结构发现问题。

特别需要指出的是，中国著名科学家钱学森也于 20 世纪 70 年代末提出了系统科学体系的层次结构，认为系统科学由基础科学、技术科学与工程技术三个层次以及多门学科和技术组成，在国际系统科学界独树一帜。基础科学层次主要是系统学，它作为一切系统研究的基础理论，主要研究系统的基本属性与一般规律。技术科学层次是指导工程技术的理论，主要包括运筹学、信息论和控制论等。工程技术层次则是直接改造客观世界的知识，主要包括系统工程、自动化、通信等技术。而工程技术层次则是组织管理系统的技术，因系统类型不同，有网络空间安全系统工程、工业互联网系统工程、航天系统工程以及社会系统工程等。

1.2.4　系统工程的研究对象、内容与方法

系统科学体系既有重要的科学价值，又有极强的实践意义。任何实践均有其明确的目的性和组织性，同时具有高度的动态性、系统性与综合性。从系统视角出发，所有实践活动均以具体的实践系统来实现。钱学森指出，任何一种社会活动都会形成一个系统，这个系统的组织建立、有效运转就成为一项系统工程。

1. 系统工程的研究对象与内容

系统工程问题含义有二：一是指从实践或工程角度视之，为系统的实践或工程；二是指从科学技术角度视之，系统的实践或工程应采用系统工程技术来处理其组织管理，技术与工程二者为不可割裂的辩证统一关系。也就是说，既要从系统观点出发来认识社会实践与工程，也必须采用系统工程技术来解决系统的问题。事实上，很多科技工程既需要研究科学层次上的理论问题，又需要研发技术层次上的工程技术，并要在工程实践中应用这些理论与技术。

例如，工业互联网安全保障体系的构建是一个典型的系统科学与工程问题，应按照工业互联网安全保障的总体目标来设计系统总体方案，给出实现该系统的技术途径。在设计过程中，应将其作为其所属的更大系统(即工业互联网)的组成部分来考虑，从工业互联网这个更大系统的技术协调角度来考虑安全保障系统的所有技术要求。然后，将安全保障系统划分为设备安全、网络安全、控制安全、应用安全、数据安全以及安全管理等若干分系统来设计，各分系统的技术要求都应服从于整个安全保障系统技术协调的要求，即满足安全保障系统的系统结构要求。各分系统应为有机结合的整体，分系统与系统整体之间、各分系统之间的矛盾与冲突均应按照安全保障系统总体目标的要求来协调与解决。

2. 系统工程方法

系统科学及其体系结构体现了系统认识论，霍尔三维结构方法论、切克兰德方法论、综合集成方法论、基于模型的系统工程方法论以及体系工程方法论体现的是系统方法论；而实施系统工程体现的则是基于系统认识论、系统方法论的系统实践论。

系统工程方法的主要特点是：将工程研究对象视为一个整体来研究，分析系统总体各部分之间的相互联系和相互制约关系，使总体中各部分相互协调配合，满足整体优化的目的；分析局部问题则是以整体协调的需要为出发点，选择优化方案，并对系统效果进行综合评价；综合运用逻辑分析法、德尔菲法、主成分分析法、决策树分析法、层次分析法、网络分析法、深度学习评价法等进行定性、定量或定性与定量相结合的分析；分析系统的外部环境和变化规律及其对系统的影响，使系统能够适应外部环境的变化。

在系统工程方法中，通常使用霍尔三维结构方法论、切克兰德方法论、综合集成方法论、基于模型的系统工程方法论以及体系工程方法论。系统工程管理则是根据系统实践论的思想，运用上述方法，应用系统工程技术，研究和解决系统实践和工程的组织管理问题，将系统整体和组成部分协调统一起来。

1.3　系统科学与系统工程视角下的网络空间安全

考察网络空间安全问题,基本观点、概念、原则是本质的和第一位的,而技术方法和实现则是手段,是从属于基本观点和基本原则的。实施网络空间安全工程,必须考虑到其层次性、开放性、不确定性等特点,从系统科学和系统工程的视角来分析。

1.3.1　系统科学视角下的网络空间安全

1. 网络空间安全问题的复杂性特征

网络空间安全的方法论建立于网络空间安全认识论之上。网络空间安全认识论将网络空间视为物理空间之外的另一空间。网络空间由物理空间和虚拟空间深度融合而成,物联网(IoT)、信息物理系统(CPS)即为其典型代表。信息及信息系统所面临的风险,既客观存在,也含有人类思维意识作用,天然兼具物质和意识的两重性。从辩证唯物法的角度来考察,物理空间的物质生产不会因网络空间的形成和演进而失去第一性;与此同时,网络空间又将与物理空间相互映射、相互控制、相互融合而形成共生关系。网络空间的跨时空等特性,决定了在这个高维度空间中网络空间和物理空间的互控共生。

网络空间中的信息系统,各组件联系紧密、结构复杂、动态多变、随机性强,网络空间的安全问题影响因素众多、涉及面广,因此网络空间安全系统具备复杂系统特征。

近年来信息技术的发展,更使得网络空间中的信息系统形态进一步向复杂演进,出现了云计算平台、物联网、移动互联网、工业互联网、物理信息融合系统等新形态,为网络空间信息系统安全分析和控制带来了极大挑战。

网络空间安全问题的复杂性还蕴藏在系统的层次性、涌现性、主动性等特性之中,这就决定了解决该问题必须由基元性转向组织性、由线性转向非线性、由简单性转向复杂性。网络空间安全系统必须处理变量多、维数高及多变性、不确定性与强非线性等问题,系统建模、设计和分析难度大,必须首先考虑其复杂性因素的形成及相互作用。

2. 系统科学理论与网络空间安全

网络空间安全系统是典型的复杂系统(甚至是体系),安全系统自身以及与外部环境(包括网络空间自身)的交互、关联和融合日趋复杂。从最初的系统工程发展到复杂系统工程,再发展到复杂系统的体系工程,表现为范围的转移,更表现为网络空间安全领域基本规律的显著变化。因此必须以全新的系统科学视角,来考察网络空间安全问题。系统论、信息论、控制论以及耗散结构理论、协同论与突变论也必然成为网络空间安全学科的方法论基础。

以系统论的视角来看,网络空间安全是一个以人、操作、技术和管理为核心要素的整体系统,各个安全子系统会影响系统的整体性、关联性、等级结构性、动态平衡性、时序性等,范围涉及物理和环境、网络和通信、设备和计算以及应用和数据的安全技术与管理措施。因此,可以从宏观、中观和微观三个层面应用系统论来指导网络空间安全体系的构建。

信息论以信息传输和信息处理系统的一般规律为研究对象,可用于指导网络空间安全理论建立、技术实现和工程实施。信息论揭示了密码系统与信息传输系统的对偶关系,可宏观指导密码算法设计。以信息论角度视之,信息隐藏(嵌入)等同于在一个宽带信道(原始宿主信号)上用扩频通信技术传输一个窄带信号(隐藏信息)。隐私度量问题可利用信息论中的信息熵来进行有效量化,而信息的可信性和完整性等均可转化为信息编码问题。

复杂的网络空间安全系统可以归结为"风险"和反风险的"控制作用"两大对立的基本矛盾。保障网络空间的安全必须采取一定的安全和风险控制措施。网络安全控制模型通常由施控系统、受控系统以及前馈系统和反馈系统等组成,其建立过程与系统论方法、控制论方法中的系统分解及降阶思想既密切相关,又高度契合。

从系统层面看,网络空间安全问题的复杂性主要表现在系统层次性、不确定性、开放性、非线性、系统规模、主动性、智能性以及动态性等特性所带来的复杂性方面,网络空间安全问题的复杂性正是源自上述诸多因素的交互作用。耗散结构理论、协同论与突变论可以从复杂性科学的角度来揭示网络空间中复杂信息系统的安全规律。

1.3.2　系统工程视角下的网络空间安全

1. 网络空间安全工程

网络空间安全工程是贯穿于信息系统全生命周期、实施持续安全保障的工程过程,通过综合技术、管理、工程与人员的安全保障来实施和实现信息系统的安全保障目标。网络空间安全工程涉及工程系统结构、系统环境与系统功能,需要通过总体规划、总体分析、总体设计、总体实现,来协调系统整体和部分,以实现安全保障的目标。

在网络空间安全工程实施中,需要明确安全保护对象(如网络基础设施、云计算平台、物联网、工控系统等),确定保护对象的安全保护需求;针对安全保护对象的特点构建安全技术和管理体系,构建具备相应安全保护能力的网络安全综合防御体系。从安全属性来看,需要通过实施网络空间安全工程来保障信息系统和信息的保密性、完整性、可用性与抗抵赖性等;针对具体的信息系统安全保障,可分为物理和环境、网络和通信、设备和计算、应用和数据等方面的安全保障问题;从采用的技术和产品形态上,可分为防火墙、入侵检测、防病毒、漏洞扫描、加密和认证等不同的手段;从管理层面来看,又需要开展安全组织管理、安全规划、机制建设、团队和人员建设、应急处置、监督检查以及教育培训等。

2. 网络空间安全与系统工程

网络空间安全工程的实施需要采用系统思想和方法来进行,是一个复杂的系统工程。

网络空间安全领域已广泛应用系统工程,复杂信息系统安全理论、认识论和方法论以及工程应用等层面之间相互关联、相互支撑。复杂信息系统安全的系统思想与信息安全的专门领域知识相结合,形成了复杂信息系统安全领域理论;复杂信息系统安全的系统思想与系统方法、技术相结合,产生复杂信息系统安全方法论;信息安全的专门领域知识与复杂信息系统安全方法、技术相结合,实现了复杂信息系统安全领域的工程应用。复杂信息系统安全系统工程同时具有以上三个维度、三个方面的内涵,以实现复杂信息系统安全效能的整体最优。

在系统工程中,需要进行建模、仿真、分析、优化、试验与评估,其中安全分析、评估与决策需要使用定量、定性、定量与定性相结合等分析方法，研究系统的整体与部分、系统与环境之间的关系与协调相制，以求得最好的系统总体方案，以供决策和实施力争在实践中实现系统整体效果的最优。定性方法包括逻辑分析法、德尔菲法等；定量方法包括主成分分析法、因子分析法、聚类分析法、时间序列模型分析法、回归分析法、决策树分析法等；定性与定量相结合的方法则包括层次分析法、网络分析法、模糊综合评价法、灰色综合分析法以及神经网络和深度学习分析法等。

本书将分章重点讨论系统论、信息论与控制论及其在网络空间安全中的应用、耗散结构理论、协同论与突变论及其在网络空间安全中的应用、系统工程与体系工程方法及其在网络空间安全中的应用、网络空间安全中的分析、评估与决策方法、基于系统科学与工程的网络空间安全保障体系构建，以及大型网络信息系统安全保障系统工程实践。

第 2 章　系统论、信息论与控制论及其在网络空间安全中的应用

科学技术哲学的核心是世界观和方法论，客观世界中的各个领域均有其特定的认识论和方法论，而任何理论及方法均有其基本概念、术语和定理描述，用以解释该理论的指称对象、问题域以及演化规律。在网络空间安全领域，也是如此。本章将重点讲述系统科学中的系统论、控制论、信息论等方法，以及上述方法在网络空间安全领域的应用。

2.1　系统论与网络空间安全

系统论是研究一切系统演化、协同与控制(结构与功能)的共同规律的学科，不仅受到科技界的广泛重视，而且系统作为新的科学范畴也引起了世界观和认识论方面的变化，促生了系统哲学。长久以来，人类认识事物存在还原论(Reductionism, 还原主义)与整体论(Holism, 整体主义)两种思维方法。还原论方法是从"窄处"着眼，将待考察事物层层分解，先分析和认识事物分解后所得的各个组成部分，然后再将这些认识组合起来，形成整体认识。整体论方法则是从"宽处"着眼，将事物视为整体，从问题全局来考察事物。由于还原论和整体论与系统论有千丝万缕的联系，因此，在讨论系统论之前，我们先来分析还原论和整体论。

2.1.1　还原论的思想、方法及其历史贡献与历史局限

1. 还原论的提出与发展

还原论方法最早可追溯至以德谟克利特(Democritus)为代表的古希腊时期。德谟克利特认为，原子是不可再分的物质微粒，万物皆由原子和虚空所构成，需将事物细分为原子来认识。这种思想经过转化和发展，在 17 世纪的欧洲形成了近代科学意义上的系统还原论，典型代表人物有英国哲学家、文学家培根(Bacon)；法国哲学家、物理学家、数学家笛卡儿(Descartes)；英国物理学家、数学家牛顿(Newton)。

1637 年，笛卡儿发表了《正确思维和发现科学真理的方法论》(简称《方法论》)，提出了"假说-演绎法"，该方法以直观公理为大前提，经自上而下分解和严密演绎推理，得出"真理"。笛卡儿在方法论中首次提出"我思故我在(I think, therefore I am)"的名言，并首次引入对牛顿和莱布尼茨发明微积分理论有很大作用的笛卡儿坐标系。笛卡儿方法论提出的研究问题的四个步骤如下。

(1)不接受自己不清楚的任何真理，除非自己确认，否则永远不承认任何自己未知的事物为真，即著名的"怀疑一切"理论。

(2)尽量将待研究的复杂问题分解为多个较简单的子问题，从简单的子问题出发，逐步上升到对复杂对象的认识，进而理解原来的复杂问题。

(3) 将第(2)步中的子问题从简单到复杂依序排列，由易及难，依次处理。

(4) 解决所有问题后，进行综合检验与核算，考察其完备性以防遗漏，力求最终获得对复杂事物的完整、准确的认识。

实际上，上述笛卡儿方法论就是对还原论的通俗表达。牛顿进一步发展了经验与理论、分析与综合相结合的假说-演绎法，促成了牛顿力学机械论(Mechanism)的建立，并在回答"世界是什么"的这个哲学命题中不断发展和完善。机械论哲学认为"世界是一架机器"，是一系列精巧部件与结构的集合，并被机械运动的原初动力所推动。牛顿力学三大定律虽然简单，但确实可以解释小到碎石颗粒大到宇宙天体的诸多事物的运动规律，机械唯物主义由此就用物理学来解释包括人类意识在内的整个世界。机械论具有的因果必然性、系统还原性、构成原子性、质量计算性等存在论性质，超越了神性论和活性论，在成为人类征服自然、改造自然的强大思想基础方面具有合理性，因此，牛顿力学理论及其形而上学(Metaphysics)思想垄断了自然科学研究、哲学观点长达两个世纪之久。

2. 还原论的基本思想与方法

还原论是现代西方认识客观世界的主流哲学观，也是西方经典科学方法的核心所在。所谓还原，是将复杂的系统(或现象、过程)逐层分解为其组成部分的过程，在此过程中，从整体到部分、由连续到离散、化复杂为简单，不断分析被考察对象，直至将其恢复至最原始的状态。该理论的哲学思想是主张将高级运动形式(如生命运动)还原为低级运动形式(如机械运动)，将复杂的系统、工程对象等分解为各部分的组合来认知和表征，即将复杂对象分解为简单对象、高层对象分解为低层对象来处理。还原论者认为，世界上各种现象均可被还原为一组基本的要素，而且各基本要素之间彼此独立，不因外在因素而改变其本质；各种现象都可看成更低级、更基本的现象的集合体或组成物，无论高层规律多么独立于低层规律，都可被该系统的低层规律所表示，因而可用低级运动形式的规律代替高级运动形式的规律，通过研究基本要素，即可推知整体现象的性质。显然，这是一种形而上学的方法。

基于还原论哲学思想的方法论手段是对研究对象不断进行分析直至恢复其最原始状态，其中，分解是其主要手段，处于主导地位。还原论方法先将复杂问题与环境(即系统之外与系统具有紧密联系的事物总和)分离开来，使得该问题成为与环境相隔离的孤立对象；然后再将复杂问题分解为多个部分，将高层次的复杂问题逐级分解成较低层次的问题，直至分解为可以解决的简单问题；进而采用自下而上的方法逐步解决各层次问题，最终形成复杂问题的解决方案。例如，为了考察网络信息系统的安全情况，首先考察物理和环境、网络和通信、设备和计算、应用和数据等各个子系统的功能和作用，考察每个子系统时又要了解其安全控制点，要了解安全控制点又必须考察各种具体的安全措施。

3. 还原论的历史贡献与历史局限

几百年来，以培根经验主义自然观、笛卡儿分解方法和牛顿力学机械论为核心的还原论，符合当时的历史条件，极大地促进了西方近代科学体系的建立与发展，在科学研究中得到普遍遵循，作为副产物，还逐步形成并不断强化了划分专业、学科的传统。

还原论方法的出现，还有一个重要的历史背景，即当时的实验手段和观测仪器匮乏，导致了人类认识自然的能力不足，只能先将自然整体进行"分解"认识后，再将局部认识组合形成整体认识(虽然这种整体认识具有很大局限甚至是错误认识)。

还原论认识到了事物不同层次之间的联系，试图从低级水平着手来研究高级水平的规律，这种难能可贵的思想具有历史进步意义。但是，低级水平与高级水平二者之间毕竟存在本质区别，在不考虑所研究对象特点的情况下，简单采用低级运动形式规律来替代高级运动形式规律，这种所谓的"科学的无限分解"必将导致机械论的错误。还原论者追求世界背后最微小最终极的部分，认为世界上的未知领域最终均可被还原为可知部分。这种思维方式通过对事物进行无限分解获得认识，但将这些零碎的认识"组合"之后，有时候反倒无法准确地反映事物的整体性质，导致"只见树木，不见森林"。事物的复杂程度越高，还原论方法的狭隘性越明显。一般系统论创始人贝塔朗菲由此有感而发："我对生命中的各个分子的了解越清楚，对生物的整体印象反倒越模糊。"

基于牛顿力学理论的机械唯物主义自然观，虽然极大促进了近代科学技术的发展，但是从 19 世纪开始，由于其自然的不变性、原子的基本性、机械的直观性和世界的既成性等静止、片面、孤立的观点的局限性，使之成为科技进一步发展的障碍。19 世纪以后各学科的科学研究成果，如能量转化与守恒定律、达尔文生物进化论、门捷列夫化学元素周期律等一系列新的科学发现反复证明机械唯物主义自然观是错误的，取而代之的是辩证唯物主义自然观。

20 世纪基础科学的三大成就：相对论、量子论和复杂性科学的核心思想和结论分别从宇观、宏观和微观尺度证实了还原论的局限性。还原论的宇宙观认为，时间与空间二者是分离的，宇宙内发生的事件是与时空分离的，而宇宙仅是事件发生的舞台而已。相对论则认为宇宙时间、空间、物质和能量乃至整个宇宙是一个整体，无法彻底还原，远非还原论描述的那么简单。量子论则认为，世界是非机械的、相互联系的、不可分割(还原)的世界。物质世界的根本元素并非被分割的机械的原子、质子、中子，而是一个有机联系的整体。测不准原理就是基于量子论的思想，认为位置和速度这两个基本量无法还原。混沌理论催生了复杂性科学，复杂性科学是对还原论的彻底动摇，因为可用还原论来近似描述的只是世界的极小部分。

2.1.2　整体论的思想、方法及其历史贡献与历史局限

整体论是指研究整体行为的理论，将行为视作一个整体而不是将行为分解为各种构成元素来分析研究。

1. 整体论的提出与发展

整体论的思想并非是为了克服还原论的局限才出现的。事实上，整体论思想古已有之。在中国，古代哲学著作《易经》中讲的卦与爻就是中国古代对事物发展变化的整体性认识的反映；古代的五行学说也讲"以土与金、木、水、火杂，以成百物"；道家更是将客观世界视为万物一体的整体。在西方，古希腊哲学家亚里士多德(Aristotle)认为，整体先于部分而存在，先有目的然后才能实现目的，离开整体将无法理解部分，进而提出了著名的"整体大于部分之和"的哲学论断。这一哲学论断清晰地体现了整体论思想，即在若干部分组成一个整体时，除了各部分自身的各种属性之外，还产生了新的质。但是，随着以还原论为基础的西方近现代科学体系的建立，整体论的思想和方法进入了一个相对迟缓的发展期。

从 20 世纪初开始，西方的还原论思想面临着巨大挑战，基于现代科学技术的整体论却重新蓬勃发展起来。20 世纪 20 年代，以整体的动力结构来研究心理现象的格式塔心理学得

以建立，为基于整体论的认识论提供了强有力的心理学支撑。1926 年，南非哲学家斯穆茨（Smuts）在《整体论和进化》（*Holism and Evolution*）中首次提出了现代意义上的整体论，视自然物为整体，并将自然界视为由分立的、具体的物体或事物所组成，而这些事物又无法完全分解为部分，而且事物的整体大于其部分之和，将其组成部分机械地堆积起来并不能产生这些事物，也无法解释其性质和行为。为此，斯穆茨根据希腊文"Holis"创造了一个新词"Holism"来指代这种"宇宙中制造或创生整体的根本作用要素"。

美国逻辑学家和语言哲学家、美国分析哲学的主要代表蒯因（Orman Quine）从对还原论的批判中，引出了整体主义知识观。同期，贝塔朗菲在研究生物学的过程中，发现运用还原论难以解释诸多生命现象，从而提出了生物有机体的概念。贝塔朗菲指出，只有将有机体视为一个整体来考察，方可发现不同层次上有机体的组织原理。

2. 整体论的基本思想与方法

整体论可分为本体论、认识论（或知识论）以及方法论三个层面。本体论层面，整体论认为存在整体，整体不一定等于部分之和；认识论层面，整体论认为认识整体无法仅通过认识部分或更大整体来完成，也就是说，关于整体（或较高层次）的概念、定律、理论和学科既无法从关于部分（或更低层次）的概念、定律、理论和学科中推导出来，也无法从关于更大整体（或更高层次）的概念、定律、理论和学科中推导出来；方法论层面，整体论是关于整体研究方法的理论、体系或学说。整体论认为研究整体时要保持整体的完整性，利用观察、刺激反应、输入/输出、模型、模拟、隐喻等整体研究方法，而不应对整体进行分解还原。

整体论的哲学思想是：整体的性质和功能不等同于其各部分的性质和功能的叠加；整体与部分（要素）分别遵从不同描述层次上的规律；整体的运动特征只有在比其部分（要素）所处层次更高的整体层次上才能进行描述。不难看出，整体论强调的是系统的整体功能，而对系统内部的功能实现机制并不看重。整体性既不是还原性，也不是非加和性。

现代整体论则是以辩证唯物主义为哲学基础，运用整体论，需要揭示整体和局部的辩证关系，将物质世界视为普遍联系和不断发展、运动、变化的统一整体。

3. 整体论的历史贡献与历史局限

讨论整体论的历史贡献与历史局限，绕不开对整体论和还原论二者关系的分析。事实上，这两种理论之争由来已久。起初，整体论仅能进行一些初步的研究，如果要深入下去，就需要使用还原论工具。对待客观对象，人们首先想到的是去了解其大致的、整体的规律，这是整体论的方法，接着再对它进行层层分解，此时运用的是还原论的思想，借此来观测、分析和研究其深层次的本质规律。

客观来说，还原论与整体论作为两种不同的方法论，二者本身并无好坏之分，关键是如何适用于合适的对象和具体的问题。但是，无论还原论，还是整体论，都有其各自的局限。如果采用还原论，只将"部分"简单地累加起来形成整体，却并不深入考虑各"部分"之间的相互作用，在面对复杂问题时，必然面临着发展困境。整体论在解决复杂问题方面，较还原论具有明显优势，但在考察微观层次、细节问题时，又存在天然缺陷。

中国传统文化中的整体观，集中体现了中国古代的东方智慧，足可弥补西方还原论哲学观的不足。还原主义推崇的是用思辨和推理来考察一切事物的理性主义，但该理性是工具理性，针对某些具体学科是局部理性的，但就人和自然的终极意义而言，是一种整体非理性。而中国的天人合一思想则具有深刻的整体性。比如，中国的传统医药理论认为，人体一切问题均可归根为阴阳失衡，解决之道为恢复原平衡或达到新平衡，而不是采取违背自然规律的消灭某一方的方式。显然，中国古代的整体观，要求对事物进行整体考虑，综合分析其各组成部分的相互联系和作用的方式，最终在互相制约中达到平衡。

辩证唯物主义指出，对事物进行观察和认识，既不能只顾整体层次，也不能仅停留在局部层次，既要关注"宽处"的整体，也要重视"窄处"的局部，要做到"宽"和"窄"的辩证统一，实现"既见森林，又见树木"。现代系统论就是将整体论和还原论相结合实现辩证统一的光辉典范，该理论绝非是用空洞的整体论来反对刻板的还原论，而是将系统的整体性和局部的具体性二者有机结合，构成现代系统论方法从哲学到科学、再到工程技术各个层面的完整图景。

2.1.3　系统论的提出及其发展

贝塔朗菲提出的一般系统论，是当代意义下的系统论的前身和重要基础。一般系统论在系统科学发展史上占有重要地位，但也有很大的局限性，后人在其基础上发展形成了当代意义下的系统论。"老三论"中所指的系统论通常是指后者，请读者留意区别。

1.　一般系统论的建立及其基本思想

人类对于系统不断深化的认识是一个漫长的历程，直至 20 世纪 30 年代左右才初步形成了一般系统论。现代意义上的系统思维最早出现在 1921 年建立的格式塔心理学当中，而一般系统论则来源于生物学中的机体论，诞生于复杂的生命系统的研究实践中。

系统论的形成有两条线索。第一条线索，是具有重大实践意义的系统分析和系统工程。古有中国北宋丁谓的"一举三得"重建皇宫、战国李冰父子主持修建的都江堰水利工程，近有 20 世纪 40 年代美国贝尔公司设计巨大工程项目明确使用的"系统工程"的概念等，都在不同程度上促进了系统思维在工程领域的应用，反过来又为系统科学的建立提供了宝贵的智慧源泉。20 世纪 60 年代后期，系统思想及系统工程的应用逐渐从传统工程扩展到更加广阔的经济系统和社会系统等领域，系统工程也进入解决各种复杂技术和经济系统的最优控制与管理的阶段。1969 年，美国阿波罗登月计划获得成功，成为公认的系统工程实践成功的典型例证。

从近代科学到现代科学的发展进程中，主要采用从定性到定量的研究方法，使得自然科学成为一种"精密科学"。20 世纪初，牛顿力学和热力学这两个经典科学分支的基本观点，在科学思想领域占据了统治地位。牛顿力学具有机械决定论的世界观和线性思维方式，极力推崇对事物进行分解的还原式研究方法。热力学则强调受控于热力学第二定律的世界无序化、离散化趋势，认识事物受对事物的大数统计所限。还原论方法在此方法中发挥了重要作用，取得了很大成功。物理学得以在夸克层次研究物质结构，而生命科学对生命的研究也达到了基因层次。但是，即使认识了物质的最基本粒子，也无法实现对大物质构造的理想解释，同样地，认识了生物基因也无法完美解释生命现象。这些不胜枚举的例子，日益暴露出还原论的先天缺陷。还原论将研究对象由整体向下逐步分解，粒度不可谓不精细，然而，反过来却缺乏有效的自下至上的综合通道，仅凭局部细节无法处理整体性和高层次的问题，也就是说，仅考虑系统的组成部分，无法解决系统的"涌现"问题。现实问题要求人们必须将事物的微观和宏观二者相结合统一起来，研究微观如何涌现出宏观的问题。当然，还原论方法也无法处理系统的整体性问题。

贝塔朗菲最早在研究生物体的过程中意识到这个问题，他认为，严格机械决定论的自然观及其方法，追求从分离的、零散的部分或因素来研究事物，而忽视了系统的整体本质。贝塔朗菲认识到，"今天的基本问题是有组织的复杂事物"，"现代科学提出的一个基本问题是关于组织的一般理论"。类似的问题在当时的生命科学、行为科学以及社会科学等领域屡见不鲜。为此，贝塔朗菲20世纪20年代在其著作中表达了一般系统论的思想。这是系统论得以形成的更为重要的另一条线索。贝塔朗菲基于生物学研究提出了有机体的概念，将有机体视作整体，认为只有如此方可揭示不同层次上的组织原理。随后，贝塔朗菲又采用数学模型来研究生物学和机体系统，并引入了协调、有序、目的性等概念，继而形成了研究生命体的系统观、动态观和层次观这三个基本观点。随后几十年间，贝塔朗菲多次提出并阐述了一般系统论的概念和思想，他认为，无论系统的具体种类、组成部分的性质及其间关系如何，总存在着适用于综合系统或子系统的一般模式、原则和规律，一般系统论的目的就是确立这些模式、原则和规律。虽然一般系统论几乎与控制论、信息论同时出现，但一直未受到人们的重视。直至1968年贝塔朗菲在其专著《一般系统论——基础、发展和应用》中总结一般系统论的概念、方法和应用，并在1972年发表的《一般系统论的历史和现状》一文中重新定义一般系统论，才被世人所真正重视。至此，系统论发展的两条线索就融为一体，也标志着系统论作为一门学科理论的初步形成。

2. 一般系统论的历史贡献与历史局限

贝塔朗菲创立的一般系统论，以理论生物学研究为实践，总结概括了人类的系统思想，并运用类比与同构等方法，构建了开放系统的一般系统理论体系。该理论是与哲学密切相关、处于具体科学与哲学之间、具有横断科学性质的一种基本理论。一般系统论使人们能以系统为研究对象，可从整体出发来研究系统及其各组成要素之间的相互关系，进而从本质上来阐释整体的结构、功能、行为和动态。同时，贝塔朗菲认识到，许多系统问题无法采用数学概念来表达，因而将一般系统论局限于技术方面并视为一种数理理论并不可取。贝塔朗菲试图将一般系统论扩展到整个系统科学范畴，意在囊括系统科学的三个层次：关于系统的科学(数学系统论)，使用精确的数学语言来描述系统，研究适用于一切系统的根本学说；系统工程(系统技术)，运用系统思想和方法来研究工程、生命以及社会经济等复杂系统；系统哲学，从哲学方法论的高度，来探究一般系统论的科学方法论的性质。不过，现代的系统论主要还是研究系统思想、系统同构、开放系统以及系统哲学等方面，而系统工程作为专门研究复杂系统的组织管理的技术，自成独立学科，并未涵盖于系统论的研究范围之内。

一般系统论属于类比型系统论，虽然强调从系统的整体性上来研究问题，而对系统的有序性和目的性未能给出令人满意的解答，本质上仍属于整体论。而且，受当时的科学技术水平和人们的认识所限，也没有发展形成支撑整体论方法的具体方法体系。钱学森为此指出，"几十年来(贝塔朗菲的)一般系统论基本上处于概念的阐发阶段，具体理论和定量结果还很少"。

一般系统论据提出的思想背景(或语境)也制约了它的基本观念：用机体论的模式来代替机械论，将生物系统中组成部分之间动态相互作用的规律性概括为一般系统的规律性。贝塔朗菲系统观的最高境界是"个体"，它实质上就是实现了集中统一控制的系统，个体有机体通常要在不同程度上形成中心。一般系统论采用系统论的机体来对抗机械论的粒子，对整体性、有序性和统一性给予了过分地强调，而对局部性、无序性和分散性却持完全否定的态度。这种观点的缺陷在于，将整体性、组织性的概念与"有序性"的概念等同，从而使系统论与机械论的对立几近转变成了有序性观念与无序性观念的对立。实际上，后来的复杂性理论科学家认识到，无序性除了确实会起到消极的破坏作用之外，也能够起到积极的促进重建的作用。因最早提出复杂性思想而闻名的法国当代著名思想家、哲学家埃德加·莫兰(Edgar Morin)就正确地指出，组织性作为重组、发展的有序性实际上是有序性和无序性的统一，强调"从噪声产生有序"的原理解释。复杂性科学的另一著名流派鲁赛尔学派代表性人物普利高津，在其 1969年发表的"耗散结构理论"中已包含无序性(随机性)的积极作用的观念，不过，贝塔朗菲虽然在修订《一般系统论》时吸取了普利高津的"开放系统"思想，但是并未真正接受这一观念。

从历史发展来看，贝塔朗菲存在这种认识局限性也不难理解。在牛顿力学和经典热力学在科学思想领域占统治地位的时期，运用组织的有序性的观念来反对机械的无序性的观念，是一种巨大的进步；而随着时代的发展，科学思想领域最终认识到，只有从有序性和无序性的根本对立转向对立统一，才符合认识的辩证发展规律。

3. 系统论的发展及趋势

贝塔朗菲的一般系统论是基于同构和同态等类比形式而创立的，人们发现的独立类比形式达 50 余种，其中不少形式可用于发展类比型一般系统论，不过，对不同的系统进行类比，并非建立一般系统论的唯一途径。苏联学者乌耶莫夫提出了参量型一般系统论，先用系统参量来表达系统的原始信息，再用计算机建立系统参量之间的联系，用以确定系统的一般规律。基于一般系统论和开放系统理论，一些物理学家、生物学家和化学家也在各自领域深入研究复杂性理论，如普利高津创立了耗散结构理论、哈肯创立了协同论、艾根创立了超循环理论等，后来这些都成为复杂系统研究领域的扛鼎之作。

系统论经过长期的发展，显现出了巨大的生命力，也具备了若干新的发展趋势和特点。一是，系统论与控制论、信息论逐渐融合，而系统论是这种融合的基础；二是，系统论与运筹学、系统工程、信息技术等学科日益相互渗透、紧密结合；三是，耗散结构理论、协同论、突变论等新的系统科学理论，既发端于系统论，又从诸多方面深刻地丰富和发展了系统论的内容，并共同成为系统科学的基础科学理论。

以钱学森为代表的中国系统科学学派，从多年研究并实践的系统工程出发，致力于创建统一的系统科学体系，使系统论的中国学派以崭新的面貌屹立于国际系统科学之林。钱学森提出，系统论是整体论与还原论二者的辩证统一。系统论介于哲学与科学之间，是连接系统科学与辩证唯物主义哲学的桥梁。辩证唯物主义通过系统论来指导系统科学的研究，系统科学通过系统论的提炼，反过来又实现了对辩证唯物主义哲学的丰富和发展。进一步地，钱学森将还原论方法与整体论方法二者辩证统一起来，形成了系统论方法，即运用系统论的具体方式和方法。应用系统论方法时，需要从整体的角度出发来"分解"系统，然后综合集成到系统整体，从而实现系统的整体涌现，最终从整体上来研究和解决问题。也就是说，系统论方法是对还原论方法和整体论方法进行取长补短，实现了对还原论方法的超越与对整体论方法的发展，这就是将系统整体与组成部分辩证统一起来研究和解决系统问题的系统方法论。

采用这种思想来解决系统问题，既着眼于系统整体，又关注系统组成部分，将整体和部分二者辩证统一起来，体现了系统论的显著优势。至此，当代意义下的系统论得以确立与完善。

2.1.4　系统概念的内涵、外延及其辩证分析

1. 系统概念的内涵

System（系统）一词源于古代希腊文 systεmα，意为部分组成的整体。从传统科学的视野看，不同的学科分属不同的科学领域，但从现代科学的角度看，它们却以各自的方式拥有一个共同的研究对象，即"系统"。因此，对系统进行定义，必须包含一切系统的共有特性。贝塔朗菲认为，系统是相互联系、相互作用的各个元素的综合体。这个源自一般系统论的定义，强调了系统内各元素之间的相互作用以及系统对元素的整合作用。若对象集 S 满足：S 中包含不低于两个不同的元素，且这些元素按照一定的方式相互联系，则称 S 为一个系统，S 的元素为系统的组分。该定义表明，系统具有三个特性：多元性，即系统是多样性的统一、差异性的统一；相关性，在系统中，并无孤立元素组分存在，全部的元素或组分之间存在相互依存、作用与制约的关系；整体性，全部元素构成复合统一整体方为系统。

钱学森认为，系统是相互作用和相互联系的若干组成部分结合形成的具有特定功能的整体。

综上，可将系统定义为"存在于一定环境之中，由相互联系、相互作用、相互制约的若干要素结合在一起组成的具有特定功能的整体"。不难看出，加和性复合体是堆积物而不是系统，非加和性的复合体才成为系统，因此，是否具有加和性是非系统与系统的基本区别。

2. 系统概念的外延

系统是普遍存在的，从基本粒子到宇宙天体，从自然科学到社会科学，从社会到意识，系统无所不在。系统可分为多种不同类型。根据系统在时空中的存在状态，可分为动态系统、静态系统、稳态系统和非稳态系统；根据系统与外部环境的关系，可分为开放系统、封闭系统和孤立系统；根据系统的组成要素性质，可分为自然系统、人工系统，以及由自然系统和人工系统共同组成的复合系统。钱学森基于系统结构的复杂性程度，又将系统分为简单系统、简单巨系统、复杂系统、复杂巨系统和特殊复杂巨系统。生物体系统、地理系统、天体系统、社会系统等均为复杂巨系统。又因这些系统均为开放系统，与外部环境存在物质、能量与(或)信息的交换，故称为开放的复杂巨系统。其中，社会系统尤为复杂，又称为特殊复杂巨系统。

3. 系统的要素、结构、功能及其辩证关系

所有系统均有特定的结构与功能，结构与功能是系统的基本属性。因此，讨论系统，首要的就是讨论系统的要素、结构、功能及其辩证关系。

1) 系统的要素与结构之间的辩证关系

系统的结构是指系统内部各个要素之间相互联系、相互作用的形式和方式，也就是说，系统各要素在空间的一定排列秩序及其间具体联系和作用的方式，称为结构。这种结构的形成源自于系统的"内相关"，系统的结构就是这种"内相关"的外在表现。

以时空观点视之，系统结构可分为时间结构和空间结构两种。时间结构是指系统内部各个要素之间因相互作用而在一维时间上形成的排列分布及其相互关系，这是一种历时态变动

结构,具有流动性和变化性。空间结构是指系统内部各个要素之间因相互作用在三维空间上形成的排列分布及其相互关系,这是一种同时态稳定结构。因此,系统结构是空间结构随时间而变化的产物,是空间结构和时间结构、稳定性结构和可变性结构的统一。

系统的要素是其结构的基础,而结构不仅取决于要素的存在,还取决于各要素之间的分布关系。而且,一旦形成某种结构,就具有了相对的独立性。反过来,系统的要素又依赖于系统的结构。结构通常会为要素赋予某些特征,使该要素得以成为该系统的要素。

2) 系统的要素与功能之间的辩证关系

系统的功能是指系统在内、外部的活动关系中所表现出来的行为特性、作用、能力和功效等。与此相对应,功能又可分为外部功能和内部功能两种。系统的功能只有在其内部各个要素之间、系统与环境之间相互作用的过程中才表现出来,是系统本身固有的相关性的表现。

系统的功能与要素活动既相互依赖,又各自相对独立。要素活动既要受到所属系统功能的制约,也被系统功能赋予某些特征,使要素活动为实现系统功能而服务;另外要素活动也具有相对独立性,脱离系统还能够进行其他方式的活动。系统的功能,一方面以要素活动为基础,取决于各要素及其活动关系;另一方面,功能一旦形成又具有相对独立性,个别要素活动未必能影响和改变整个系统的功能。需要指出,系统的功能既依赖于要素活动,也依赖于外部环境,只有在适当的环境中,系统才能将功能表现出来。

3) 系统的结构与功能之间的辩证关系

所有系统均为结构和功能的统一体。结构通过系统包含并决定功能,反过来,功能也通过系统包含并决定结构。结构为具有一定功能的结构,是功能的基础;而功能则又是一定结构的功能,是结构的表现。

系统结构决定系统功能不难理解。但是,为什么说系统功能也决定了系统结构呢?这是因为,系统结构的存在和产生就是依赖于系统的功能的。系统功能是系统结构存在的必要条件,系统结构得以维持,是因为有系统的功能需要。

系统的结构和功能二者又有显著区别。结构的视角主要是系统各个要素之间的关系,而功能的视角则主要是系统的行为特性、能力。同样的结构,可以表现出不同的功能,即同构异功现象;不同的结构,又可以具有相同的功能,即异构同功现象。人们可以依据结构和功能的相对独立性来分别研究。

4) 系统的要素、结构与功能之间的辩证关系

系统的结构揭示了系统内部各要素的秩序,而系统的功能则体现了系统对外部作用过程的秩序。

要素与系统是相互依存的关系。有些系统的结构虽然相同,但是要素不同,就体现出不同的功能(行为、能力或效用)。例如,传统的白炽灯泡,如果灯丝材料分别采用碳丝和钨丝,虽然结构相同,但发光能力和寿命等就有显著区别;而另外一些系统的要素虽然相同,但是由于结构不同,也体现出不同的功能(行为、能力或效用),即所谓的同素异构现象。例如,金刚石和石墨均由 C 元素构成,但由于 C 原子在空间排列组合的结构形式不同,其物理性质就全然不同。还有一些系统,虽然其要素不同、结构不同,却体现出相同的功能。例如,传统的汞柱血压计和电子血压计即属此例。再者,系统的同一结构通常还体现出多种功能。例如,网络空间安全中的深度过滤防火墙,不仅能够实现访问控制功能,还可以实现恶意内容检测。

由此不难看出，结构作为功能的基础，蕴藏于系统之内；而功能则是要素与结构的表现，显现于系统之外。结构相对稳定，而功能则易于变化，系统结构的合理性，对外通过特定功能来表现。系统的结构与功能二者相互制约：结构决定了功能，而结构又对功能具有能动的反作用。另外，系统的层次性也决定了系统功能与结构划分的相对性，也就是说，在一定条件下，系统的功能与结构可以实现相互转化。

认识系统，必须把握上述辩证关系，而这种辩证关系又为改造系统提供了重要的原则和方法。在科研和生产实践中，既可根据已知系统的内部结构来推断其功能，也可根据已知系统的功能来推断其内部结构，这样一来，就能够按照需要来模拟和改变系统的结构及功能，进而实现对客观世界的充分利用与有效改造。

2.1.5　线性动态系统与非线性动态系统

线性动态系统与非线性动态系统是现代系统科学的主要研究对象，下面将分别讨论。

1．动态系统

状态随时间而变化或按确定性规律随时间演化的系统，称为动态系统。其中，按确定性规律随时间演化的系统，又称为动力学系统。

动态系统理论源自经典力学，法国数学家庞加莱(Poincaré)首先在天体力学和微分方程定性理论方面进行了研究，美国数学家伯克霍夫(Birkhoff)进一步发展了庞加莱的理论，奠定了动力学系统理论的基础。

动态系统具有下列显著特点。

(1)系统由多种状态变量或参数构成，变量之间相互联系，并处在恒动之中，即状态变量具有持续性。

(2)系统的状态变量是时间的函数，即随时间而发生明显变化。

(3)系统状况可由其状态变量随时间变化的信息来描述。必须指出，要避免将动态系统和系统的运动这两个不同概念加以混淆。运动是一切系统的基本属性，包括静态系统在内的所有系统，均处于不断运动之中。只有在运动中状态随时间发生明显变化的系统，才是动态系统。

现代控制理论的快速发展极大地促进了动态系统的研究，使其应用从经典力学拓展至一般意义下的系统。动态系统理论的重要作用之一是描述复杂的动态系统，通常采用微分方程或差分方程作为工具。如果采用微分方程来描述其演化规律，则称为连续动态系统(或微分动力系统)；如果采用差分方程来描述，则称为离散动态系统。显然，离散动态系统是指具有离散特性的动态系统，该系统在时间、空间上不连续。

采用微分方程描述的连续动态系统 S 可记为

$$S = F(x, t)$$

其中，x 为状态变量矢量；t 为时间；F 为确定性矢量函数。连续动态系统理论揭示了系统的许多基本性质，如可用系统吸引子来表征系统终态，即定常状态的种类。系统设计中用到的系统稳定性条件、相空间拓扑结构对参量依赖关系等都属于连续动态系统理论的研究范畴。

在系统科学中，通常将动力学中的动力学方程称为演化方程。根据演化方程的不同，可将系统分为线性系统与非线性系统两类。

2. 线性动态系统及其稳定性

由于非线性系统与线性系统存在诸多关联，而且线性系统是最简单、最基本的一类动态系统，其理论、概念和方法研究也最充分、最成熟，因此有必要先探讨一下线性系统。

线性系统可采用线性数学模型来描述，其基本特征是模型方程具有线性属性，即满足叠加原理。叠加原理指可叠加性（和之函数等于函数之和）和齐次性（常数项可直接提取到函数外）。满足叠加原理是线性区别于非线性的基本标志。叠加原理的数学描述如下。

若记系统的数学描述为 L，则对任意两个输入变量 u_1 和 u_2 以及任意两个非零有限常数 c_1 和 c_2，下列关系式必成立：

$$L(c_1 u_1 + c_2 u_2) = c_1 L(u_1) + c_2 L(u_2)$$

用线性微分方程来举例描述，设有线性微分方程

$$\frac{\mathrm{d}^2 c(t)}{\mathrm{d}t^2} + \frac{\mathrm{d}c(t)}{\mathrm{d}t} + c(t) = f(t)$$

若 $f(t) = f_1(t)$，该线性微分方程的解为 $c_1(t)$；若 $f(t) = f_2(t)$，该线性微分方程的解为 $c_2(t)$。若 $f(t) = f_1(t) + f_2(t)$ 成立，易得方程的解必为 $c(t) = c_1(t) + c_2(t)$，也就是说，对系统同时施加多个外作用所产生的总输出，等于各个外作用单独作用时分别产生的输出之和，即具有可叠加性。若 $f(t) = A f_1(t)$，A 为常数，则该方程的解必为 $c(t) = A c_1(t)$，也就是说，如果外作用增大若干倍，其输出也相应增大同样的倍数，即具有齐次性。

叠加原理的意义在于，分析和设计线性系统时，若有若干个外作用同时施加于该系统，则可分别求出各个外作用单独施加时系统的输出，再将其叠加即可。而且，每个外作用在数值上可只取单位值，再依据齐次性来放大，从而极大地简化了系统分析工作。

由于系统存在于一定的环境当中，环境和系统自身带来的各种扰动不可避免，该扰动会导致系统的结构、状态以及行为发生偏离，系统发生偏离后能否恢复正常，这就进入了系统稳定性的讨论范畴。如果一个系统没有任何稳定的定态，必定无法完成其功能目标。反之，如果系统的所有状态在所有条件下均稳定，也就失去了发展、演进的可能。系统向新的结构、状态、行为模式演化的可能性，取决于该系统原有状态、结构、行为模式在一定条件下会失去稳定性。在这个意义上来说，在系统演化过程中，不稳定性具有特殊重要的积极作用。

线性动态系统的演化方程存在一般解法，可通过分析方程解来判定稳定与否。例如，设 $x' = ax$ 的初态为 x_0，解为 $x(t) = x_0 \mathrm{e}^{at}$，可由 a 值来判定 $x(t)$ 发散（不稳定）还是收敛（稳定）。

3. 非线性动态系统及其稳定性

非线性关系中存在着无穷多种定性性质不同的可能形态，这些形态大多无法经由一种或几种形式经过简单变换而产生，这也是现实系统无限多样性、差异性和复杂性的根源之一。

非线性连续系统的动力学方程（演化方程）一般形式如下：

$$x_1' = f_1(x_1, \cdots, x_n; c_1, \cdots, c_m)$$

$$x'_2 = f_2(x_1, \cdots, x_n; c_1, \cdots, c_m)$$

$$\vdots$$

$$x'_n = f_n(x_1, \cdots, x_n; c_1, \cdots, c_m)$$

其矩阵形式为 $X' = F(X, C)$，其中，$f_1, f_2, \cdots, f_n$ 中至少应有一个为非线性。$(x_1, \cdots, x_n)$ 称为状态变量，$(c_1, \cdots, c_m)$ 称为控制参量。

利用演化方程来研究非线性系统的行为特性的方法有三种。

(1) 解析法。通常非线性方程难以解析求解，仅在满足某些特殊条件时才可以。如果 $f(x)$ 具有某种适当形式，可用分离变量法获得其解析方程。

(2) 几何法。此方法是分析和利用系统的定性性质，从方程结构和参数中直接提取系统的定性信息。

(3) 数值计算法。利用计算机来进行数值计算，求其方程的近似解。混沌动力学的若干重大发现，有些就是通过计算机仿真实验而得到的。

已然成熟和体系化的线性系统理论在系统科学仍不可忽视。这不仅是因为线性理论是非线性理论的必要基础知识准备，而且很多非线性系统可以通过"线性化"来处理。不过，进行非线性化处理需要满足一定的前提条件：系统中的非线性因素较弱，允许忽略不计，此时，演化方程近似满足叠加原理；如果关心的是非线性系统的局部性质，而非线性模型又满足连续性和光滑性要求，则可进行局部线性化处理。需要注意，线性化的实质是忽略非线性因素，而非线性因素恰为系统产生多样性、奇异性和复杂性的根源。如果线性化所"损失"的这种根源恰好是不应该损失的，就不能简单地采用线性化方法处理。

2.1.6　开放系统、孤立系统与封闭系统

开放性是系统科学中最重要的基本概念之一。系统因开放程度不同，分为开放系统、孤立系统与封闭系统。

1. 开放系统

开放系统是指与外界环境之间具有物质、能量或信息交换的系统。因为存在这些交换，所以该系统的运动在一定条件下可以为熵减过程，促使系统趋向于组织化和有序化，实现动态平衡。开放条件下，该系统的熵增量 $dS = d_eS + d_iS$，其中 d_eS 为系统与外界的熵交换，d_iS 为系统内的熵产生。该系统在远离平衡态并存在负熵流时，可能形成"稳定有序的耗散结构"。这是因为，热力学第二定律仅要求系统内的熵产生非负，即 $d_iS \geq 0$，而外界向系统注入的熵 d_eS 则可为正、零或负，取决于该系统与其外界的相互作用：$d_eS < 0$ 时，如果 d_eS 负熵流除了可抵消掉系统内部的熵产生 d_iS 外，还能使系统总熵增量 dS 为负，导致总熵 S 减小，此时该系统将进入相对有序的状态。换言之，可在一定条件下，令开放系统的演化进入一个熵减过程，此时，系统的有序化或组织化程度逐步提升，系统的内部结构更加复杂、功能更为完善，实现从低级阶段向高级阶段的过渡。系统有序化表示了系统的目的性，也是系统所追求的目标方向。不过，对于复杂系统来说，通常具有多个目标，而且各个目标相互矛盾，需要各子系统相互协调或协同。开放系统的动态平衡要求系统具有一定的自动调节能力以保持系统稳定，但这种稳定性的保持也有一定的限度。开放系统可从不同的初始条件出发，通过不同的

途径，达到相同的最终状态，也就是开放系统具有等终极性或系统发展的多途径性。网络空间安全系统也可以针对不同的系统初始状态采取多种安全途径，实现同一安全保障目标。开放系统通常并无唯一的最优解，体现出开放的灵活性。

2. 孤立系统与封闭系统

孤立系统是指与外界既无能量交换也无物质和信息交换的系统，根据热力学第二定律，孤立系统的熵必将随时间增大，一旦其熵达到极大，该系统将达到最无序的平衡态，因此，孤立系统无法自发形成有序状态，其演进趋势为"平衡无序态"，绝不会出现耗散结构。在物理领域，封闭系统则是指有能量交换但无物质交换的系统。该系统在温度充分低时，能够形成"稳定有序的平衡结构"。以系统思维来考察，现实世界的系统绝大多数均为开放系统。物理学中的所谓孤立系统可视作封闭系统的特例，而孤立系统和封闭系统又可视作开放系统的特例。需要指出的是，孤立系统与封闭系统有时候并不做严格区分。热力学中的熵增加定律只能适用于孤立系统和封闭系统，并不适用于开放系统。

在研究系统时，需要明确系统的边界，研究其边界处的物质、能量或信息的交换情况。孤立系统与封闭系统的边界通常是不可贯穿的刚性边界，而开放系统的边界则具备可渗透性。然而，对于社会经济系统和网络空间信息系统等复杂系统来说，其边界通常难以确定。

2.1.7　系统论的基本原理

系统的本质属性包括整体性、关联性、层次性、统一性、目的性、动态开放性、自组织性等，对应于下列系统论基本原理。

1. 整体性原理

整体性概念是一般系统论的核心。系统绝不是简单地等同于各个组成部分的组合，其原因在于，系统不仅反映了客观事物的整体，更反映了整体与部分、层次、结构以及环境的关系，系统对于事物整体性特征的揭示，反映在上述关系上。若干要素未经组织综合也可以构成整体，但是这种无组织状态无法构成系统，系统所具有的整体性必然是在一定的要素、层次、结构、环境基础上的整体性。任何要素一旦脱离系统整体，将不再具有它在该系统中所能发挥的作用和功能。整体性原理的方法论意义在于，在处理系统问题时应重点考察系统的要素与层次、结构、功能和环境的关系，重视提高系统的整体功能与性能。

2. 关联性原理

关联性是指系统与其要素(或子系统)之间、系统内部各要素(或子系统)之间以及系统与环境之间的相互作用、相互依存和相互制约等关系。系统所遵循的规律既与要素所遵循的规律不同，也非要素所遵循的规律总和。因此，脱离了关联性，就无法揭示系统的本质。不过，系统又与其要素相统一：系统由要素组成，系统的性质基于要素的性质，系统的规律也必然需要通过要素之间的关系来体现。简而言之，系统就是各要素的有机集合。

3. 层次性原理

层次性是指系统组织在地位和作用、结构和功能等方面表现出具有本质区别的等级秩序。系统在其不同层次上的运动具有其特殊性，原因在于各个层次具有差异性。系统的发展演化，既可能发生在某一特定层次上（即层内进化），也可能发生在不同层次间（即层间演化）。从系统结构的视角来看，层内进化就是系统从简单结构向复杂结构的进化，层内进化过程所能形成的稳定有序结构有四种：平衡有序结构、准平衡有序结构、耗散结构和混沌结构。系统在各个层次上的进化，均为这四种稳定有序结构的依次转变，系统最终通过混沌阶段实现系统的层间演化。而系统的层间演化又分为耦合模式和内生模式。耦合模式是指若干低层次系统可以通过耦合生成高层次系统；内生模式则是指低层次系统在其自身内部发展中可以转化成高层次系统。系统完成层间演化后，又开始在新的层内进化，层内进化和层间演化交替出现，使系统进化全过程呈现出周期性的特点。层次性原理的方法论意义在于，在处理复杂系统问题时应从层次划分出发，考虑该系统所处的纵向层次和横向层间的关系。

4. 统一性原理

根据层次性原理，系统论承认客观事物运动的纵向层次性以及各不同横向层次上系统运动的特殊性，体现在系统不同层次上的运动规律的统一性，不同层次上的系统运动存在组织化的倾向，不同系统的存在方式及其演化过程所具备的有差异的共性，使得系统存在同构和同态特征，这种共性即为系统统一性的表达。

系统论与其方法论基础之一就是系统同构（Isomorphism），通常指不同系统的数学模型之间存在的数学同构。数学同构特征有两个，其一是同构的数学系统的元素之间具有一一对应关系，其二是经过该对应之后，各元素之间的关系仍可于各自系统中保持不变。数学同构是一种等价关系，具有自返性、对称性和传递性，因此在工程中，可以根据等价关系将现实系统划分为若干等价类。利用等价关系，可以实现集合中的元素分类，在各类中选取其代表元素即可降低问题的复杂度。数学同构对于系统科学的意义就在于利用其来寻找现实世界中各种不同的系统运动的共同规律。例如，在软件测试领域，利用等价类来选择测试用例就是利用了系统同构的思想。此外，研究数学同构有时要涉及数学同态（Homomorphism）。与同构系统的等价关系不同，同态是一种相似关系，同态关系具有自返性和传递性，但不具备对称性。因此，数学同态只适用于系统分类与模型简化，而不能用于等价类的划分。

同构和同态的概念，对于系统的意义在于有差异共性的统一表达。特别是对于很多无法进行数学定量研究的复杂系统来说，就更有必要将数学同构拓广为系统同构，由此形成了同构系统。如果同构系统的输入与输出均相同，对外部激励的响应也相同。通过集结来简化系统所得的模型称为同态模型。根据研究目的，一个系统可得出不同的同态模型，而有些系统，虽然结构与性能均不同，但其同态模型的行为特征仍可能存在形式相似性。

5. 目的性原理

系统的目的性是指在与环境相互作用的过程中，系统的发展方向不仅与偶然的实际状态有关，更取决于其自身所具有的、必然的方向，也就是说，在一定范围内，系统的发展和变化几乎不受条件和途径的影响，而趋向于某种预定状态。系统具有趋向于某种预定状态的特性，对于任何类型的系统都适用，具有普遍性。

6. 动态开放性原理

系统需要与外界环境不断进行物质、能量或信息交换，作为系统演化的前提和系统稳定的条件，这种性质和功能就体现为系统对外界环境的开放性。无论系统内部的有机关联，还是与外部环境的交换，均为动态的而非静态的。因为系统内部的结构状态是随时间而变的，而系统与外部环境必定通过边界进行物质、能量或信息的交换。贝塔朗菲甚至认为，实际存在的系统均为开放系统，动态是开放系统的必然表现。

7. 自组织原理

自组织原理指出，系统的结构、层次及其动态的方向性具有有序性。系统在一定范围内必然表现为某种有序状态，完全无序就意味着系统的解体。开放系统可通过自我调节来保持和恢复系统原有的有序状态，其功能和结构具有一定自我稳定的能力。由于复杂的非线性作用，开放系统的微涨落可放大为巨涨落，在更大范围内引发更为强烈的长程相关，系统内部各要素会自发组织起来，使系统从无序趋向有序，从低级有序趋向高级有序。系统越趋向有序，其组织程度越高、稳定性越强。反之，系统若从有序趋向无序，其稳定性必然相应降低。系统失稳导致状态变化，这种突变过程是系统发展过程中的基本质变形式之一。系统出现分岔现象以及突变方式的多样性，决定了系统质变和发展的多样性。

2.1.8　系统论的基本规律

系统论旨在研究系统的一般规律，在工程领域，重点考察的是物质、能量、信息的交换、流动，以及系统的状态、内部结构的分布随时间的变化规律。系统论的基本规律可以概括为结构功能相关律、信息反馈律、竞争协同律、涨落有序律以及优化演化律等。

1. 结构功能相关律

系统论认为，系统存在着结构与功能相互关联、相互转化的规律。

系统发展演化的动力来自元素、结构和功能的多元相关，系统发展演化的过程是结构与功能的相互作用和相互转化。结构相对稳定，并决定和限制着功能的大小、范围、性质和水平；功能则较为活跃，各种外在因素促使其不断变化，进而导致结构发生变化，极端的情况下会突破原有结构。功能的优化和进化会影响结构的有序和进化；反之，功能如果退化，将会影响结构的退化，甚至是结构的消失。一定的结构必然具有一定的功能，同时，该结构制约着随机涨落(涨落的概念请见下文"4. 涨落有序律")的范围，随机涨落能够引起系统局部功能的改变，一旦涨落突破了系统内部调节机制的作用范围，涨落会得到系统整体的响应而被放大，引起系统整体结构的改变，而旧结构改变所得的新结构又开始制约着新的随机涨落的范围。由此，系统的结构和功能互为前提和因果，持续地动态相互作用、相互转化，构成了系统发展演化的具体过程。

2. 信息反馈律

贝塔朗菲认为，反馈调节概念为"基本模型是一个循环过程，其部分输出作为反应的初步结果，有控制地回授到输入中去，因而，在维持某些变量的意义上或者在引向一个预期目标的意义上，使系统能够自调节。"虽然系统的反馈通常涉及物质流、能量流以及信息流，但最为重要的是信息流，系统反馈本质上传递的是信息。

复杂系统通过信息反馈可以实现系统的平衡调节，这是系统完成特定目的所必需的要素，也是系统正常运行的必要因素，因此，系统的信息反馈是研究系统总体的重要一环，信息反馈的调控作用可以影响系统稳定性的内在机理。负反馈对系统的稳定性起到强化作用，而正反馈则使系统远离稳定状态，不过，正是这种正反馈推动了系统的演化，这是由于在一定的条件下，涨落通过正反馈得以放大，从而使系统的原有稳定性被破坏，为系统进入新的稳定状态提供了可能。

3. 竞争协同律

竞争协同律是指系统的要素之间、系统与环境之间存在着整体统一性和个体差异性，通过竞争和协同来共同推动系统的演化发展。协同反映的是事物之间、系统或要素之间保持合作性、集体性的状态和趋势，而竞争则反映的是事物、系统或要素保持的个体性的状态和趋势。竞争是系统演化的创造性因素，而协同则是系统演化确定性、目的性的因素。对于系统演化来说，基于竞争的协同具有重要意义。非线性相互作用构成竞争和协同辩证关系的自然科学基础。在系统中普遍存在的涨落现象，说明系统要素之间总是处于竞争状态，涨落得到系统的响应而得以放大说明协同在发挥作用。竞争和协同二者的本质区别，并非是保持个体性还是保持集体性，而是通过何种方式达到更有利于生存和发展的目的。竞争旨在通过较量斗争、相互争胜，来取得支配和主导地位，它以获取最大的目标资源(物质、能量和信息)为目的，以优胜劣汰为结果。协同则是通过连接、合作、协调和同步的联合作用方式，以平衡有序的结构为特征，以获取最大的目标资源为目的，以比竞争耗散更小、效益更大为前提，以相互促进、共同发展为结果。竞争和协同是系统自组织的内在动力机制。

4. 涨落有序律

如果系统含有大量组分，则其可测的宏观量为其所有组分的统计平均效应的反映。然而，各时刻的实际测度并不是全部精确地处于平均值上，由于系统组分的独立运动和环境条件的随机干扰，宏观参量会偏离平均值而出现持续波动，实际测度与平均值的偏差称为涨落，而这些涨落又具有偶然性、无序性和随机性。系统相对于其组分通常很大，此时，涨落较之于平均值是很小的，即便偶有大涨落也会立即耗散，系统总趋向回归至平均值附近，涨落对宏观实际测量的影响很小，可被忽略。但是，在阈值(临界点)附近，涨落可能会被不稳定的系统放大，涨落现象更加强烈，导致系统达到新的宏观态。如果在临界点处，系统内部的长程关联作用产生相干运动，表征系统动力学机制的非线性方程可能具有多重解，此时，瞬间的涨落和扰动带来的偶然性将会支配具体解，因此，非平衡系统一旦具备了形成有序结构的宏观条件，涨落将对实现某种序起到决定作用，即涨落是系统演化的驱动力。普利高津在耗散结构理论中提出的涨落有序律是指，系统倾向于因涨落(由外因或内因)而趋于有序化，系统具有趋于稳定的倾向，也就是说，系统的不平衡倾向总是暂时的，长远来看，所有系统最终都会倾向于稳定。系统通过涨落达到有序，实现系统从无序向有序，从低级有序向高级有序发展。系统演化过程中的分岔通过涨落实现，说明必然性通过偶然性表现出来。

5. 优化演化律

优化演化律是指系统具有自我优化的倾向。系统在逐渐演化的过程中，会通过内因或外因 "自然选择" 地自我优化，优化通过演化实现，表现系统的进化发展，而系统优化则是系统演化的目的。耗散结构理论阐述了系统优化的一些基本前提，协同论重点讨论了系统优化的内部机制，超循环理论说明超循环组织形成就是系统优化的一种形式。系统优化最重要的是整体优化，其基本法则是 "形态越高，发展越快"。

2.1.9　系统论在网络空间安全中的应用

采用系统论的方法来研究和分析网络空间安全，应将其视为一个整体，各个子系统则是影响其整体性、关联性、等级结构性、动态平衡性、时序性等特征的重要因素。而涉及物理和环境、网络和通信、设备和计算以及应用和数据的安全技术和管理措施，则处于具体工程层面。因此，系统论可以从宏观、中观和微观三个层面来指导网络空间安全体系的构建。

1. 系统论在网络空间安全宏观层面的应用

在宏观上，根据系统论的观点，首先将网络空间安全系统视为被保护信息系统的一个子系统。网络空间安全系统不是一个孤立系统，更不可能脱离被保护系统而独立存在。该系统既与网络信息系统的功能子系统相对独立，又与各子系统深度交融和耦合，从而构成了具有特定安全防护能力的网络信息系统。而这种网络信息系统又与环境发生关系，体现出整体性、关联性、结构性、动态平衡性、时序性等一般系统的共同基本特征。

单就网络空间安全系统来说，该系统也是一个有多种要素构成并且与环境相互作用的动态开放系统，各要素之间、要素与环境的相互关系、作用和影响，系统结构、行为以及运行的规律和特点，以信息的保密性、完整性和可用性为基本属性的信息安全要求，最终都表现为系统层面的可控制性、可管理性和可改造性，以满足网络信息系统的整体安全需求。网络空间安全具有的综合集成性，将涌现出崭新的安全性质，体现了整体大于部分之和的系统本质，而并非技术和管理手段的简单叠加。安全系统中所涉及的人、操作、技术以及预警、保护、检测、响应、恢复等任何单一要素均无法表示整体的特征，只有采取综合措施，才能有效地保障网络信息系统的安全。

从工程角度来说，构建网络空间安全保障体系需要采用系统工程方法论，这种方法论综合了信息科学、运筹学、控制论、信息论、管理学以及经济学等多学科的理论和方法。采用霍尔三维结构法，可将网络空间安全保障系统工程的整个活动过程分为七个阶段和七个步骤，结合各种专业知识和技能，形成由时间维、逻辑维和知识维所组成的三维空间结构，可以形象地描述网络空间安全保障系统工程的基本框架。

2. 系统论在网络空间安全中观层面的应用

安全系统作为被保护系统的子系统之一，自身也构成了一个系统，该系统也应该具备一般系统的共同基本特征，可以遵循系统论的思想和方法来研究。

保护、检测和响应策略是保障网络空间信息系统安全的基本策略。其中，保障信息的保密性、完整性和可用性是核心目标，处于第一层次；第二层次是要保证物理和环境安全、网络和通信安全、设备和计算安全、应用和数据安全；第三层次是各种具体的安全技术和手段，如访问控制、防火墙、入侵检测、加密、认证等。各个层次和各个要素构成了网络空间安全的整体。各要素之间相互关联，缺失了哪一个要素，都会使安全出现"木桶原理"所说的短板，显然"木桶原理"正是系统论的思想在信息安全领域的具体体现。各要素处于不同的层面，体现了系统论的层次性原理。网络信息系统处于动态平衡状态，系统内始终会存在此消彼长的涨落状态，而系统可以通过自组织运动，处于或趋于动态平衡状态，如果入侵、攻击或者恶意软件的行为破坏了这种平衡和稳定，一旦检测到上述危害行为，即可实施控制，进而削减或者消除这种风险，使系统恢复到安全状态。

3. 系统论在网络空间安全微观层面的应用

系统论在网络空间安全微观层面的应用，主要体现在具体技术和管理措施之上。例如，研发和应用防火墙技术，需要考虑防火墙和系统环境的交互、网络安全域的划分、网络边界的界定。制定防火墙规则时，需要根据不同的架构，采取不同的访问控制策略。选择实现技术时，需要综合考虑软件防火墙、硬件防火墙的优劣。在设计或者选用防火墙时，需要综合考虑吞吐量、并发连接速率、新建连接速率、延时、自身安全性等性能指标。在部署防火墙时，还需要统筹考虑与入侵检测系统(Intrusion Detection System，IDS)、防病毒、恶意代码检测等技术和产品的分工及协作等。这些都需要应用系统论的原理和方法。

2.2 信息论与网络空间安全

信息论既是系统科学理论体系的重要组成部分，又与网络空间中的信息具有天然的联系，因此在网络空间安全中具有重要的基础地位和应用价值。

2.2.1 信息论的基本思想及其发展

信息论是运用概率论与数理统计的方法研究信息的度量、传递与变换规律的科学，其研究重点为：通信、控制和信息系统中普遍存在的信息传递的共同规律，以及信息的获取、度量、传输、存储等问题最佳解决方案的基础理论。

1940 年，香农在普林斯顿高级研究所(The Institute for Advanced Study at Princeton)工作期间开始研究信息论与有效通信系统的问题。1948 年，香农在《贝尔系统技术》杂志上发表了具有深远影响的论文《通信的数学原理》(*A Mathematical Theory of Communication*)。1949 年，香农又在该刊上发表了另一篇著名论文《噪声下的通信》(*Communication in the Presence of Noise*)。在这两篇论文中，香农阐明了通信的基本问题，首次给出了通信系统和通信过程的数学模型，提出了信息量的数学表达式，并解决了信道容量、信源统计特性、信源编码、信道编码等一系列基本技术问题。这两篇论文奠定了现代信息论的基础，后世将香农提出的信息论称为香农信息论。

香农信息论作为专门研究信息的有效处理和可靠传输的一般规律的科学，撇开了物质与能量的具体运动形态，将系统有目的的运动抽象为从信息源、信道到信宿的信息变换与传递过程。香农将信息描述为"用来消除不确定性的东西"，也就是说，以"确定接收者因接收到消息而消除的对信息源所存的疑义(不定度)"来度量消息所含的信息量。如果将信息视作随机事件，则可以运用概率来实现其不确定性的测度。香农在论文中提出了通信系统的整套数学理论，特别是创造性地运用概率论来研究信息传导问题，进一步对信息赋予科学的定量描述，从而创立了信息论。后人在此基础上采用数理统计方法来研究信息的度量、传递和变换规律，通过研究通信和控制系统中普遍存在的信息传递的共同规律以及研究信息的获取、度量、变换、存储和传递等问题的最优方案，发展成为成熟的现代信息论。香农所提出的通信模型更是为信息等一般概念的界定奠定了基础。

信息论中的信息方法，就是通过观察信息来考察系统的行为结构和功能，通过分析信息的获取、传输、存储、加工以及应用过程，来认识复杂系统运动过程的规律性和系统的整体性知识。信息方法的主要特点是，不关注被考察对象的具体运动形态，将系统的运动过程抽象为信息过程，在不考虑系统内具体物质形态的条件下研究系统与外界之间的输入与输出关系。这种方法不是为了说明客观对象本身，而重在说明客观对象的过程以及主、客体之间信息交换的方式，与控制论中的黑箱方法一脉相承。

2.2.2　信息的概念、特征及传输模型

1. 信息的概念

信息论中，首先就是对信息概念的界定。香农意识到通信系统中的"信息"与日常生活中的"信息"的区别，并将通信系统中的"信息"中的"意义"剥离出来。例如，信息系统需要传输"Orange"这个词，香农信息论只关心从信源到信宿的传输过程，能否在信宿复现，至于"Orange"的含义是橘子还是苹果，并不是信息论的关注所在。

信息是一个非常宽泛的概念。香农和维纳从系统论的高度来看待信息，认为信息与物质、能量一同成为构建所有系统的三大要素。

物质是指构成实在世界的基本原料，其根本属性是运动（并非是牛顿定义的运动），而时间和空间则是运动着的物质的存在形式。能量是指一个系统所能释放出来的或可从中获得的、用以做功的能力。物质和能量是客观存在的、有形的，是系统的"躯体"，而信息则是抽象的、无形的，是系统的"灵魂"。信息要借助于物质和能量才能产生、传输、存储、处理和感知；物质和能量要借助于信息来表述和控制。信息依赖于物质和能量，但与物质和能量有显著区别，信息不是独立实体，也不会因传输和摄取而消耗；信息的作用与物质的多寡也无必然联系，而且该作用通常无法由物质和能量所代替。信息与物质、能量在一切系统中缺一不可，绝不能过分突出其中之一而忽略其他。

在技术科学特别是信息技术科学范畴内，信息是研究客观对象"内部结构和外部联系"的运动状态与方式的有效属性，该属性可脱离原来的研究对象而被获取、传输、处理和利用。换言之，信息既不是物质，也不是能量，它自记录客观事物（物质和精神）的运动状态及状态改变方式的数据中提取出来，反映了自然界和人类社会中各种事物状态和运动规律。

2. 信息的特征

通常认为，信息的基本特征包括可识别性、可存储性、可共享性、可度量性等。此外，信息还具有普遍性、可压缩性、可转换性等性质。

1) 可识别性

信息应该是可识别的，识别方式分为直接和间接两种。直接识别主要是通过听觉、视觉等生物感官来进行，而间接识别则是通过各种测试手段来完成，不同的信息源识别可以采用对应的传感(信息获取)装置来实现。在网络空间安全中，多采用间接识别方式，如可以使用中国北斗卫星导航系统(BeiDou Narigation Satellite System，BDS)来识别位置、使用入侵检测探头(Probe)来获取相关安全信息等。

2) 可存储性

信息常表现为文字、语音、图像等抽象符号形式，需要借助特定的媒介或载体来存储才能传载，从这个意义上说，可存储性又可称为可传载性。存储媒介或载体的形式可以是磁盘、声波、电波等，但存储媒介或载体并不是信息本身。例如，存储在计算机系统硬盘上的信息，认知主体首先接触到的是磁盘本身，通过磁盘读取设备才能感知磁盘上所存储的信息数据。

3) 可共享性

信息可以脱离源事物相对独立地存在，这种资源可被无限制地大量复制、长期保存、重复使用，供不同个体或群体在同一时间或不同时间共同享有。信息与物质和能量在可共享性方面的显著区别，既为使用者带来了极大便利，又为信息的安全性带来了极大风险。例如，恶意用户未授权访问获取信息后，信息所有者可能会对此毫无察觉，因为原有信息的外在形态因可共享性而无任何改变。

4) 可度量性

信息可采用某种测度或度量单位进行度量，并实现信息编码。例如，从概率的角度出发，可以采用自信息量、互信息量来度量信息。自信息量度量了信息的大小，而互信息量则度量了多个信息关联的密切程度。香农采用事件发生概率的对数(信息熵)来表征信源的不确定性，熵是离散集的平均自信息量。信息熵函数具有对称性、非负性、确定性、扩展性、可加性、极值性、上凸性等数学特性，可以用于信息不确定性的度量和运算。

3. 信息的传输模型

实际应用的所有通信系统组件均可以抽象为信源(发送机)、编码器、信道、译码器、信宿(接收机)以及噪声源等(图 2.1)。

图 2.1　信息传输模型

信息传输是将收集后的信息或存储在介质中的信息由一端经信道传送到另一端的过程。信息传输包括：时间上的信息传输，可以理解为信息存储；空间上的信息传输，即通常意义上的"信息传输"，比如微信聊天信息的传输等。

信源是指消息的来源，消息多以符号的形式发出，通常具有随机性。消息是能被感觉器官感知的客观物质和主观思维的运动状态或存在状态。信息传输系统中形式上要传输的是消息，实质上传输的是信息。信宿则是指信息的接收者，并使消息再现，以实现通信的目的。

信道是存在于信源与信宿之间的信息传递通道。信源发出的信息需经编码转化为可在信道中传输的信号。而通信速度既取决于信道的性质，也随信源性质与编码方法而改变。所谓"码"是指对符号表达及符号排列所必须遵守的约定。运用这些符号，遵守相应的约定，即可将信息"编码"变成信号。如果用符号来表达消息，就是信源编码；而将符号转换为信道所要求的信号，就是信道编码。通信系统中的消息通常需要经过若干次编码，才能转换为适合信道传输的信号。当信号系列通过信道输出后，必须经过译码还原为消息，才能被信宿所接收。实际上，译码就是编码的逆过程。

通信过程中，信息的定量表示、信源、信宿、信道以及信道容量、编码与译码等方面的问题，就构成了信息论的基本内容。如果从信源发出的信号为确定的，即事先已知的，则不会有任何"信息"传输。如果待传的符号是时刻在变化的随机性事件，就可用随机变量来表示。采用随机变量来研究信息是信息论的核心思想。信息论将信息的传递作为一种随机变量的统计现象来考虑，并给出了通信信道容量的估算方法。因此，信息论研究中的两大领域是信息传输和压缩，而这二者又通过信息传输定理和信源信道隔离定理实现了相互联系。

2.2.3　信息的度量

1. 数据量与信息量

许多科学家发现，事件信息的多寡（即信息量）与事件出现的概率关系密切：事件发生的概率越大，信息量就越小；反之，事件发生的概率越小，信息量就越大。哈特莱认为"信息是指有新内容、新知识的消息"，并首次提出"信息定量化"的基本思想，采用对数来度量信息，将一条信息所包含的信息量定义为它可能取值个数的对数。哈特莱由此开启了现代信息论的研究，这是人类对信息的理解和表达具有现代意义的开端。

信息经由信号而传播，但信息与信号存在本质区别。如果信号源发送的符号值不变（如恒为 1），可以说该信号源并无信息量发出，因为它没有告知别人任何新东西。

香农将信息量与信号源的不确定性（以各个可能的符号值的概率分布来表示）联系起来，直观给出了信息量需满足的若干简单的数学性质（如连续性、单调性等），进而给出了一个唯一可能的表达形式。"信息量"提出的意义超越了通信领域，成为信息储存、数据压缩等技术的理论基础。

香农开创性引入的"信息量"概念，将传输信息所需的比特数与信号源本身的统计特性联系起来，并在此基础上，采用熵来度量信息量。

熵的概念最早由德国物理学家克劳修斯（Clausius）在 1854 年首次提出，用来描述"能量退化"的物质状态参数。1877 年，奥地利物理学家玻尔兹曼（Boltzmann）提出了熵在统计物理学中的解释：系统的宏观物理性质可以认为是所有微观状态的等概率统计平均值，系统越混乱表明系统内部的微观状态越平均，熵可以看作系统的混乱程度。到了 1948 年，香农将玻尔兹曼的熵理念引申到了信道通信的过程中，并创立了信息论。在信息论中，香农用熵来描述信源的不确定度，是信息量的度量，一个信息系统越混乱，信息熵就越大。

2. 自信息量与互信息量

1）自信息量

任意随机事件 x_i 的自信息量 $I(x_i)$ 就是对其不确定性的度量，定义为该事件发生概率 $P(x_i)$

的对数的负值，记为

$$I(x_i) = -\log_x P(x_i)$$

自信息量为无量纲量，其单位取决于所用对数的底：底为 2 时，单位为比特(bit)；底为 e 时，单位为奈特(nat，1nat=1.443bit)；底为 10 时，单位为哈特莱(hartley，1 hartley =3.322bit)；更一般地，如果取以 r 为底的对数($r>1$)，则 $I(x_i) = -\log_r P(x_i)$。

自信息量性质如下。

(1) $I(x_i)$ 是非负随机量。

(2) $I(x_i)$ 是 $P(x_i)$ 的单调递减函数。

(3) $I(x_i)$ 具有可加性。

自信息量的数学意义是，某事件发生所含有的信息量=该事件发生的先验概率的函数；自信息量的物理意义是，事件发生前描述的是该事件发生的不确定性的大小，事件发生后表示的是该事件所含有(提供)的信息量，即随机事件的不确定性在数量上等于其自信息量。

2) 互信息量

对两个离散随机事件集 X 和 Y，事件 y_j 的出现所给出的关于事件 x_i 的信息量定义为互信息量 $I(x_i; y_j)$，定义式为

$$I(x_i; y_j) \stackrel{\text{def}}{=\!=} I(x_i) - I(x_i | y_j) = \log \frac{1}{P(x_i)} - \log \frac{1}{P(x_i | y_j)} = \log \frac{P(x_i | y_j)}{P(x_i)}$$

互信息量的单位与自信息量的单位同样取决于所用对数的底，在人工智能和算法中，也常将互信息量称为信息增益。

互信息量具有以下性质。

(1) 互易性(对称性)。

$$I(x_i; y_i) = \log \frac{P(x_i | y_i)}{P(x_i)} = \log \frac{P(x_i | y_i) P(y_i)}{P(x_i) P(y_i)} = \log \frac{P(x_i y_i) / P(x_i)}{P(y_i)} = \log \frac{P(y_i | x_i)}{P(y_i)} = I(y_i; x_i)$$

即由事件 y_i 提供的有关事件 x_i 的信息量等于由事件 x_i 提供的有关事件 y_i 的信息量。

(2) 事件 x_i、y_i 统计独立时，互信息量为零，这意味着无法通过观测 y_i 而获得关于另一个与其独立的事件 x_i 的任何信息，因为：

$$I(x_i; y_i) = \log \frac{P(x_i | y_i)}{P(x_i)} = \log \frac{P(x_i y_i)}{P(x_i) p(y_i)} = \log 1 = 0 。$$

(3) 互信息量可正可负。在给定观测数据 y_i 的条件下，事件 x_i 出现的概率 $P(x_i | y_i)$ 大于先验概率 $P(x_i)$ 时，互信息量 $I(x_i | y_i)$ 为正值；当后验概率小于先验概率时，互信息量为负值。互信息量为正，说明事件 y_i 的出现有助于肯定事件 x_i 的出现；反之，则是不利的。造成不利的缘由是信道干扰。

(4) 任何两事件之间的互信息量不可能大于其中任一事件的自信息量。

因为　　　　　　　　　　　　　　　$P(x_i | y_i)$

所以　　　　$I(x_i; y_i) = \log \frac{P(x_i | y_i)}{P(x_i)} = \log P(x_i | y_i) - \log P(x_i) \leqslant 0 - \log P(x_i) = I(x_i)$

即
$$I(x_i;y_i)\begin{cases} \leqslant I(x_i) \\ \leqslant I(y_i) \end{cases}$$

这个性质意味着，自信息量 $I(x_i)$ 是为了确定事件 x_i 的出现所必须提供的信息量，也是任何其他事件所能提供的关于事件 x_i 的最大信息量。

互信息量的物理意义是，互信息量表明两个随机事件的相互约束程度：事件 y_i 出现前关于事件 x_i 的不确定性的减少量，事件 y_i 出现后信宿获得的关于事件 x_i 的信息量。也就是说，互信息量 $I(x_i;y_j)$ 是已知事件 y_i 后所消除的关于事件 x_i 的不确定性，它等于事件 x_i 本身的不确定性 $I(x_i)$ 减去已知事件 y_i 后对 x_i 仍然存在的不确定性 $I(x_i;y_j)$。

3. 平均自信息量与平均互信息量

1) 平均自信息量(信息熵)

自信息量用于度量信源发出某一具体消息所含的信息量，发出的消息不同，所含有的信息量也不同。而整个信源会发出大量消息，因此，信源的不确定度不能采用某个消息的自信息量来表征。为此，香农采用平均自信息量来表征整个信源的不确定度。由于信源具有不确定性，因此采用随机变量来表示信源，采用随机变量的概率分布来描述信源的不确定性：将一个随机变量的所有可能取值及其对应的概率 $[X, P(X)]$ 称为其概率空间，将随机变量 X 的每一个可能取值的自信息 $I(x_i)$ 的统计平均值定义为随机变量 X 的平均自信息量。平均自信息量又称为香农熵、信息熵、信源熵、无条件熵、熵函数(简称熵)，其数学表达式为

$$H(X) = E[I(x_i)] = E[-\log P(x_i)] = -\sum_{i=1}^{n} P(x_i)\log P(x_i)$$

其中，n 为所有 X 可能取值的个数。

平均自信息量(熵)是从整个集合的统计特性来考虑的，从平均意义上揭示了信源的总体特征，表征了变量 X 的随机性。在信源输出前，信息熵 $H(X)$ 表示信源的平均不确定性；在信源输出后，信息熵 $H(X)$ 表示每个消息提供的平均信息量。通常，信息熵并不等于信宿平均获得的信息量，信宿无法全部消除信源的平均不确定性，获得的信息量将小于信息熵。

自信息量的单位也与所取的对数底有关，根据所取的对数底不同，可以是 bit、nat、hartley，通常采用 bit 为单位。

信息熵 $H(X)$ 是随机变量 X 的概率分布的函数，故又称为熵函数。若将概率分布 $P(x_i)$，$i=1,2,\cdots,q$，记为 $p_1,p_2,\cdots,p_n$，则熵函数又可以写成概率矢量 $P=(p_1,p_2,\cdots,p_n)$ 的函数的形式，记为 $H(P)$：

$$H(X) = \sum_{i=1}^{n} p_i\log p_i = H(p_1, p_2, \cdots, p_n) = H(P)$$

熵函数具有以下性质。

(1) 对称性。
$$H(p_1, p_2, \cdots, p_n) = H(p_2, p_1, \cdots, p_n) = \cdots = H(p_n, p_1, \cdots, p_{n-1})$$

即各分量次序可调换，说明熵函数仅与信源的总体统计特性有关。

(2) 确定性。

$$H(1,0) = H(1,0,0) = H(1,0,0,0) = \cdots = H(1,0,\cdots,0) = 0$$

在概率矢量中，只要有一个分量为 1，其他分量必为 0，它们对熵的贡献均为 0，因此熵等于 0。即确定的信源的不确定度为 0。

(3) 非负性。

信源熵是自信息量的数学期望，自信息量非负值，因此信源熵必定非负。等号成立的条件是信源为确定性信源。

$$H(P) = H(p_1, p_2, \cdots, p_q) \geqslant 0$$

(4) 扩展性。

$$\lim_{\varepsilon \to 0} H_{n+1}(p_1, p_2, \cdots, p_n - \varepsilon, \varepsilon) = H_n(p_1, p_2, \cdots, p_n)$$

此性质说明，增加一个概率接近于零的事件，信源熵保持不变。虽然小概率事件出现后，给予信宿较多的信息，但从总体来看，由于小概率事件几乎不会出现，它对于离散集的熵的贡献可忽略不计，也是熵的总体平均性的一种体现。

(5) 连续性。

$$\lim_{\varepsilon \to 0} H(p_1, p_2, \cdots, p_{n-1} - \varepsilon, p_n + \varepsilon) = H(p_1, p_2, \cdots, p_n)$$

即信源概率空间中概率分量的微小波动不会引起熵的变化。

(6) 可加性。

如果有两个独立统计信源 X、Y，X 的概率分布为 $(p_1, p_2, \cdots, p_n)$，Y 的概率分布为 $(q_1, q_2, \cdots, q_n)$，则有

$$H(XY) = H(X) + H(Y)$$

即

$$H_{mn}(p_1, p_2, \cdots, p_n, q_1, q_2, \cdots, q_m) = H(p_1, p_2, \cdots, p_n) + H(q_1, q_2, \cdots, q_m)$$

(7) 递增性。

$$H(p_1, p_2, \cdots, p_{n-1}, q_1, q_2, \cdots, q_m) = H(p_1, p_2, \cdots, p_n) + p_n H\left(\frac{q_1}{p_n}, \frac{q_2}{p_n}, \cdots, \frac{q_m}{p_n}\right)$$

递增性表明，若某个信源的 n 个元素的概率分布为 $(p_1, p_2, \cdots, p_n)$，其中某个元素 x_n 又被划分成 m 个元素，则这 m 个元素的概率之和等于元素 x_n 的概率，这样得到的新信源的熵出现了递增，熵增的原因是元素划分产生了不确定性。

(8) 极值性。

$$H(p_1, p_2, \cdots, p_n) \leqslant H\left(\frac{1}{n}, \frac{1}{n}, \cdots, \frac{1}{n}\right) = \log n$$

其中，n 为所有 X 可能取值的个数。这个性质表明离散信源中各消息等概率出现时熵最大，即最大离散熵定理。连续信源的最大熵则与约束条件有关。

(9) 上凸性。

$H(P)$ 是严格的上凸函数，凸函数在定义域内的极值必为极大值，可用于证明熵函数的极值性。

2) 联合熵与条件熵

信息熵可表示一个随机变量的不确定性，此概念可以推广到多个随机变量。二维随机变量 XY 的联合熵定义为联合自信息的数学期望，它是二维随机变量 XY 的不确定性的度量：

$$H(XY) \stackrel{\text{def}}{=\!=} \sum_{i=1}^{n} \sum_{j=1}^{m} P(x_i y_j) I(x_i y_j) = -\sum_{i=1}^{n} \sum_{j=1}^{m} P(x_i y_j) \log P(x_i y_j)$$

若给定 X，则可以得到 Y 的条件熵：

$$H(Y \mid X) = \sum_i P(x_i) H(Y \mid x_i) = -\sum_i \sum_j P(x_i) P(y_j \mid x_i) \log P(y_j \mid x_i)$$
$$= -\sum_i \sum_j P(x_i y_j) \log P(y_j \mid x_i)$$

$H(Y \mid X)$ 表示已知 X 时，Y 的平均不确定性。

二维随机变量 XY 的联合熵与信息熵、条件熵的关系为

$$H(X, Y) = H(X) + H(Y \mid X)$$

将此关系推广到 N 个随机变量的情况，称为熵函数的链规则：

$$H(X_1 X_2 \cdots X_N) = H(X_1) + H(X_2 \mid X_1) + \cdots + H(X_N \mid X_1 X_2 \cdots X_{N-1})$$

二维随机变量 XY 的条件熵与信息熵的关系为

$$H(X \mid Y) \leqslant H(X), \ H(Y \mid X) \leqslant H(Y)$$

二维随机变量 XY 的联合熵与信息熵的关系为

$$H(XY) \leqslant H(X) + H(Y)$$

当 X、Y 相互独立时等号成立。

3) 平均互信息量

为从整体上表示从一个随机变量 Y 所给出关于另一个随机变量 X 的信息量，定义互信息量 $I(x_i; y_j)$ 在 XY 的联合概率空间中的统计平均值为随机变量 X 和 Y 间的平均互信息量（又称为交互熵）：

$$I(X; Y) = \sum_{i=1}^{n} \sum_{j=1}^{m} P(x_i y_j) I(x_i; y_j) = \sum_{i=1}^{n} \sum_{j=1}^{m} P(x_i y_j) \log \frac{P(x_i \mid y_j)}{P(x_i)}$$
$$= \sum_{i=1}^{n} \sum_{j=1}^{m} P(x_i y_j) \log \frac{1}{P(x_i)} - \sum_{i=1}^{n} \sum_{j=1}^{m} P(x_i y_j) \log \frac{1}{P(x_i \mid y_j)} = H(X) - H(X \mid Y)$$

交互熵函数具有对称性（互易性）、非负性、极值性和上凸性。

4) 平均互信息量与信源熵、条件熵的关系

平均互信息量与信源熵、条件熵的关系可用图 2.2 所示的维拉图来描述。

图 2.2 中两圆外轮廓表示联合熵 $H(XY)$，圆 (1) 表示 $H(X)$，圆 (2) 表示 $H(Y)$，则：

(1) $I(X; Y) = H(X) - H(X \mid Y)$。

此关系对于通信系统的物理意义在于，设 X 为发送消息符号集，Y 为接收消息符号集，$H(X)$ 是输入集的平均不确定性，$H(X \mid Y)$ 是观察到 Y 后，集 X 仍然保留的不确定性，二者之差 $I(X; Y)$ 就是在接收过程中得到的关于 X、Y 的平均互信息量。

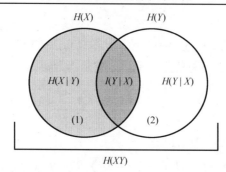

图 2.2　平均互信息量与信源熵、条件熵的关系图(维拉图)

(2) $I(X; Y) = H(Y) - H(Y|X) = H(X) + H(Y) - H(XY)$。

此关系对于通信系统的物理意义在于，$H(Y)$ 是观察到 Y 所获得的信息量，$H(Y|X)$ 是发出确定消息 X 后，由于干扰而使 Y 存在的平均不确定性，二者之差 $I(X; Y)$ 就是一次通信所获得的信息量。

(3) $I(X; Y) = H(X) + H(Y) - H(XY)$。

此关系对于通信系统的物理意义在于，通信前，随机变量 X、Y 可视为统计独立变量，其先验不确定性为 $H(X) + H(Y)$，通信后，整个系统的后验不确定性为 $H(XY)$，二者之差 $H(X) + H(Y) - H(XY)$ 就是通信过程中不确定性减少的量，即通信过程中获得的平均互信息量 $I(X; Y)$。

5) 数据处理定理

首先定义三元随机变量 X、Y、Z 的平均条件互信息量和平均联合互信息量。

平均条件互信息量：

$$I(X;Y\,|\,Z) = E\{I(xy\,|\,z)\} = \sum_x \sum_y \sum_z P(xyz) \log \frac{P(x\,|\,yz)}{P(x\,|\,z)}$$

表示随机变量 Z 给定后，从随机变量 Y 所得到的关于随机变量 X 的信息量。

平均联合互信息量：

$$I(X;YZ) = E\{I(x;yz)\} = \sum_x \sum_y \sum_z P(xyz) \log \frac{P(x\,|\,yz)}{P(x)}$$

表示从二维随机变量 YZ 所得到的关于随机变量 X 的信息量。

如果随机变量 X、Y、Z 构成一个马尔可夫链，则有

$$I(X;Z) \leqslant I(X;Y)，\quad I(X;Z) \leqslant I(Y;Z)$$

上式中，等号成立的条件是对于任意的 X、Y、Z，均有 ① $P(x\,|\,yz) = P(x\,|\,z)$；② $P(z\,|\,xy) = P(z\,|\,x)$。

数据处理定理表明，在任何信息传输系统中，最后获得的信息至多是信源所提供的信息，通过串联信道传输只会丢失更多的信息。一旦在传输过程中的某一环节丢失部分信息，无论此后的系统进行何种处理，除非从输入端来溯及丢失信息的源头，否则无法再恢复已丢失的信息，即信息不增性原理，该原理恰好对应于热力学中的熵不减原理，反映了信息的物理意义。

2.2.4　香农三大定理

1. 信道、信道容量与编码

信道(Channel)是数据传输的通路,分为物理信道和逻辑信道,是通信系统较为复杂的部分。

在信息论中,并不关注信号在信道中传输的物理过程,而是假定信道的传输特性已知,由此,信道就可用抽象数学模型来描述。通常将信道表示为 $\{X, P(Y|X), Y\}$,即信道输入随机变量 X、输出随机变量 Y 以及在输入已知的情况下,输出的条件概率分布 $P(Y|X)$。若给定 Y,则可以得到 X 的条件熵 $H(Y|X)$,在通信系统中称为信道疑义度(又叫损失熵),表示已知 Y 时,X 的平均不确定性。

信道分类及特点如表 2.1 所示。

表 2.1　信道分类及特点

分类标准	具体类别	信道特点
参与通信端数	两端信道	仅有一个输入端和一个输出端
	多端信道	至少在输入端或输出端的某一端,存在两个及以上的用户
有无反馈	无反馈信道	输出端信号对输入端信号无影响
	反馈信道	输出端信号对输入端信号有影响
参数是否固定	固定参数信道	信道参数不随时间变化
	时变参数信道	信道参数随时间变化
输入/输出随机序列取值	离散信道	输入和输出的随机序列取值均为离散型
	连续信道	输入和输出的随机序列取值均为连续型
	半离散或半连续信道	一端序列取值为离散型,而另一端序列取值为连续型
	波形信道	输入和输出均为时间上连续的随机信号
有无干扰	无噪(无干扰)信道	输出信号与输入信号之间有确定的一一对应关系
	有噪(有干扰)信道	输出信号与输入信号之间无确定的对应关系,符合某种概率分布
有无损耗	无损信道	发送信号无损耗,损失熵为 0
	有损信道	发送信号有损耗,损失熵不为 0
有无记忆	无记忆信道	信道任一时刻输出信号只统计依赖于对应时刻的输入信号,而与非对应时刻的输入信号及输出信号无关
	有记忆信道	信道任一时刻输出信号不仅与当时信道的输入信号有关,且与以前时刻的输入信号和(或)输出信号有关

度量通信所获信息的多少(信息量)涉及:发端信源熵(表征发端信源的不确定度);收端在接收信号条件下的发端信源熵(表征在接收信号条件下发端信源的不确定度)。接收到信号,即通过信道传输信号获取了信息,在一定程度上消除了对发端信源认识的不确定性,即在一定程度上获知了发端信源的信息。通信的目的是实现信源熵的减小,最理想状况是在接收信号条件下信源熵为 0,意味着信源的不确定度完全消失,而完全得到发端信息。

对于给定信道,发端信息输入可服从不同的概率分布,因此必然存在互信息最大值,使得信道平均传输一个符号接收端所获的信息量最大,这个最大值定义为信道容量。相应的输入概率分布则为最佳输入分布。信道容量是反映信道所能传输的最大信息量的信道参数，该参数大小与信源无关。虽然信道容量的定义涉及输入概率分布，但信道容量值却与输入概率分布无关。有时，也将信道容量表示为单位时间内可传输的二进制位的位数，即信道的数据传输速率(位速率)，其单位为位/秒(bit/s)。

信道的输入、输出均取值于离散符号集，由于存在信道噪声干扰，因此输入符号会在传输中出现错误，常用信道传递概率(前向概率)来描述这种信道噪声干扰的影响，它反映了信道的噪声特性。基于信息传输的角度，信源的不确定性为 $H(X)$，因干扰而导致的接收端收到 Y 后对信源仍然存在的不确定性(信道疑义度)为 $H(X|Y)$，通过信道传输，信宿所消除的关于信源的不确定性，也就是获得的关于信源的信息为平均互信息量 $I(X; Y)=H(X)-H(X|Y)$，它是接收到输出符号集 Y 后所获得的关于输入符号集 X 的信息量，即接收信号输出 Y 前后对于 X 的不确定度的变化。互信息量 $I(X; Y)$ 值与概率 $P(x)$、$P(y|x)$ 有关，若特定信道传递概率为给定值，则在所有 $P(x)$ 分布中，$I(X; Y)_{max}$ 即该信道的信道容量，这是由互信息量的上凸性所决定的。$I(X; Y)$ 是平均意义上每传送一个符号流经信道的信息量，因此又称为信道的信息传输率 R，若平均传输一个符号需要 t 秒，则称信道平均每秒钟传输的信息量 Rt 为信息传输速率。

由信道容量的定义与计算方法可知，信道实际传送的信息量必然不超出信道容量。理想情况下，信息在信道中传输要尽量不发生错误或错误可任意逼近于零。在香农之前，一般认为信息传输的有效性和可靠性是一对不可调和的矛盾：信息传输率提高通常会导致抗干扰能力下降；反之，抗干扰能力提高又会导致信息传输率的降低。

香农指出，信息传输的有效性和可靠性可以实现有条件的辩证统一，存在使信息传输既有效又可靠的编码方法。为此，香农给出了三大编码定理：无失真可变长信源编码定理、有噪信道编码定理、保失真度准则下的有失真信源编码定理，可应用于典型通信传输系统，如图 2.3 所示。

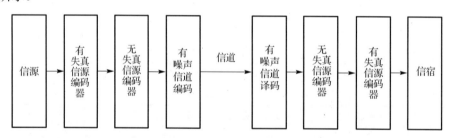

图 2.3　典型通信传输系统中的信源编码和信道编码应用原理框图

信源编码定理(Source Coding Theorem)确立了数据压缩的限度与信源熵的操作意义，而信道编码定理(Channel Coding Theorem)则阐明了存在使信息传输率逼近信道容量的编码。虽然香农三大定理只是给出了编码方法的存在性，而并未给出具体的编码实现方法，但仍不影响其作为信息论基础理论的地位。

2. 无失真可变长信源编码定理

无失真信源编码定理又称为变长码信源编码定理或香农第一定理。图 2.4 分别给出了单符号信源无失真编码器模型(a)与 N 次扩展信源无失真编码器模型(b)示意图。离散无记忆的 N 次扩展信道的信道容量等于单符号时信道容量的 N 倍。

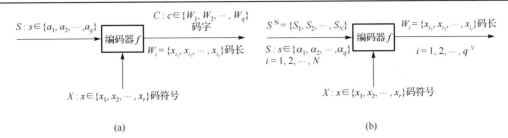

图 2.4　单符号信源无失真编码器模型与 N 次扩展信源无失真编码器模型

无失真（可变长）信源编码定理：设 q 元离散无记忆信源 S 包含 N 次扩展信源，$S^N=\{\alpha_1,\alpha_2,\cdots,\alpha_{q^N}\}$，若对信源 S^N 进行编码，码符号集 $X=\{x_1,x_2,\cdots,x_i\cdots,x_r\}$，则总可以找到一种编码方法，构成唯一可译码，使信源 S 中每个符号所需的平均编码长度满足：

$$\frac{H(S)}{\log r}+\frac{1}{N}>\frac{\overline{L}_N}{N}\geqslant\frac{H(S)}{\log r}$$

且当 $N\to\infty$ 时，有 $\lim\limits_{N\to\infty}\dfrac{\overline{L}_N}{N}=\dfrac{H(S)}{\log r}=H_r(S)$。若 $R'=\dfrac{\overline{L}_N}{N}\log r>H(S)$，就存在唯一可译变长编码；否则，就不存在唯一可译变长编码，无法实现无失真编码。

该定理的意义是，通过对扩展信源进行可变长编码，可使平均码长无限趋近于极限熵值，但增加了编码复杂性。使用无失真信源编码，是对离散信源进行适当变换，将原始信源符号转化为新的码符号序列信源，并使之尽可能服从等概率分布，从而使每个码符号平均所携带的信息量达到最大，达到用尽量少的码符号来传输信源信息的目的。

极限情况下，随着独立同分布随机变量数据流的长度趋于无穷，不可能实现数据压缩的码率小于信源熵（香农熵），信息肯定会丢失，但是有可能使码率任意接近香农熵，且损失的概率极小。

3. 有噪信道编码定理

有噪信道编码定理又称为香农第二定理。香农在其"信道容量定理"中指出，可以找到这样一种信道编码方法，当数据传输速率不大于某个最大传输速率时，通过该方法能够实现以任意小的错误概率来传输信号。也就是说，如果信道的信息传输率不超过信道容量，可以采用合适的信道编码方法来实现任意高的传输可靠性，而一旦信息传输率大于信道容量，就不可能实现可靠传输。香农同时给出了有噪信道的最大传输速率与带宽的关系：

设某离散无记忆信道有 r 个输入符号，s 个输出符号，信道容量为 C，当信道的信息传输率 $R<C=B\cdot\log_2(1+S/N)$、码长 N 足够长时（B 为信道带宽；S/N 为信噪比），总可以在输入的 r^N 个符号集中（含有 r^N 个长度为 N 的码符号序列）找到 M 个码字（$M\leqslant2^{n(C-\varepsilon)}$，$\varepsilon$ 为任意小的正数），分别代表 M 个等可能性的消息，组成一个码，并存在相应的译码规则，使信道输出的最小平均错误译码概率 $P_{\min}$ 达到任意小。

香农第二定理突破了传统固有的传输可靠性和有效性必然矛盾的观点，指明了信道编码的研究方向。该定理指出：$R<C$ 是可靠传输的必要条件，但并未指出编码序列无限长是可靠传输的必要条件。香农进一步证明：$R=C$ 时，可以实现任意小的差错概率。

4. 保失真度准则下的有失真信源编码定理

保失真度准则下的有失真信源编码定理又称为有损信源编码定理或香农第三定理，定义如下：设一，离散无记忆信源的信息率失真函数 $R(D) = \min\limits_{P(v_j|u_i) \in P_D} \{I(U;V)\}$，并且选定有限的失真函数，对于任意允许平均失真度 $D \geqslant 0$，和任意小的 $\varepsilon > 0$，以及任意足够长的码长 k，则一定存在一种码字个数为 $M \geqslant 2^{k[R(D)+\varepsilon]}$ 的信源编码 W，使编码后码的平均失真度 $D'(W) \leqslant D$。也就是说，只要码长足够长，总可以找到一种信源编码，使编码后的信息传输率略大于率失真函数，而码的平均失真度不大于给定的允许失真度，即 $D' \leqslant D$。$R(D)$ 是保真度准则条件下信源信息率压缩的下限，实际工程中可用于衡量各种压缩编码方法的性能优劣。

2.2.5 信息论在网络空间安全中的应用

信息论以信息传输和信息处理系统的一般规律为研究对象，对通信信息系统进行了高度抽象，并应用概率论、数理统计、随机过程等工具建立数学模型。信息论虽然理论性强、概念抽象、数学推导复杂，但其中的抽象概念都具有鲜明的实际物理含义，在网络空间安全理论、技术和工程中获得了广泛应用。

1. 信息论在密码学中的应用

1）信息论是密码学的核心理论基础

密码学（Cryptology）及密码技术具有悠久的发展历史，至今仍是网络空间安全保障的关键技术和重要基石。密码学是网络空间安全保障的必要与核心手段之一，没有密码技术的应用就谈不上网络空间安全保障。因此，密码学要解决的问题，其实也是网络空间安全要解决的主要问题，即保密性、完整性、可用性以及不可否认性等问题。现代密码学主要研究信息从发送方到接收方的安全传输与存储，分为密码编码学（Cryptography）和密码分析学（Cryptanalytics）两类，二者相生相克，既相互对立，又相互促进。现代密码学研究目标可以视为"知己知彼"，"知己"是通过密码编码学，研究难以被敌方或对手攻破的安全密码体制，密码编码学主要研究信息加密、信息认证、数字签名和密钥管理等，攻破别人的密钥管理要易于直接破译加密算法，而"知彼"则是利用密码分析学，研究如何破解敌方或对手现有的密码体制。密码分析学并不是依赖于数学逻辑的不变真理，而是依赖于客观世界觉察得到的事实，因此密码分析学更具挑战性。有关密码体制安全性分析的内容，需要用到密码分析学的理论和方法。

信息论采用概率统计的观点，对密码学中的信息源、密钥、密码编码（加密和解密）以及密码分析进行了数学分析，采用不确定性和唯一解距离等来度量密码体制的安全性，阐明了保密系统的模型、密码体制、完善保密（Perfect Secrecy）理论、纯密码、理论保密性和实际保密性等重要概念和破译密码的基本原则，为密码学确立了一系列与信息论中信息度量密切相关的基本原则与指标，使密码学获得了坚实的数学基础支撑，促进了密码学作为一门独立的学科的形成。简而言之，信息论奠定了密码学的基础，成为密码学的重要理论基础之一。最近数十年来密码领域的重要进展均与香农提出的信息论思想密切相关。

所谓唯一解距离（也称唯一解点），并非是对密码分析需要多少密文的度量，而是存在唯一合理的密码分析所需要的密文数量的指标。香农指出，对应明文的实际信息(熵)与加密密钥的熵之和等于所用的密文位数的渐近密文量。对大多数对称密码系统而言，唯一解距离 $U=H(K)/D$，$H(K)$ 为密码系统的熵，而 D 则为语言的冗余度。唯一解距离也可以理解为，当进行强力攻击时，可能解密出唯一有意义的明文所需要的最少密文量。唯一解距离与冗余度成反比，唯一解距离越长，密码系统就越好。唯一解距离可以保证当其太小时，密码系统是不安全的，但并不保证当其较大时，密码系统就是安全的。

2) 信息论对密码系统与信息传输系统的对偶关系的揭示

信息传输系统的目标是对抗系统中固有或破坏者恶意施加的干扰，实现信息的有效、可靠传输。香农指出："从密码分析者来看，一个保密系统几乎就是一个通信系统。需要传输的消息是统计事件，而加密所用的密钥则按概率选出，加密结果为密文，这是分析者可以利用的，类似于受扰信号。"密码系统中的加密、解密、分析和破译与信息传输系统中的信息传输、处理、检测和接收，均可采用信息论来实现统一分析。因此，密码系统本质上可视为信息传输系统，而且是普通信息传输系统的对偶系统。

密码系统中的消息加密变换类似于信息传输系统中的向消息注入噪声，而密文则相当于经过有扰信道获得的接收消息。密码分析者相当于有扰信道下的原接收者，只不过这种干扰并非是信道中的自然干扰，而是发送者有意为之并受发送者完全控制、取自有限集的强干扰(即密钥)，其目的是使攻击方难以通过密文获取有用信息，而正常的接收方(解密方)则可方便地去除发送方所加的强干扰，从而将原信息恢复出来。在这个过程中，密钥的随机性是关键因素。

3) 香农信息论思想对于密码算法设计的宏观指导意义

现代密码学有两个里程碑事件：一是美国对称加密算法——DES 的公布实施；二是 Diffie 和 Hellman 提出的公钥密码体制。DES 与公钥密码体制的出现和应用，使得近现代密码学获得了极大发展，特别是在网络认证方面得到了广泛应用。上述安全性原理与测量标准均遵从香农保密系统所规定的要求，多种加密函数的构造(如相关免疫函数等)仍以香农在信息论中提出的完善保密性为基础。

香农在 1949 年发表的论文提出的设计强密码的思想，给出了组合(Combine)、扩散(Diffusion)以及混淆(Confusion)的重要概念，为对称密码体系中现代分组密码设计提供了基本指导。组合是指基于简单、易实现的密码系统，组合构造出较复杂的、密钥量较大的密码系统。扩散则是要将每一位明文及密钥尽量快速散布至较多位的密文数字之中，从而将明文的统计特性隐蔽起来。混淆是指将明文与密文、密钥与密文之间的统计相关性实现极小化，从而难以进行统计分析和破译。香农形象地采用"揉面团"来比喻"扩散"和"混淆"。分组密码在密钥控制下的多次迭代就是一种有效的"乘积"组合，有助于快速实现"扩散"和"混淆"。分组密码设计中将输入分段处理、实施非线性变换、进行左右交换、多次乘积迭代等就体现了香农的密码构造思想。对称加密算法中 DES 及其后诸多分组密码设计均充分体现了该思想。

公钥密码体制也受到了香农信息论思想的启发。香农信息论指出："好的密码算法设计，本质上等同于寻求某个困难问题的解，相对于某种其他条件，可以构造密码，使其破译等价于解某个已知数学难题。" 1976 年，Diffie 和 Hellman 基于此思想，提出了公钥密码体制思想，其后出现的 RSA、Rabin、背包、ElGamal、ECC 等所有双钥密码算法，均是基于某个数学求解难题。而可证明安全理论也旨在证明能否将所设计的密码算法归约为求解某个已知数学难题。破译编码运用的计算复杂性理论(时间复杂性和空间复杂性),使得密码难以破译,这也与数学求解难题密切相关。因此,虽然香农本人并未发明公钥密码,但仍然获得了公钥密码学教父的美誉。

4)香农信息论中的信息熵、信道、编码对于密码算法设计的具体指导

香农提出了信息度量中的信息熵、信道、编码等概念,在密码系统设计中起到了具体指导作用。例如,香农提出的一次一密(One-time Pad),在流密码系统中使用与消息长度等长的随机密钥,且密钥本身仅用一次时,利用信息熵的概念即可分析出该通信系统具有完美保密性。在流密码分析中,可利用有噪信道编码定理,将线性反馈移位寄存器(Linear Feedback Shift Register,LFSR)的输出视为其初始状态的信道编码,将特定 LFSR 的输出与其他 LFSR 经过非线性组合后的输出视为叠加了加性噪声的信道输出,将由组合生成器的输出利用相关性推导原始 LFSR 的初始状态的过程视为信道译码过程,体现了信息论中通信系统模型高度抽象、应用广泛的特点。信息论中的率失真理论,可用于图像压缩算法设计,而且,可逆信息隐藏所对应的最大嵌入率求解问题本质上为有失真下接收端的信息熵 $H(Y)$ 的极值求解问题。

2. 信息论在数据压缩理论中的应用

数据压缩是指在一定的数据传输能力或(和)存储空间要求下,将数量相对庞大的原始数据,压缩重组为满足前述能力或(和)空间要求的数量相对较小的数据集合,并保证可从该数据集合中恢复出能够与原始数据相一致的信息,或者能够获得与原始数据一样的使用品质。数据压缩减少了数据传输和存储所需时间、空间等资源,对于网络空间安全的保密传输和灾难备份具有重要意义。而数据能否被压缩、压缩性能度量和压缩优化,也需要采用信息论的方法来分析。

信息论指出,任何信息均有冗余,其冗余大小与信息中各符号的出现概率(即不确定性)密切相关。信息熵就是将信息中的冗余信息排除后而得的平均信息量,熵函数就是计算该平均信息量的数学表达式,这就是数据压缩的理论基础。

数据压缩作为信息论研究中的一个重要方向,其主要目的是力求采用最少的数据来刻画信源所发信号,使信号尽可能小地占用传输和存储资源,从而提高信息传输速度和可靠性,本质上是信源编码。数据压缩的关键是数据压缩比与编码方法,即选择合适的编码方式对源数据流实施编码,使编码后的数据流"小于"原数据流,这种合适的编码方式的最优目标是逼近信息熵的极限。由于熵可以表示信息源中的信息量属性,所以出现了通常称为熵编码的编码方法,在编码过程中按熵原理不丢失任何信息。在无损数据压缩中,常用的熵编码方法有香农-费诺编码(Shannon-Fano Coding)、霍夫曼编码(Huffman Coding)、算术编码以及 LZ 系列算法等。

1)香农-费诺编码

香农-费诺编码以其提出者香农和美国麻省理工学院(Massachusetts Institute of Techonlogy,MIT)科学家罗伯特·费诺(Robert Fano)而得名。1948 年,香农提出将信源符号以其出现的概率降序排序,用符号序列累计概率的二进制作为对信源的编码,并从理论上论证了它的优越性。香农和费诺分别独立提出了这种不定长编码(VLC)方法。该方法采用自顶向下的方法进行编码,首先按照每个符号出现的概率从大到小排序,然后递归地将这些符号分成两部分,

每一部分均具有相近的概率，直至所有的部分均仅有一个符号为止。上述过程也是构建二叉树(Binary Tree)的过程。显然，这意味着符号的代码是完整的，不会形成任何其他符号的代码前缀。不过，这种编码方法并不总是产生最优的前缀码，使其应用受到很大限制。

2) 霍夫曼编码

1952 年，罗伯特·费诺的学生霍夫曼(Huffman)基于香农信息论思想和香农-费诺编码，提出了一种新的不定长编码方法，史称霍夫曼编码。有意思的是，据说年轻的霍夫曼是为了向老师费诺证明自己可以不参加课程期末考试，才设计了这个看似简单，但却影响深远的编码方法。该方法在进行图像压缩时，首先扫描所有的图像数据，求取各种像素出现的概率，并按概率大小指定不同长度的唯一码字，由此得到一张图像码表(即霍夫曼码表)。编码后的图像数据记录的是每个像素的码字，并在码表中记录该码字与实际像素值的对应关系。该方法完全依赖于字符出现概率来构造异字头的平均长度最短的码字，可称为最佳编码。这种基于符号频率统计的编码方法具有高效、快速、灵活等特点，在数据压缩领域获得了广泛应用。不过，霍夫曼编码长度仅仅是对信息熵计算结果的某种近似，尚不能真正逼近信息熵的极限。

3) 算术编码

1960 年，美国 MIT 信息理论学家彼得·伊莱亚斯(Peter Elias)发现不需要对信源符号的出现概率排序，只需编、解码端使用相同的符号顺序即可，从而提出了算术编码的概念，这是一种可以成功逼近信息熵极限的熵编码方法,用于无损数据压缩。1976 年,帕斯科(R.Pasco)和瑞萨尼恩(J.Rissanen)分别用定长的寄存器实现了有限精度的算术编码。1979 年，里斯桑内(J.Rissanen)与兰登(G.G.Langdon)一起将算术编码系统化，并于 1981 年实现了二进制编码。1987 年新西兰 Waikato 大学计算系科学系教授伊恩·H. 威腾(Ian H.Witten)等发表了算术编码实用程序 CACM87(后用于 ITU-T 的 H.263 视频压缩标准)。与此同时，美国商业机器公司(IBM)发布了著名的 Q-编码器(后用于 JPEG 和 JBIG 图像压缩标准)。随后，算术编码得到了广泛关注和普遍应用。

此前的熵编码方法通常是将待编码的输入消息分割成符号，再对各符号进行编码，而算术编码则是直接将整个输入消息编码表示为一个小数 n(满足 $0 \leq n < 1.0$)，称为间隔(Interval)。算术编码的基本原理是，将需编码的消息表示为实数 0 和 1 之间的一个间隔，消息越长，编码表示它的间隔就越小，表示这一间隔所需的二进制位就越多。因此，算术编码过程需要用到符号的概率及符号编码间隔着两个基本参数。为信源符号的概率决定了压缩编码的效率，也决定了编码过程中信源符号的间隔，而这些间隔为 0～1。编码过程中的间隔决定了符号压缩后的输出。若符号集和符号概率给定，算术编码可给出接近最优的编码结果。

在采用算术编码进行数据压缩的过程中，通常需要先估计输入符号的概率，估计越准，编码结果就越接近最优结果。根据信源符号概率是否可变，算术编码又分为静态算术编码或自适应算术编码。静态算术编码中采用固定的信源符号概率，而自适应算术编码的信源符号概率则需要按照编码时符号出现的频繁程度进行动态调整。编码期间估算信源符号概率需要建模，由于事先精确获知信源符号概率非常困难且不易实现，因此，动态建模成为确定编码器压缩效率的关键。

算术编码与分配预测模型结合，能够成功地逼近信息熵极限，可实现压缩效果近乎完美的数据压缩算法。不过，算术编码虽然能够获得最短的编码长度，但其自身复杂性导致具体实现时速度极慢，逐渐难以满足复杂应用的需求。

4) LZ 系列算法

1977 年和 1978 年，以色列科学家齐费(J. Ziv)和兰佩尔(A. Lempel)独辟蹊径，完全脱离了霍夫曼编码及算术编码的设计思想，独创了一系列比霍夫曼编码更有效、比算术编码更快捷的通用压缩算法，统称为 LZ 系列算法。该系列算法在压缩过程中动态创建字典，并将其保存在压缩信息之中。LZ 系列算法巧妙地将字典技术应用于通用数据压缩领域，基本解决了通用数据压缩中兼顾速度与压缩效果的难题，并且可以从理论上证明 LZ 系列算法同样可以逼近信息熵的极限。

3. 信息论在信息隐藏中的应用

信息隐藏(Information Hiding)的目的是传递秘密数据，并证实该载体信息的所有权归属与数据完整性，将机密信息隐藏在大量信息中不让对手发觉。香农早就明确区分了信息隐藏和信息保密的不同。信息隐藏是存在隐信息，将信息藏匿于足够复杂的信息环境中，使对手难于觉察出其存在，而信息保密则是隐匿信息的真意，使对手虽然知道其存在，但难以知悉其真意，香农称它为真保密系统(True Secrecy System)。虽然信息的隐藏性与信息的不确定性并不等同，但它与不确定性也密不可分，且可化为信息编码问题。信息论指出，未压缩的多媒体信息的编码效率很低，存在很大的冗余性，添加(隐藏入)少数信息不会影响其使用。信息隐藏算法首先应具有不可感知性(透明性、隐蔽性)，即载体对象是正常的，不会引起怀疑；其次是具有鲁棒性，对伪装对象进行的正常处理不应导致隐藏信息的破坏；再者，信息隐藏算法应保证其自身的安全性以及在各种攻击情况下的安全性。以信息论角度视之，信息隐藏(嵌入)等同于在一个宽带信道(原始宿主信号)上用扩频通信技术传输一个窄带信号(隐藏信息)。虽然隐藏的信号也具有一定的能量，但其能量分布到信道中任意特征上则难以检测，进而隐藏信息的检测问题转化成了有噪信道中对弱信号进行检测的问题。由此可见，信息论也是信息隐藏的重要理论基础之一。

信息隐藏主要采用隐写术、数字水印技术、可视密码、潜信道、隐匿协议等方法来实现，以下择要分析。

1) 隐写术

隐写术(Steganography)是将秘密信息隐藏到看上去普通的信息(如数字图像和文本文件等)中进行传送。为了使隐写的信息难以探测，就需要保证"有效载荷"(需要被隐蔽的信号)对"载体"(原始信号)的调制对载体的影响在理想状况下乃至统计上看起来可被忽略。换言之，这种改变对第三方来说，应该无法与载体中的噪声加以区别。

以信息论的角度视之，承载信息隐藏的信道容量必须大于传输"表面上"的信号的需求，即满足信道冗余。数字图像的信道冗余可能是成像单元的噪声，而数字音频的信道冗余则可能是录音或者放大设备所生成的噪声。而且，还可以利用模拟放大级系统必然存在的热噪声(或称"1/f"噪声)进行隐藏信息的掩饰。

现代隐写术主要是利用高空间频率的图像数据隐藏信息、采用最低有效位(Least Significant Bit，LSB)将信息隐藏到宿主信号中、使用信号的色度隐藏信息、在数字图像的像素亮度的统计模型上隐藏信息等方法。此外，还有基于文本及其语言的隐写术、利用有损压缩技术(如 JPEG)解压数据引入的误差等方法。

2) 数字水印技术

数字水印(Digital Watermark)技术是将标识信息(即数字水印)采用具有可鉴别性的数字信号或模式，直接嵌入多媒体、文档、软件等数字载体(宿主数据)之中，但既不影响原载体宿主数据的可用性，也不易被人类的视觉或听觉等知觉系统所感知。

目前，数字水印主要采用空间数字水印和频率数字水印两种技术。典型的空间数字水印技术也是采用 LSB 算法，对表示数字图像的颜色或颜色分量的位平面进行修改，并调整数字图像中感知不重要的像素来隐藏水印信息。典型的频率数字水印采用扩展频谱算法，通过时频分析和扩展频谱特性，在数字图像的频域上选取对视觉最敏感的部分，使修改后的系数隐含数字水印的信息。

可视密码技术实质上是一种秘密共享方案，由国际著名密码学家、IBM 公司科学家莫尼奥尔(Moni Naor)和国际著名密码学家、图灵奖获得者、RSA 算法创始人之一的阿迪·萨莫尔(Adi Shamir)教授于 1994 年首次提出。该方案提供了一种将一个秘密的图像分割成多个子图像的方案，而不需要任何密码学的计算，以人的视觉即可利用这些子秘密来获取原始秘密图像。具体做法是，产生 n 张不具有任何意义的胶片，任取其中 t 张胶片叠合在一起即可还原出隐藏在其中的秘密信息。随后的改进工作有：产生 n 张有一定意义的胶片来隐藏信息，使之更具迷惑性；针对黑白图像的可视秘密共享扩展到基于灰度和彩色图像的可视秘密共享等。

4. 信息论在隐私保护中的应用

在大数据时代，数据开放共享成为主流，但隐私保护问题同时成为制约大数据应用的瓶颈问题，日益受到广泛关注。随着网络攻击、数据泄露的风险加大，以及移动网络、社交网络、位置服务等新型应用的推进，隐私保护需求更加迫切。在隐私保护技术中，隐私量化问题至关重要，而信息论中的信息熵作为信息的有效量化方法，可以很自然地用于隐私度量。香农信息论给出的通信框架为构建面向隐私保护的信息熵模型、解决隐私保护系统的相关度量问题指明了方向。

在隐私保护中可分别利用信息熵、事件熵、匿名集合熵、条件熵等概念。面向隐私保护的信息熵模型主要有隐私保护基本信息熵模型、含攻击的隐私保护信息熵模型、融合主观感受的信息熵模型以及多隐私信源的隐私保护信息熵模型。在信息熵模型中，可利用信息论思想，将信息拥有者视为发送方，隐私谋取者视为接收方，隐私泄露渠道视为通信信道，从而可以通过信息熵、平均互信息量、条件熵及条件互信息等来分别实现隐私保护系统信息源的隐私度量、隐私泄露度量、含背景知识的隐私度量及泄露度量等。从而可进一步提出隐私保护方法的强度和攻击者攻击能力的量化测评，实现隐私泄露的量化风险评估。

目前，隐私保护的重要发展方向有更有效的隐私保护算法和隐私泄露风险分析与评估。隐私保护算法主要采用 K-匿名(K-anonymity)、三一多样性匿名和 t 接近(t-close)匿名及其衍生方法。隐私度量量化方法对于隐私风险分析及评估来说至关重要，发展前景广阔。

5. 信息论在可认证性、可信性和完整性保护中的应用

传统的密码系统模型仅对被动攻击者(即截获密文实施破译的密码分析者)进行了考虑。事实上，网络空间中还存在着大量的主动攻击者，它们的攻击手段是主动对系统进行窜扰，

通过删除、增添、重放、伪造等方法向系统注入假消息。因此，必须重视可认证性、可信性、完整性等的保护问题。信息的可认证性、可信性和完整性等，虽然也与信息的不确定性并不等同，但也和不确定性密不可分，且均可转化为信息编码问题。严格来说，可认证性、可信性和完整性的保护，也需要用到密码学知识，但是它们又与传统的保密性保证存在诸多不同。

1)可认证性保护

20 世纪 80 年代，美国圣地亚国家实验室(Sandia National Labs)密码学家西蒙斯(G. J. Simmons)基于香农信息论思想，系统地研究了认证系统的信息理论，分析了认证系统的理论安全性和实际安全性、性能极限以及认证码设计需要遵循的原则。数字签名伪造本质上也是认证码检错问题，由此，可证明安全问题可与认证理论相联系。从信息论的观点来看，认证系统所需的认证码、杂凑函数均与信息传输中的检错码具有深刻的内在联系，它们均采用增加冗余度的手段来实现认证性、完整性检验和检错，因此可以使用信息论对其进行理论分析。

2)可信性保护

可信性是指被信任者的一种内在的、动态的属性，由被信任者所展示的履行承诺的能力和基于监督证据持续改进的能力所反映。可信计算的理论基础牵涉到可信计算模型(包括数学模型、行为模型等)、度量理论(包括可信性的动态度量等)、信任理论与信任链(包括信任传递、信任链的建立与延伸等)以及可信软件理论等。可信计算系统架构以密码算法、密码协议以及证书管理为基础，以芯片为支柱，采用主板作为平台，以软件为核心，通过网络这个纽带，开展体系化应用。由此不难看出，信息论在可信性保证方面可以发挥重要作用。

3)完整性保护

完整性是指信息未经授权不能进行改变，即网络信息在存储或传输过程中保持不被偶然或蓄意地删除、修改、伪造、乱序、重放、插入等行为破坏和丢失的特性，用以保证数据的一致性。完整性要面对的是防止或者至少检测出未授权的"写"(对数据的改变)，其核心是保证信息不被修改、不被破坏以及不丢失。完整性的破坏可能来自未授权、非预期、无意这三个方面的影响。除了恶意破坏之外，还存在可能出现的误操作以及没有预期到的系统误动作，它们同样影响完整性，同样需要采取完整性保护措施来加以防范。保护完整性的常用技术和手段包括：采用数字签名、散列函数等认证和校验手段，而信息论中则为认证和校验提供了坚实的理论基础。

2.3 控制论与网络空间安全

控制论最初是一门研究机器、生命社会中控制和通信的一般规律的学科，重点关注动态系统在可变环境条件下如何保持平衡状态或稳定状态。随着控制论的发展，该学科以数学为纽带，考察有目的性的行为的反馈系统，以控制、反馈和信息为核心概念，着眼于系统整体的行为功能。

2.3.1 控制论的提出及其发展

人类利用和实践控制的历史悠久，并于 19 世纪末产生了控制论思想的萌芽。控制论的产生汲取了多方面的思想影响，并受益于多方面的技术准备，如表 2.2 所示。生理学、心理学、信息论、计算机以及工程控制问题都为控制论的提出做出了各种准备。英裔美籍数学物理学家、普林斯顿高等研究院教授弗里曼·戴森(Freeman Dyson)认为,科学革命可以分为由工具驱动或观念驱动两种,20 世纪之前的科学革命以观念驱动为主,而新近的科学革命则以工具驱动为主。控制论的起源和发展就是两种驱动力并存的结果。

表 2.2 控制论起源的思想源泉与技术准备

思想与技术	代表性事件	观点	对控制论的作用
生理学	20 世纪初生理学家将神经系统与通信系统进行类比,认识了生物电的功能。巴甫洛夫条件反射学说证明了生命体中存在着信息和反馈问题	生理学发展出了反射、调节、稳态等概念,认识到能与信息单元特点相类比的神经系统的全或无法则的重要性	对控制论沟通动物与机器的统一性提供了佐证
心理学	20 世纪 20~30 年代行为主义心理学、协调心理学	协调心理学创始人奥多布莱扎的《协调心理学》给出了补偿规律、反作用规律、循环性规律等现代控制论规律	说明在智力领域激发出了控制论的思想
信息论	英国统计学家 R.A.费希尔、香农和维纳的工作推进了控制论的数学化	费希尔基于古典统计理论,提出单位信息量的问题;香农基于通信工程,提出信息熵的公式;维纳基于控制的观点,建立了维纳滤波理论,并分析了信息的概念,提出测定信息量的公式和信息的实质问题	控制论与信息论密不可分,而信息是控制论的核心概念,也是控制论进行数学表达的对象。控制论成功运用了数学,使控制论获得了广泛认同
计算机	冯·诺依曼(John von Neumann)提出计算机理论模型	计算机作为信息处理的通信装置,关注计算和逻辑	计算机满足了战争提出的高速计算和控制的迫切要求
工程控制问题	弱电技术在通信领域起主要作用,自动机、瓦特调速器的出现,麦克斯韦对反馈机理的研究,奈奎斯特发现负反馈放大器的稳定性条件,维纳把反馈概念推广到一切控制系统	将反馈理解为从受控对象的输出中提取部分信息作为下一步输入,从而对再输出发生影响的过程	形成了反馈原理的控制、稳定、计算等概念。通信和工程领域的发展,促使反馈原理成为伺服机构理论(后发展为自动控制理论)中的重要原理之一

维纳在 20 世纪 20~30 年代就对自动控制系统产生了极大兴趣,并受第二次世界大战期间参与的火炮自动控制研究工作的启发,将火炮自动攻打飞机的动作过程与人类狩猎行为相类比,发现了反馈的重要作用。维纳认为,实现系统稳定的方法之一,是将其结果所决定的某个量作为信息的新调节部分,反馈到控制环节当中。维纳在自动火炮上运用了随机过程的预测和滤波理论,为控制论提供了数学方法。1943 年,维纳等在《行为、目的和目的论》一文中提出了控制论的思想。1948 年,维纳发表了专著《控制论——或关于在动物和机器中控制和通信的科学》(*Cybernetics or Control and Communication in the Animal and the Machines*),引入了系统、目的、反馈、信息、功能模拟、黑箱方法等一系列概念,讨论了系统控制的实现问题。该专著的出版标志着控制论学科的诞生。该学科研究的是动态系统在变化的环境条件下如何保持平衡状态或稳定状态的一般规律,其思想和方法至今已被几乎所有的自然科学和社会科学领域所广泛采用。"控制论"一词最初源自希腊文 "Mberuhhtz",意为"操舵术"。维纳为此专门创造了"Cybernetics"一词来命名这门科学。

所谓控制,是指为"改善"某个或某些受控对象的功能或发展,需要获得并使用信息,基于这种信息选出的施加于该对象上的作用。因此可以说,控制的根基是信息,一切信息传递都是为了实现控制,而任何控制又都需要依赖信息反馈来实现。这里的信息反馈是指由控制系统输出信息，又将其作用结果返回，以影响信息的再输出，制约系统行为以达到预定目的。需要注意的是，尽管一般系统具有质量、能量和信息三要素，但控制论仅研究系统的信息变换和控制过程，即着眼于信息方面来研究系统的行为方式，而不关注系统质量和能量的变化。因此，维纳将信息描述为"人们在适应外部世界，并使这种适应反作用于外部世界的过程中，同外部世界进行互相交换的内容和名称"。

目前，控制论已经发展成为系统科学中重要的科学方法论和基本方法，形成了面向工程领域的控制理论，并与自动调节、通信工程、计算机和计算技术等相结合，在自动化领域获得了广泛应用。

2.3.2　控制论的科学思维与方法

维纳的控制论抓住了所有通信和控制系统的共同特点，即均包含信息传输和处理过程，采用较抽象的方式来研究包括工程系统、生命系统、经济系统以及社会系统等在内的所有控制系统的信息传输和信息处理的特点与规律。由此，形成了控制论的核心思想。

所有的通信系统均是按照人们的需要来传送各种不同的思想内容的信息；自动控制系统则必须按照周围外部环境的变化，自行调整其运动，在某种程度上具有灵活性和适应性。而且，通信和控制二者关系密切，不可分割。人或计算机控制机器均为双向信息流过程，而通信系统和控制系统接收到的信息均带有某种随机性质，服从一定的统计分布规律。因此，通信系统和控制系统的自身结构也应当适应该统计性质，基于统计上预期要接收的输入，执行统计上令人满意的动作。

1. 控制论的科学思维

控制论的科学思维包括系统思维、信息思维、反馈思维以及总体最优化思维。

1) 系统思维

控制论将研究的客体视为系统，关注系统的功能和动态，不存在没有系统的控制，而系统则是各个局部组成的整体。系统整体各部分之间密切相关，完成特定的目的任务，控制里面的系统整体观点正是系统论考察和处理客观事物的基本出发点。而系统中的各个局部也非简单相加，而是因为有序性导致系统的整体不等于各孤立局部之和。

系统思维认为，系统普遍存在且具有严密结构和层次，研究系统不仅要研究其发展变化的方向和趋势、活动的速度和方式，还要研究其发展变化的动力、原因和规律。系统发展变化的动力、原因源自其内部矛盾。贝塔朗菲的一般系统论重点研究开放系统，可从开放系统中推导出闭环系统(反馈控制系统)。

2) 信息思维

信息为控制之基，维纳提出的控制论与信息论相互支撑、相得益彰。控制论研究系统的控制规律，可以只考虑系统的信息和控制过程，而不考虑系统的具体的物质结构和能量的过程。需要指出的是，控制论的研究对象还是客观世界及客观世界中的物质，只不过研究代表物质运动的事物因素之间的关系，而非物质运动本身。信息是一种客观存在，是物质客体或观念之间相互联系的一种形式。这种形式普遍存在于各个领域，事物之间、事物内部的信息过程、信息关系是物质世界相互联系、相互作用的表现，标志着系统的组织程度，使系统内部保持着有机的联系。

3) 反馈思维

控制论中的核心问题就是反馈，要控制就需反馈，没有反馈就无从控制，因此，一切控制系统中均存在反馈，而维纳将反馈称为控制论的 "灵魂"。反馈依赖于信息的传递加工，因此，反馈是信息的反馈。所谓反馈，是指在施控系统将信息输出后，再将其作用结果的信号返回来，并对信息的再输出产生影响，从而实现了调节控制的目的。运用反馈方法，不仅能够解决系统中的确定性与不确定性这对矛盾使系统达到稳定，而且能够发现其他方法无法得到的新机制、新规律。

4) 总体最优化思维

总体最优化思维关注总体而非局部，求取最优而非次优。控制过程的任务均需要对控制对象施加主动影响，以"改善"其行为，而这种行为改善就需要着眼全局，在局部与事物全局、要素之间的关联选取适当的测度，通过统筹兼顾、全局与局部有机统一，对系统的功能实施过程实行控制，使系统处于最佳平衡状态，以实现对问题的最优控制或决策，即最优化。总体优化法从系统的观点出发，强调从整体与部分、整体与外部环境之间的相互联系中综合考察对象，从而达到全面地、最佳地解决问题的目的。

2. 控制论的主要方法

控制论方法，具体包括控制方法、信息方法、反馈方法、功能模拟方法和黑箱方法等。

1) 控制方法

控制论中的控制方法，撇开各门科学的质的物点，将各种科学问题视为一个控制系统，分析其信息流程、反馈机制与控制原理，以此来寻求使系统达到最佳状态的方法。这种方法关注从出发点到结果等一系列现实作用环节中存在的各种偶然性或因素随机性的作用与影响，将随机性与决定性因素均当作控制过程中的基本因素。无论目标系统、受控系统、控制机构系统、反馈系统的动态性，还是各个子系统所组成的更大的控制系统的整体性，均不同程度地表明了控制论思维和控制方法在系统思维方法发展中的独特地位。

在确定控制工作的预期目标时，基于控制对象的结构与功能、实际控制效果的不确定性，需要将预期目标确定为一个阈值区间，为预期目标制定者提供必要的调整裕度。而且，作为有效控制特定对象的手段与工具，控制机构应可靠易行，既要满足控制者达到控制目标的要求，又要适合特定的控制对象的活动特征，并通过控制机构的控制功能，最终使受控对象产生控制者所需要的预期目标功能。

2) 信息方法

与控制方法类似，信息方法是将研究对象视为一个信息系统，通过分析该系统的信息流程来研究事物规律。同时，这种方法也是控制论信息思维的具体体现。科学研究和工程实践对象均可视为由基本要素所组成的动态系统，该系统的内部、外部，不仅存在信息的传递、交换，还有对信息的处理和控制。对系统进行信息分析和综合时，既要关注功能的相似，又要结合控制论的总体最优化思维，实现系统的整体优化。通过实施信息分析综合法的功能相似和整体优化这两个法则，才能实现信息分析与综合的最优化。

3) 反馈方法

反馈方法是运用反馈控制原理来分析和处理问题。控制机构对被控对象实施控制，是将被控对象视为一个有组织的整体，关注其整体与外部环境的相互作用，不断地人为改变控制机构对其输入的各种作用与影响，并通过特定的反馈通道来"观测"其输出的各种作用与影响的变化，在揭示出输入与输出关联性的同时，更要促使其输出逐渐逼近并最终达到预期实现的整体功能。为保证控制的有效性，反馈通道不仅要保持通畅，还要保证清晰度，保护其少受干扰。由此，可以实时掌握受控对象的真实功能状态与过程，并据此调节控制机构对受控对象的作用因素、方式、程度、方向与速度，以保证受控对象能够发挥预期功能。如果反馈表明预期目标离受控对象的实际情况差距较大，导致控制机构无法实现预期目标，此时必须调整控制机构或调整预期目标。因此，如果系统中存在人的主观意识和人为计划的随意性，可以运用反馈方法在控制过程中消除这种主观性和随意性。负反馈是一种趋向目的的行为。当一次控制能力不能达到目的时，可以用负反馈调节放大控制能力。

4）功能模拟方法

控制论中的功能模拟方法，将系统功能作为主要研究内容与对象（无论该系统是动物还是机器），仅考虑其功能而不考虑其他特征。该方法提供了采用技术装置来模拟生命过程及思维过程的新途径，即便未弄清或不必弄清对象系统特定结构和内在组织，仅基于功能相似来构建模型。这种方法用功能模型来模仿客体原型的功能和行为，为仿生学、人工智能、价值工程等提供了科学方法。例如，通过功能模拟方法发展出了具有特定功能和实际效用的技术装置（如计算机等）；还可以通过研究人造机器来认识生命活体组织；而且，通过这种科学思维方法的指导，使人类找到了对于内部结构不甚了解的系统实践与认识的可行途径。

5）黑箱方法

黑箱方法是通过考察系统的输入与输出关系认识系统功能的研究方法，也就是说，研究特定系统时，将系统视为"看不透"的黑色箱子，仅从系统整体的输入、输出特点来了解该系统规律，而不涉及系统内部的结构和相互关系（进而不直接影响原有客体黑箱的内部结构、要素和机制），来定量或定性地认识系统的功能特性、行为方式，以得到对系统规律的认识，并实现对黑箱的控制。控制论中所讲的"黑箱"，通常是指无法或不能打开箱盖且无法从外部观察其内部状态的未知区域或系统，与此相对应，结构和功能全知的系统和区域称为白箱，而介于黑箱和白箱之间的则称为灰箱。这种方法的出发点在于：客观世界中并不存在孤立事物，所有事物均是相互联系和相互作用的，即便对黑箱的内部结构并不清楚，仅凭其对信息刺激所做出的反应，即注意其输入/输出关系，即可对其进行研究。

黑箱方法有时也称为黑箱系统辨识法，通过观测黑箱外部输入信息和黑箱输出信息的变化关系，来探索黑箱的内部构造和机理。这种方法关注的是系统整体和功能，兼有抽象方法和模型方法的特征。按照控制论的系统思维，人们在分析和综合信息时，很少追求结构上的相似性，而是主要把握其信息和行为功能，因此在系统设计时，采用同样的输入对黑箱施加作用，其输出若与模拟对象的输出相同或相似，即可确认实现了模拟目标，从一类系统中确定一个与所测系统等价的系统。不过，结构不同的系统仍然可以产生同样的行为，因此，黑箱方法虽然能够在一定程度上认识系统的行为，但无法推论出关于黑箱内部结构的完整结论。

黑箱方法为人们提供了一条认识事物的重要途径，对那些内部结构较复杂或者尚无法分解的系统来说尤其如此。这种应用因果二元法的黑箱技术，从系统外部观察（或通过主动实验来观察）输入变化所引起的相应输出变化，此时不关注其内部结构，进而推出系统行为的规律性结论。控制论中的黑箱研究通常分为三步：一是通过发现某个过程中或者某个环节出现的盲点来观察、辨识或者建构黑箱，即将盲点视为黑箱；二是通过有意识地改变输入并观察输出，研究分析黑箱的各种可能变化，初步认识黑箱的功能；三是通过大量的输入、输出数据分析，以构建的数学模型为主来分析和研究黑箱的内部结构。

系统是否成为黑箱，不仅与其内部结构和功能有关，还与人的认识能力有关。例如，隔离网关，对不懂安全知识和网关原理者来说，隔离网关就是一个黑箱。对于安全知识和网关原理一知半解者来说，隔离网关就是一个灰箱，而对于十分了解隔离网关原理的安全和网络专家来说，隔离网关就是一个白箱。

黑箱问题在各门学科中普遍存在。黑箱方法的方法论意义在于，拓展了认识领域和客体范围，因为有些系统的箱子无法完全打开(如地球结构)，有些系统虽能打开，但一旦打开，其内部整体功能和机构就会受到破坏或干扰(如生命活体)，黑箱方法成为目前已知的较为有效的科学认识方法，尤其是对于认识复杂巨系统来说优势更为明显。复杂巨系统内部变量数目多，相互作用关系极复杂，这种黑箱不仅难以打开，而且即使打开了黑箱，通常也仅能得到局部认识。运用黑箱方法能够从整体的角度综合全面地考察整个系统。例如，神经生理学可以通过观察对动物的刺激及其反应来推断其内部神经结构；计算机程序安全测试可采用黑箱测试法，通过测试用例的输入/输出来检验程序安全性，而不需要考察具体代码的运行情况。

3. 随机控制、记忆控制与共轭控制

按照控制的逻辑发展，可以将基本的控制方法和算法归纳为随机控制、记忆控制与共轭控制三种。

1) 随机控制

随机控制通常用于对控制对象不清楚或所知其少的情况，这种控制方法建立在偶然机遇的基础上，特别是在对解决问题所需条件不了解、对控制对象性质不清楚的情况下，甚至是所能采取的唯一方法。随机控制的特点之一就是系统的可能性空间仅于达到目标值时才缩小，只有枚举到目标值时，控制才起作用。因此，随机控制方法在寻找或探索有效控制时，时间消耗大，对计算速度或实时性要求较高。此外，如果控制目标不在寻找或探索空间中，随机控制将会失效，必须扩大和改变探索范围。

采用随机控制需要完成以下工作：构建随机系统模型，分析随机输入和环境对系统的影响，确定概率统计模型，建立系统的随机微分或差分方程；分析系统变量的统计特性，随机动力学系统中存在随机噪声干扰，所以，状态向量和测量向量均为随机过程，应采用统计特性来描述；系统辨识和参数估计，列写受控对象的数学表达式，通过理论计算、实验辨识或在线辨识来确定系统结构和参数；状态估计与滤波，考虑干扰的影响，估计未知状态变量，并对当前变量进行滤波；随机最优控制，基于给定的系统和判别准则，求解控制律，使判别准则取极小值。

2) 记忆控制

随机控制存在着耗时较长等缺点，而基于随机控制发展而来的记忆控制解决了这个问题。记忆控制又称为经验控制，它将随机控制得出的结果记忆下来作为经验，用于指导下一次控制。也就是说，让随机控制具备记忆能力，不再对那些已经排除的选型进行枚举比较，从而逐步缩小可能性空间，使每次控制实施后的成果均有利于总的控制过程，从而提升控制效率。

3) 共轭控制

共轭控制也叫推理控制，即基于相似原理，利用功能模拟思想，在现有控制能力的条件下，通过中间起过渡作用的媒介，将原先无法控制的事物甲转换成可控制的事物乙的过程，以扩大控制范围，实现控制目标。共轭控制过程是一种经验的转移，即推理过程。该过程首先利用与原型相似的模型，通过受限的控制能力来控制模型，获得对模型的直接控制经验，再将这种控制经验用于指导并实现对原型的控制。

共轭控制是随机控制和记忆控制的结合(图 2.5)，其本质在于设计一个与被控过程 A 共轭的过程 $L^{-1}AL$，通过 L 和 L^{-1} 变换，将原来不能控制的事物变为可控的 A 过程。实行 L 和 L^{-1} 变换后，扩大了 A 的控制范围和能力。因此，在控制论中，将 $L^{-1}AL$ 称为与 A 共轭的控制方法。其中，L 通常称为感受器(传感器)，而 L^{-1} 则称为效应器(执行器)。大家所熟知的三国时期的曹冲称象就是共轭控制的实例，其中，将大象转化成同质量的石头就是 L 变换，称量许多小石头的质量就是 A 控制，而将石头质量转换为大象质量就是 L^{-1} 变换。

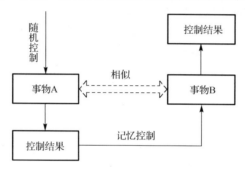

图 2.5　共轭控制方法原理示意图

实施共轭推理控制需要注意两种事物的相似性。相似性是共轭控制的基本前提，两种事物只有相似，才能够谈到经验的转移。同时，还应该防止中间媒介对经验的干扰，避免因经验被严重干扰而导致无法用于指导现实控制。

2.3.3　经典控制理论的基本思想与分析方法

通常认为，自动控制理论的发展过程大致分为 20 世纪 50 年代末期以前的经典控制理论、50 年代末期至 70 年代初期的现代控制理论以及 70 年代初期至今的大系统理论与智能控制三个阶段。下面首先讨论经典控制理论。

1. 经典控制理论的基本思想和发展历程

20 世纪 50 年代末期以前形成的经典控制理论，主要研究单输入/单输出的线性控制系统的一般规律。经典控制理论建立了系统、信息、调节、控制、反馈以及稳定性等基本概念和分析方法，主要是利用自动调节器等核心装置来实现单元装置自动化的反馈控制。

经典控制理论以传递函数为数学工具，采用频域和根轨迹方法来研究单输入/单输出线性定常控制系统的分析与设计问题。经典控制理论的控制思想，其一是调节机器使之稳定运行，其二是利用反馈使动力学系统可按要求精确工作，进而实现按指定目标对系统实施控制。

闭环控制系统是经典控制理论中的重要模型，其结构如图 2.6 所示。

1954 年，钱学森运用控制论的基本思想和概念，并与军事运用中发展迅速的伺服机理论相结合，将控制论运用于工程领域的自动控制系统的设计与分析当中，创立了工程控制论，其代表著作《工程控制论》也成为经典控制理论的标志性成果。

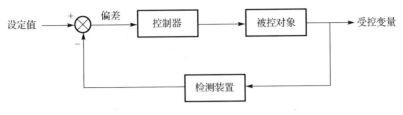

图 2.6　闭环控制系统的结构框图

2. 经典控制理论中的分析方法

控制系统的数学模型采用数学表达式来描述系统内部物理量(或变量)之间的关系，有静态和动态之分。静态数学模型是指在静态条件下(即变量各阶导数为零)，描述变量之间关系的代数方程；动态数学模型是指描述变量各阶导数之间关系的微分方程及其衍生模型。

构建数学模型，通常可采用分析法或实验法。分析法是以系统的运动机理、物理规律等为基础来列写运动方程；实验法，又称为系统辨识法，是指通过人为给系统施加某种信号并记录其输出响应，并用适当的数学模型来逼近。

根据作用域的不同，控制系统的数学模型又可分为时域模型、复域模型和频域模型。时域中的数学模型为微分方程、差分方程、状态方程等；复域中的数学模型有传递函数和结构图等；而频域中的数学模型则是频率特性。

3. 经典控制理论的分析方法

自动控制系统的基本要求是具有稳定性、快速性、准确性。稳定性取决于系统结构和参数，与外界因素无关，其原因在于控制系统通常含有储能或惯性元件，其储能元件的能量无法突变。因此，系统接收输入量或受到扰动时，控制过程不会立即完成，存在一定程度的延迟，使得被控量恢复期望值存在一个时间过程，即所谓的过渡过程。动态性能反映了过渡过程的形式和快慢。理想目标是，过渡过程结束后，被控量应达到所期望的稳态值(即达到平衡状态)。不过，由于系统环境、结构、内外作用等的非线性因素影响，被控量的稳态值与期望值之间存在误差，即稳态误差。

经典控制理论本质上采用的是频域分析方法，以描述系统输入/输出关系的传递函数为数学模型，以根轨迹和伯德图为主要分析方法和工具，以系统输出对特定输入响应的稳、快、准性能为目标，常借助图表分析设计系统。综合方法以输出反馈和期望频率校正为主。校正方法主要包括串联校正、反馈校正、串联反馈校正、前馈校正以及扰动补偿等，校正装置由可实现控制规律的调节器所构成(如 PI、PD、PID 控制器等)。

采用拉氏变换与反变换求解线性微分方程的方法论意义在于，通过对系统的微分方程进行拉氏变换转化为 s 的代数方程；解此代数方程，得到有关变量的拉氏变换表达式，然后再应用拉氏反变换，得到原微分方程的时域解(图 2.7)。由此，将复杂的微分方程求解转化为简单的代数方程求解。而且，应用拉氏变换法求解微分方程时，由于初始条件已自动包含在微分方程的拉氏变换式中，因此，无需根据初始条件求积分常数的值即可得出该微分方程的全解。

1932 年，奈奎斯特以频率特性来表示系统，提出了频域稳定性判据，从频域的角度判断系统稳定性，用以解决反馈放大器的稳定性和稳定裕度问题，成为频域法分析与综合的奠基之作。

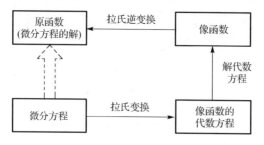

图 2.7　采用拉氏变换与逆变换求解线性微分方程的方法论意义

1945 年，美国贝尔实验室荷兰裔科学家亨德里克·韦德·伯德(H.W. Bode)在其著作《网络分析和反馈放大器设计》中，完善了用于系统分析和设计的频域方法，并进一步发展了其在 1940 年提出的伯德图。伯德图是一种简单但准确绘制增益及相位图的方法，在经典控制理论中应用广泛。

1948 年，美国科学家伊文思(W.R.Evans)根据反馈系统开环和闭环传递函数之间的关系，提出了系统的根轨迹分析法，采用简单的图解方法，由开环传递函数求取闭环特征根，进一步完善了易于工程应用的频域分析方法。其理论基础是，线性控制系统的稳定性完全取决于其特征根(闭环极点)，而系统的品质则取决于其闭环极点和零点。根轨迹分析法就是当开环系统的一个或多个参数变化时，根据系统的开环零点和极点，绘制出闭环特征根变化的轨迹，并由此来分析闭环系统的稳定性，计算闭环系统的暂态和稳态性能指标，确定可对系统性能产生影响的闭环系统的某些参数，并可对闭环系统进行校正等。简而言之，根轨迹即系统所有闭环极点的集合。根轨迹的基本任务是通过已知的开环零、极点分布及根轨迹增益，通过图解来找出闭环极点。

严格来讲，现实世界中并不存在完全理想的线性系统。由于实际的工程对象存在众多的非线性因素，其实大多是非线性系统。不过，在系统非线性不强时，可采用小偏差线性化近似视为线性系统，从而可用经典控制系统来研究。将非线性微分方程线性化，可采用小偏差法(或称为切线法)。小偏差法的本质是在一个很小的范围内，采用直线来替代非线性特性。例如，对于连续变化的非线性函数 $y=f(x)$，可取其平衡状态 A 为工作点，在该点处用泰勒级数将非线性函数展开，当增量很小时，可略去其高次幂，进而得到函数 $y=f(x)$ 在工作点附近的增量线性化方程 $y=kx$，其中 k 为函数 $f(x)$ 在 A 点的切线斜率。

2.3.4　现代控制理论的基本思想与分析方法

1. 现代控制理论的基本思想和发展历程

经典控制理论使用传递函数等数学模型，仅能反映系统的外部特性，无法反映系统内部的动态变化特性。对于多输入多输出、非线性和时变系统，经典控制理论就有很大的局限性。

20 世纪 50 年代中期，迅速兴起的空间技术的发展，使得多变量系统、非线性系统的最优控制等更复杂的控制问题的解决更为迫切。采用经典控制理论难以解决这类十分复杂的控制问题。为此，20 世纪六七十年代，在经典控制理论的基础上，出现了现代控制理论并逐步发展成熟。现代控制理论主要包括多变量线性系统理论、最优控制理论以及最优估计与系统辨识理论。

1892 年，俄国数学家、力学家李雅普诺夫(Lyapunov)创立的稳定性理论被引入控制中。

1954 年，美国科学家贝尔曼(R. Bellman)创立了解决最优控制问题的动态规划方法，并成功应用于控制过程中，广泛用于各类最优控制问题。

1959 年，苏联学者庞特里亚金(L. S. Pontryagin)等提出了极大值原理，并给出了最优控制问题存在的必要条件，解决了空间技术中的复杂控制问题，开创了控制理论中最优控制理论新领域。极大值原理和最优控制的动态规划法构成了现代控制理论的发展起点与基础。

1959 年，美籍匈牙利数学家卡尔曼(R. E. Kalman)提出了滤波器理论，随后卡尔曼对系统采用状态方程的描述方法，成功地将状态空间法应用于控制系统，并提出了系统的能控性、能观性。状态空间法对揭示和认识控制系统的许多重要特性至关重要，其中能控性和能观性尤为关键，成为控制理论两个最基本的概念。这些工作进一步奠定了现代控制理论的基础。

20 世纪 60 年代之后，以状态空间法、极大值原理、动态规划、卡尔曼滤波为代表的一整套控制系统分析和设计新原理、新方法得以确立，解决了系统的能控性、能观性、稳定性以及复杂系统控制问题，标志着现代控制理论的形成。

20 世纪 70 年代，瑞典科学家奥斯特隆姆(K.J.Asttrom)和法国科学家朗道(L. D. Landau)又提出和发展了自适应控制理论方法。

现代控制理论的本质是时域法，引入了"状态"概念，采用状态变量及状态方程来描述系统，运用状态空间法来描述输入-状态-输出等变量之间的因果关系，以反映系统的内在本质与特性。因此，现代控制理论方法，既适用于单输入单输出系统，又适用于多输入多输出系统，既反映了系统的输入/输出特性，更揭示了系统内部的结构特性，既可用于线性定常系统，又可用于线性时变系统，既可用于线性系统，也可用于非线性系统，既可用于连续系统，也可用于离散系统(以及数字系统)。

通过现代控制理论的发展过程，不难看出，科学技术的发展为现代控制理论提供了两大推动力。

(1)现代数学。泛函分析、近世代数等现代数学为现代控制理论提供了分析工具。

(2)数字计算机。数字计算机为现代控制理论发展提供了应用平台，推动经典控制理论向现代控制理论的转变。很多控制科学家和工程师使用计算机来辅助控制系统设计，将传递函数的概念推广到多变量系统，并给出了传递函数矩阵与状态方程之间的等价转换方法，奠定了统一的线性系统理论的基础。同时，系统辨识、最优控制、离散时间系统和自适应控制等领域的发展也进一步丰富和完善了现代控制理论的内容。

2. 现代控制理论的分析方法

虽然现代控制理论是基于经典控制理论发展而得的，但二者在理论方法和思路上存在显著不同。经典控制理论是以传递函数为基础的复域分析方法，而现代控制理论则是以状态空间法为基础的时域分析方法。状态空间法以揭示系统外部输入/输出关系与内部状态的状态空间表达式为数学模型，寻找在多种约束条件下使得给定的系统性能指标达到最优的控制方法。运用状态空间法来进行控制系统的分析和综合，涉及状态和状态变量、状态向量和状态空间、状态方程、输出方程和状态空间表达式等基本概念。

系统的状态是指系统的历史、现在和未来的状况。

系统状态变量是指将系统所有可能的运动状态描述出来所需独立变量的最小组合。最小组合的变量数目就是系统阶数，即 n 阶微分方程描述的系统有且仅有 n 个独立状态变量。一个系统的状态变量个数是确定的，但状态变量的选择不是唯一的。

若系统存在 n 个相互独立的状态变量，以这 n 个状态变量作为分量所构成的向量即为状态向量，以状态向量各分量为坐标轴所构成的 n 维正交空间称为状态空间。由系统的状态变量构成的一阶微分方程组，称为系统的状态方程。状态方程反映了输入与状态变量之间的关系。由于状态变量选择的非唯一性，状态方程也具有非唯一性。虽然状态方程形式不同，但均为同一个系统的客观描述，不同形式的状态方程之间应该存在着特定的线性变换关系。因此，如果按可量测物理量来选择具体系统的状态变量时，状态方程通常不具备某种典型形式，需要按照一定规则来选择状态变量，使得状态方程具有典型形式，为研究系统特性提供便利。输出方程是在指定系统输出时，该输出与状态变量间的函数关系式。系统的状态方程和输出方程总合称为系统状态空间表达式：

$$\frac{\mathrm{d}X(t)}{\mathrm{d}t} = AX(t) + Bu(t)$$
$$Y(t) = CX(t) + Du(t)$$

其中，$X(t)$ 为状态变量；$Y(t)$ 为输出；$u(t)$ 为输入；A、B、C、D 分别为各控制环节。状态空间表达式既表征了输入对于系统内部状态的因果关系，又反映了内部状态对于外部输出的影响，构成对一个系统动态过程的完整描述，具体系统框图如图 2.8 所示。

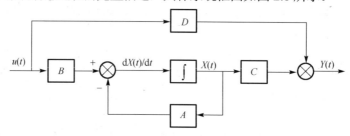

图 2.8　系统状态空间表达式的系统框图描述示意

1）状态空间表达式的构建方法

系统状态空间表达式的构建方法主要有两种：一是直接根据系统的机理建立相应的微分方程或差分方程，继而选择有关的物理量作为状态变量，从而导出其状态空间表达式；二是由已知的系统其他数学模型经过转化而得到状态空间表达式。

状态空间模型能够反映出系统内部的独立变量的变化关系，既适用于单输入单输出线性定常系统的描述，又适用于多输入多输出的非线性时变系统的描述，还可以借助计算机方法来分析状态空间。

2）系统能控性与能观性分析

能控和能观问题是系统的一种特性，也是现代控制理论的基本概念。

能控性反映的是系统内部所有状态分量是否可被输入 $u(t)$ 控制，考察控制作用对系统的影响能力。如果系统所有状态变量的运动均可由输入来施加影响和控制并使得从任意的初态达到原点，则称系统状态具有能控性。

能观性是指系统内部所有状态是否可由输出反映，由观测量 y 能否判断状态 x，如果系统所有状态变量的任意形式的运动均可由输出完全反映，则称系统状态具有能观性。

能控性和能观性分别从系统状态的控制能力和状态的识别能力两方面来反映系统本身的内在特性。在现代控制工程中，最优控制、最佳估计等许多问题都以能观性和能观性作为其解存在的条件。

3) 最优化方法

最优化主要是通过最优控制来实现。所谓最优控制，是指在给定约束条件和性能指标下，寻求使系统性能指标最佳的控制规律。最优控制常采用极大值原理、动态规划、变分法等。极大值原理是使系统的性能指标达到最优(最小或最大)。

最优化问题求解通常采用解析法、直接数值解法、解析与数值结合法、网络最优化方法等。最优控制理论在时间最短、能耗最低、线性二次型指标最优、跟踪问题、调节问题以及伺服机构问题等领域应用广泛。

4) 自适应控制

控制系统的内外部参数、外部环境多有变化，为使系统达到一定意义下的最优，就需要控制器能够自动适应这些变化、自动调整控制作用，即控制系统具有一定的适应能力，故称为自适应控制。

自适应控制分为模型参考自适应控制与自校正自适应控制两种。自适应控制也是基于数学模型的控制方法，不过自适应控制中有关模型和扰动的先验知识较少，需要在系统运行时不断提取有关模型的信息，使模型持续改善，进而基于改进模型的综合控制作用效果也在不断改进。

5) 卡尔曼滤波

被控系统受到外部环境或负载干扰时，易出现不确定性，这种不确定性可用概率、统计的方法来描述和处理。最佳滤波可基于已构建系统数学模型，对有噪声污染的系统输入、输出的量测数据进行统计分析，获得有用信号的最优估计。维纳滤波方法针对平稳随机过程在均方意义下实现最佳滤波，而卡尔曼滤波则运用状态空间法来设计最佳滤波器，适用于非平稳过程，成为现代控制理论的基石。

2.3.5　大系统理论与智能控制的基本思想与分析方法

自 20 世纪 70 年代末开始，控制理论逐渐向大系统理论和智能控制的方向发展。当前，随着以大数据、深度学习等新技术的发展，大系统控制和智能控制又将进入一个崭新阶段。

1. 大系统理论与智能控制的基本思想和发展历程

大系统是指在结构与维数上均具有某种复杂性的系统，通常具有规模庞大、结构复杂、目标多样、层次纷杂、变量众多、功能综合等特点。大系统理论以控制论、信息论、运筹学和系统工程等学科为理论基础，以控制技术、信息与通信技术、电子计算机技术为基本条件，采用控制与信息的观点，以大系统的分析与综合为手段，研究各种大系统的结构方案、总体分解与协调、模型简化、稳定性、最优化等基础问题，重点关注系统结构的能控性、能观性以及可协调性。

20世纪80年代以来，IT飞速发展并与其他学科的相互渗透，推动了控制理论不断深入发展，控制理论在深度和广度上不断拓展，逐渐形成了智能控制理论。所谓智能控制，是指研究并模拟人类智能活动及其控制与信息传递过程的规律，实现无人干预下的智能机器自主驱动以实现控制目标的控制理论与技术，旨在提高控制系统在自寻优、自适应、自学习以及自组织等方面的智能化能力。简而言之，智能控制是具有智能信息处理、反馈和决策的控制方式，作为控制理论发展的高级阶段，用于解决传统方法难以解决的具有不确定性、高度非线性的复杂系统的控制问题。

2. 大系统理论与智能控制的分析方法

传统控制方法必须依赖于被控对象的模型，而智能控制则能够解决非模型化系统的控制问题。智能控制的研究对象不再是被控对象，而是控制器本身。智能控制具有以下特点。

1)模型不确定

智能控制的研究对象大多具有高度的不确定性，从而导致模型的不确定性。模型不确定性一是指被控对象的模型并不清楚或对其所知不多；二是被控对象的模型的结构和参数的变化范围很大。此时，目标控制器不再是单一的数学模型解析型，而是数学解析和多学科知识系统相结合的广义模型。智能控制器本身应具有多模式、变结构、变参数等特点，可根据被控动态过程特征识别、学习并组织自身的控制模式，改变控制器结构和调整参数，而且，能针对以知识表示的非数学广义模型和以数学表示的混合控制过程，采用开闭环控制和定性决策及定量控制结合，实现多模态控制。

2)高度非线性

对于具有高度非线性的控制对象，采用智能控制通常能够很好地解决非线性系统的控制问题。常用的非线性智能处理方法包括专家控制、模糊控制、学习控制、神经网络控制等。

3)控制目标的高度复杂性

智能控制系统的任务要求通常较为复杂。智能控制通过高层控制可对具有非线性、快时变、复杂多变量、环境扰动等特性的复杂系统实施有效的全局控制。面对高度复杂的控制目标，智能控制不仅能够完成对广义问题的求解，而且容错能力也较强。智能控制要求从系统的功能和整体优化的角度来分析和综合系统，通过变结构、自适应、自组织、自补偿、自学习、自寻优和自协调来实现控制目标。

大系统理论和智能控制中，广泛应用了专家系统、模糊逻辑、神经网络、遗传算法等理论，以及自适应控制、自组织控制和自学习控制等技术。这些方法，有的通过智能机器自主实现其控制目标，有的将人类直觉推理等智能加以形式化或机器模拟来实现控制系统的智能分析与设计。相关智能技术与控制方式结合或交叉综合，可以构成机理与功能各异的智能控制系统和智能控制器，使得智能控制技术方法有着广阔的发展空间。

下面分别讨论分级递阶控制系统、专家控制系统、模糊控制系统以及神经网络控制系统等。

1)分级递阶控制系统

在复杂大系统中，系统阶次高、系统评价目标繁多且易冲突，诸多子系统相互关联，为实现控制，应分解为相互关联的子系统。由于信息交换、子系统关联方式存在不同，可采用集中控制(图2.9)、分散控制(图2.10)以及分层递阶智能控制(图2.11)方式。

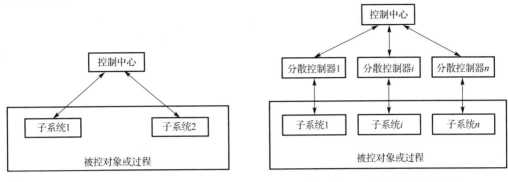

图 2.9　集中控制系统框图　　　　　　　　　　图 2.10　分散控制系统框图

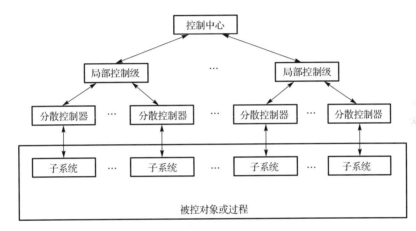

图 2.11　分层递阶智能控制系统框图

　　分级递阶智能控制(Hierarchical Intelligent Control)运行的前提条件是自适应控制、自组织控制等，涉及组织级、协调级、执行级等三方面。这种控制系统的原理是，遵照自上而下精度渐增而智能渐减的原则，按功能或结构对大控制系统进行层次分配，构建递阶结构，不同的级别分别负责全系统的监视和控制的不同功能，并将有关信息传输至上一级，受上一级管理，即所谓递阶。而智能控制的设计目标是寻求正确的决策和控制序列，使得系统能在最高级(即组织级)的统一组织下，完成对复杂、不确定系统的优化控制。递阶形式有三种基本形式：便于建模的多重描述(Stratified Description)；对复杂决策问题进行纵向分解的多层描述(Multilayer Description)；考虑各子系统之间关联、将各层的决策问题横向分解的多级描述(Multilevel Description)。上述三种形式可单独或以组合形式存在。

　　萨里迪斯提出了三级递阶智能控制理论的精度随智能降低而提高(Increasing Precision with Decreasing Intelligent，IPDI)准则，也就是"层级越高，则智能程度越高，而控制精度越低；层次越低，则智能程度越低，而控制精度越高"。符合 IPDI 准则的三级递阶智能控制系统分为组织级、协调级以及执行级，如图 2.12 所示。

　　该控制系统的最高级是组织级(Organization Level)，担当系统的"大脑"，可模仿人的行为功能，实现信息的高级处理，具备一定的学习与高级决策能力，智能程度最高。这一级负责组织监视并指导协调级的所有行为，基于用户对任务的不完全描述、实际过程与环境的相关信息，来组织任务并提出适当的控制模式向下层传达，以实现预定控制目标。

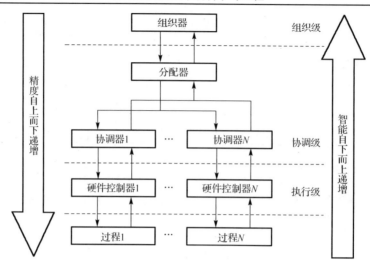

图 2.12　分级递阶智能控制系统结构示意图

协调级(Coordination Level)是该控制系统的次高级，由多个协调器组成。其作为组织级和执行级之间的接口，对各控制器的控制作用与各子任务的执行进行协调，决策与学习能力较强。与此相对应，协调级也分为两层，即控制管理分层与控制监督分层：管理分层的作用是按照下层信息来决定如何完成组织级下达的任务，并生成施加给下一层的控制指令；监督分层则是为了维护执行级中各个控制器的正常运行，同时实现局部参数整定与性能优化。协调的目的是通过对下层控制器的干预来调整该层各控制器的决策，以实现整个系统的控制目标。

执行级(Executive Level)在多级递阶控制中处于最低级，包含多个硬件控制器，每个硬件控制器仅从其上级接收指令并控制一个子系统，各控制器之间的冲突由协调级来协调。其功能是执行具体控制任务，直接生成控制信号并通过执行机构作用于被控对象；此外，还能够利用传感装置来感测环境信息，并上传给协调级控制器，供高层决策使用。

从系统论的观点出发，可将递阶智能控制系统视为一个整体，将用户指令转换为物理序列，整个系统以施加于被控过程的一组具体指令作为输出。系统的操作取决于用户指令以及环境交互的传感装置输入信息。

事实上，分级递阶智能控制系统就是采用了智能控制器的分级递阶控制系统。分级递阶智能控制结构融合了集中控制和分散控制的长处，并采用智能方法，使各个子系统相互协调、配合与制约，进而实现各自系统的子目标，并在此基础上，实现整个大系统的总目标，从而解决大型、复杂和不确定性系统的控制问题。控制器的层次越高，对系统的影响就越大，同时，越处于高层，其中的不确定性就越强。因此可以看出，分级递阶智能控制的智能性主要体现在高层。

萨里迪斯提出的 IPDI 准则采用熵作为各级的性能度量：组织级采用熵来度量所需的知识，协调级采用熵来度量协调的不确定性，执行级则用熵来表示系统的执行成本。各级熵之和形成总熵，表征了控制作用的总成本，以总熵最小来确定最优控制策略。

2) 专家控制系统

专家控制系统(Knowledge-based System)是利用人类专家知识对专门问题或困难问题进行描述的控制系统，以解决复杂的高级推理控制问题。该系统本质上是一个智能计算机程序系统，内部含有大量领域专家水平的知识与经验，借助和模拟人类专家的经验方法，进行推理和判断，模拟人类专家的决策过程，来处理该领域的控制难题。由于这种控制方法取决于内含的人类专家知识，因此，也称为基于知识的控制系统。

专家控制系统的结构包括知识库、数据库、推理机、解释器以及知识获取模块。知识库用于存储以适当的方式获取的领域专家知识和经验。数据库则存储当前处理对象用户提供的数据和推理产生的中间结果。推理机则根据当前输入数据，利用知识库的知识，按一定推理策略处理当前问题，起到控制和协调整个专家系统工作的作用。常用的推理策略有正向推理、反向推理和正反向混合推理等。解释器的作用主要是解释推理过程和结果。知识获取模块则是为知识库提供修改和升级等手段。

与人类专家实施的控制相比，专家控制系统可以保持长期运行的高可靠性，具有高度的在线控制实时性和抗干扰性，而且使用灵活、维护方便。

3) 模糊控制系统

模糊控制(Fuzzy Control)是基于模糊集合论、模糊语言变量和模糊逻辑推理的计算机数字控制技术，其中，模糊逻辑推理是其核心，因此模糊控制又称为模糊逻辑控制(Fuzzy Logic Control)。传统的控制系统，其控制品质取决于控制系统动态模式的精确性：系统动态信息越精准，控制品质越优良。但是，复杂系统存在众多变量，通常很难正确地描述系统动态，简单地简化系统动态以实现控制目的，效果较差。而采用模糊理论与方法，运用模糊语言和模糊逻辑来描述复杂系统，既能够实现应用系统的定量描述，又能够实现其定性描述，适用于任意复杂的控制对象。图 2.13 为闭环模糊控制系统框图。模糊控制系统中最重要的就是模糊控制器(如图 2.14 所示)。

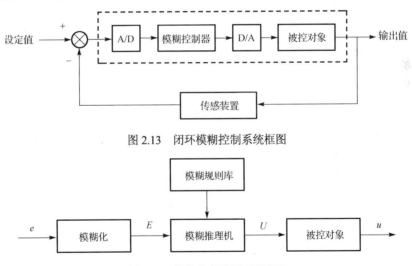

图 2.13　闭环模糊控制系统框图

图 2.14　模糊控制器原理示意图

模糊控制器的功能通常包括定义变量、模糊化、规则库、模糊推理以及反模糊化(也称为去模糊化、解模糊)四部分。定义变量是决定程序被观察的状况及考虑控制的动作。选择的控制变量要具有系统特性，通常可选用系统输出、输出变化量、输出误差、输出误差变化量及输出误差量总和等作为模糊控制器的语言变量。例如，速度伺服控制可选用系统的速度输出与设定值的误差量作为模糊控制器的输入变量。模糊化主要是将选定的模糊控制器的输入量转换为系统可识别的模糊量，具体包含尺度变换(将输入值以适当的比例转换到论域的数值)、确定各输入量的模糊语言取值(Linguistic Value，利用口语化变量来描述测量物理量)以及相应的隶属度函数等环节。规则库基于人类专家经验构建模糊规则库。模糊推理主要是仿照人类决策时的模糊概念，运用模糊逻辑和模糊推论法进行推论，实现基于知识的推理决策，得到模糊控制信号。反模糊化则是将推理所得的模糊控制量转化为明确的控制输出。

4) 神经网络控制系统

神经网络控制是利用大量神经元并按一定的拓扑结构来进行学习和调整的自适应控制方法。这种控制方法体现了并行计算、分布存储、可变结构、高度容错、非线性运算、自我组织、学习或自学习等人们长期追求和期望的诸多系统特性。具体来说，神经网络控制具有以下优势：能够用于处理难以用模型或规则描述的过程或系统；采用并行分布式信息处理，容错性强；本质为非线性系统，可实现任意非线性映射；信息综合能力强，可同时处理大量不同类型的输入，并具有解决输入信息之间的互补性和冗余性问题的能力；此外，神经网络的硬件实现也较为方便。

在智能控制中使用神经网络，可起到调节智能控制参数、结构或环境的自适应、自组织、自学习等作用。具体的应用方式如下。

(1)基于神经网络的系统辨识。采用神经网络作为被辨识系统的模型，可在常规模型结构已知的条件下，实现模型参数估计。利用神经网络的线性、非线性特性，构建线性、非线性系统的静态、动态、逆动态及预测等模型，实现非线性系统的建模和辨识。

(2)作为神经网络控制器。这种控制器可对不确定、未确知系统及其扰动进行有效的实时控制，使控制系统达到所要求的动态、静态特性。

(3)设计新型智能控制系统。此时，需要将神经网络与专家系统、模糊逻辑、遗传算法等结合应用。

常用的神经网络控制系统有神经网络监督控制、神经网络直接逆控制、神经网络自适应控制、神经网络内模控制、神经网络预测控制，以及神经网络自适应评判控制。

下面以神经网络监督控制为例来说明神经网络控制方式，如图2.15所示。在图2.15中，u_p 为 e 的函数，e 为 y 的函数，y 为 u 的函数，而 u 又为网络权值的函数，进而，u_p 最终为网络权值的函数。因此，可以通过使 u_p 逐渐趋向于 0 来调整网络权值。当 u_p=0 时，从前馈通路来看，可得 $y = F(u) = F(u_n) = F(F^{-1}(y_d)) = y_d$，而根据反馈回路，则有 $e = (y_d - y) = 0$。

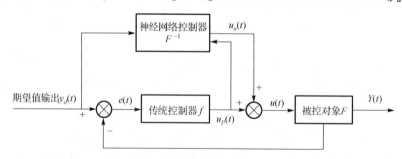

图 2.15　神经网络监督控制结构框图

由图 2.15 可以看出，在神经网络监督控制中，神经网络控制器是一个前馈控制器，构建了被控对象的逆模型。该控制器在传统控制器输出的基础上，通过在线学习，实现网络权值的调整，以使反馈控制输入趋近于 0，这样一来，神经网络控制器将逐渐在控制作用中占主导地位，使反馈控制器的作用最终被取消。而系统一旦出现干扰，反馈控制器将重新起作用。由此，神经网络监督控制能够确保控制系统的稳定性和鲁棒性，从而使系统的控制精度和自适应能力得到有效提升。

2.3.6　控制论与控制理论和自动化的区别和联系

简而言之，控制论是一种科学方法论，控制理论是采用控制论思想和方法来控制工程对象的理论体系，而自动化则是控制论和控制理论在工程领域的具体应用。

首先，控制论是理论性与实践性均很强的认识和解决问题的思想方法，其思想基础是：有可能发展出一种一般方法来研究各式各样系统中的控制过程，其基本特征是在动态(运动和变化)过程中考察系统，从根本上改变了研究系统的方法，即寻找学科之间的共同联系，将动物与机器的某些机制加以类比，获取一切通信和控制系统的共有特征，从更概括的理论高度加以综合，形成更具普遍意义的、可应用于任何系统中的一般控制理论。

换言之，控制论以功能方法来研究组织界的各种系统(生物机体、机器装置和人类)，即控制论的研究对象为组织界系统，重点关注系统的功能(行为、活动)，其着眼点是上述系统中开展的信息(通信)管理(控制)的过程，重点是分析信息的调节、控制的过程和系统的功能、行为、活动的性质。控制论思想的核心是信息和反馈，通信即信息的传输，控制即信息的反馈，二者密不可分。控制论提供了一套统一的概念和一种共同的语言，以描述形态各异的系统，并建立起各门学科之间的关联。而且，控制论对复杂性系统给出了概念体系和专门方法。可见，控制论作为一门科学，不仅具有自己的概念体系，而且具有自己的专门方法。

控制理论是具体的、非抽象的理论体系，作为一门专业性、工程性的技术学科，提供用于指导工程实践中实现具体对象控制及自动执行的具体方法。该理论体系的研究对象是以机器为主的"控制系统"，强调以数学方法为手段，以工程技术为背景，后期逐渐拓展至生物、生态、社会、经济等领域。控制理论与人类社会发展密切相关，是自动控制科学的核心。控制系统的分析是基于控制系统的已知结构和参数，求取系统的各项性能指标以及性能指标与系统参数间的关系；而控制系统的分析和设计则是基于给定对象的特性，按照控制系统应具备的性能指标要求，寻求满足该性能指标要求的控制方案，并合理确定控制器的各个参数。

自动化则是指应用自动化仪器仪表或自动控制装置代替人自动地对仪器设备或工程生产过程进行控制，使之达到预期的状态或性能指标。

自动化系统需要运用多种学科的知识与技术，如图 2.16 所示。在控制器设计环节，需要用到自动控制理论、先进控制技术、人工智能、计算机控制、模糊系统等；在 D/A 和 A/D 环节，需要用到计算机接口、模拟电路、数字电路、通信原理和计算机网络等；在执行器环节，需要用到机械传动、电气传动、自动化仪表、电力电子技术等；在被控对象环节，需要用到系统辨识、电气工程、化工原理、机械原理、系统工程、建模技术、计算机仿真、系统动力学、机器人技术等；在传感器环节，需要用到传感器技术、检测技术、测量原理、自动化仪表、抗干扰技术等；在信号处理环节，需要用到数字信号处理、图像处理、数据结构、计算方法等。

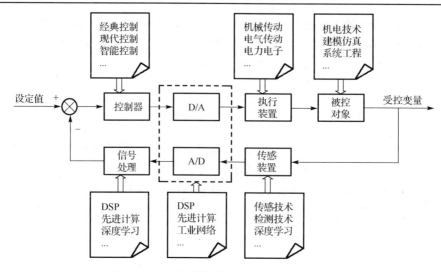

图 2.16　自动化系统所涉及的学科知识与技术

2.3.7　控制论在网络空间安全中的应用

一切系统都处于运动之中,而运动又是矛盾斗争的结果,网络空间安全系统也服从这一普遍原理,无论其多么复杂均可以归结为风险和反风险控制作用这两大对立的基本矛盾。

1. 控制论在网络空间安全控制中的应用

保障网络空间的安全必须采取一定的安全和风险控制措施。因此,在网络空间安全技术中,应用到了大量的安全控制模型。建立这些控制模型,需要分析系统各要素及其相互关系,对网络空间实体(安全控制对象及环境)建立其安全风险控制的数字模型、物理效应模型或数字物理效应混合模型,能够有效地描述网络空间安全分析与风险控制的运行、演变以及发展过程。网络安全控制模型的建立过程,与系统论方法、控制论方法中的系统分解及降阶思想密切相关和高度契合。

网络空间安全中常用的安全控制模型有访问控制模型、加密控制模型、通信控制模型、鉴别控制模型、内容控制模型、结构控制模型、通信链路安全控制模型、通信实体安全控制模型、基础设施安全控制模型、行为安全控制模型以及风险控制模型等。以下以风险控制模型来进行说明。

网络空间安全界一般公认:风险可视为四维矢量(即以业务、资产价值、脆弱性和威胁为矢量的四个组成部分)的综合作用结果。而风险控制的核心是采取控制措施并经过反馈形成对安全的闭环控制。基于控制与反馈的信息安全风险管理(具体流程如图 2.17 所示)是依据有关信息安全技术与管理标准,对信息系统及由其处理、传输和存储的信息的保密性、完整性和可用性等安全属性进行评价和管理的过程。风险评估需要进行业务识别,分析资产面临的威胁以及威胁利用脆弱性导致安全事件的可能性,并结合安全事件所涉及的资产价值来判断安全事件一旦发生对组织造成的影响。通过对信息系统的资产、面临的威胁、存在的脆弱性、已有安全控制措施等进行分析,从技术和管理两个层面综合判断信息系统面临的风险。

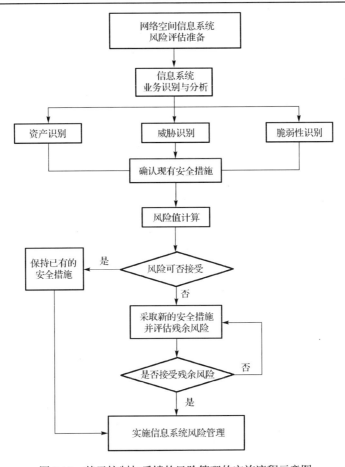

图 2.17　基于控制与反馈的风险管理的实施流程示意图

通过风险计算得出风险值，判断风险是否可被接受，如果能够接受，就保持已有的安全措施，实施风险管理。如果风险不可接受，则需要制定风险处理计划并评估残余风险，然后再次计算风险是否可以接受，如果是，则进入风险管理环节，如果残余风险不可接受，则需要反馈回去，重新制定风险处理计划并评估残余风险，直至风险可以接受为止。制定风险处理计划，核心就是要采取安全措施(Security Measure)来保护资产、抵御威胁、减少脆弱性、降低安全事件的影响，具体包括各种实践、规程和机制等。上述过程体现了控制论当中控制和反馈的思想，采用了相应的控制和反馈方法。

2. 控制论在网络攻防对抗中的应用

网络攻防对抗的理论基础之一是网络控制论。网络控制系统是在离散事件驱动下，经过各类离散事件有规则的相互作用，进而产生状态演化的典型的动态人机系统。该系统通常由施控系统、受控系统以及前馈系统和反馈系统等组成。

实施网络攻防控制的关键在于拥有与网络系统具有密切关联的各类攻防知识，网络攻防模型则是对攻防双方利用攻防知识进行博弈过程的描述，其核心是构建受控系统，并就双方各自的脆弱性进行博弈。攻击方基于攻防知识，利用各种攻击技术和手段，发现并利用对方网络系统的脆弱性，使防御方的信息系统产生较多的风险因素，从而增大攻击方攻击成功的可能性。防御方则是基于攻防知识，利用各种防御技术和手段，发现并削减己方信息系统的脆弱性，从而降低对方攻击成功的可能性。

同时，攻击方在攻击过程中，受防御方的防御措施与攻击环境的影响，使攻击呈现出较强的不确定性，进而增大了攻击方自身的安全风险。而防御方在防御过程中，受攻击方攻击措施与攻击环境的影响，又会使防御产生较强的不确定性。这些施控、受控以及前馈和反馈行为的产生和实施，均在不同方面体现了控制论的核心思想和方法。

3. 控制论在网络安全动态防御和主动防御中的应用

网络空间的信息安全问题具有动态性、复杂性等特点，其安全目标也呈现为一个持续改进、螺旋上升的动态演进过程，因此，网络空间安全防范机制也应能够实现动态变化和演进，构建能够实现防护、检测、响应和恢复能力的动态安全防护体系，该体系动态性和主动性的形成就是控制论中反馈和控制思想的具体体现。网络安全动态防御和主动防御体系的典型代表是 P^2DR 模型、P^2DR^2 模型等。

图 2.18　P^2DR 模型

P^2DR 模型(图 2.18)的核心思想是：一个完备的、有效的动态安全体系，应该以一个统一的安全策略为中心，在安全策略的指导下，既要实现恰当的防护(如访问控制、加密等)，又要实现高效的检测(如入侵检测、恶意代码检测等)，同时在发现问题时还应该及时做出必要的响应，从而构成一个闭环的动态自适应安全体系。依照此模型构建的安全方案能够将风险和损失降到最低限度，从而实现全面的动态和主动防护。P^2DR^2 模型则是在 P^2DR 模型的基础之上，加入了独立的恢复(Recovery)机制，实现了 P^2DR 模型的扩展和补充。

应用 IDS 的安全防御系统就体现了 P^2DR 模型的思想。IDS 首先搜集和捕获当前系统活动信息，利用信息推理以及模式匹配等方法，从海量信息中识别非法访问企图和具体的攻击方法，并对防火墙等网络入侵的防护系统进行合理配置和调度，以阻断网络攻击。IDS 还可以学习新的网络攻击模式，并添加至检测特征知识库中。从而在检测和防护系统的信息流程中，构成了两个信息闭环流。这也是控制论当中控制与反馈思想与方法的具体体现。

第3章 耗散结构理论、协同论与突变论及其在网络空间安全中的应用

本章将重点讲述系统科学中的耗散结构理论、协同论、突变论，以及复杂系统等理论和方法，同时分析上述理论和方法在网络空间安全领域的应用。

3.1 耗散结构理论与网络空间安全

3.1.1 耗散结构理论的基本思想及其发展

耗散结构理论(Dissipative Structure Theory)由比利时物理化学家、布鲁塞尔学派带头人普利高津提出。1945 年，普利高津最早在化学热力学领域提出了最小熵产生原理，该原理与昂萨格(Onsager)倒易关系共同成为近平衡态线性区热力学的理论基础。但是，普利高津发现，远平衡态系统的热力学性质与平衡态系统、近平衡态系统存在原则上的区别，最小熵产生理论并不适用于远平衡态系统。以普利高津为代表的布鲁塞尔学派最终于 1969 年构建了非平衡态系统自组织理论，即耗散结构理论。普利高津也因其在非平衡热力学特别是耗散结构理论方面的成就获得了 1977 年诺贝尔化学奖。

事实上，在 19 世纪，物理学界、生物学界存在两种截然不同的系统发展观。物理学界基于热力学第二定律，提出了退化观念体系，其理由是：世界万物因能量耗散而趋于衰弱，结构因此趋于消亡，无序度因此趋向极大，世界将随时间的演变而逐步"死亡"；而生物学界则基于达尔文进化论，坚持进化观念体系，其理由是：在生物和社会的进化过程中，种类会因持续分化、演变而增多，结构将更为复杂而有序，功能会因持续进化而得到强化，自然界与人类社会都将向更高级、更有序的组织结构演进。而普利高津通过对平衡态系统、近平衡态系统以及远平衡态系统的深入研究，认为生命物质(系统)与非生命物质(系统)均遵循统一的自然规律，生命过程必然遵循某种复杂的物理规律，这种规律在耗散结构理论之中得到了揭示。

耗散结构理论借用热力学和统计物理学方法，旨在研究耗散结构的性质及其形成条件、作用机理、稳定与演变规律。耗散结构理论以远离平衡的、包含多组分多层次的开放系统为研究对象，重点揭示开放系统从无序向有序的演进过程。该理论揭示了如下规律：一个远平衡态的非线性开放系统可与外界进行物质、能量与信息的不断交换，当外界条件变化达到一定阈值时，通过涨落，系统可能发生突变(即非平衡相变、量变可能引起质变)，此时，系统不断与外界进行物质和能量交换，在耗散过程中产生负熵流，通过能量耗散和内部非线性动力学机制的作用产生自组织现象，导致系统由原来的混沌、无序状态自发地转变为时间上、空间上以及功能上的宏观有序状态，形成持久、稳定、有序的宏观新结构，即耗散结构。由于这种结构需要与外界不断进行物质、能量或信息交换才能维持，耗散结构因此得名。

耗散结构理论对于揭示复杂系统中的自组织运动规律，具有很强的方法论功能。

3.1.2　耗散结构理论中的基本概念与方法

要理解耗散结构理论，我们先来回顾一下热力学基本定律。

热力学第一定律即能量守恒定律：一个热力学系统的内能增量等于外界向其传递的热量与外界对其做功之和。能量只能从一种形式转化为其他形式，或从一个物体转移到其他物体，而在转移或转化过程中，能量总量恒定不变，不会凭空产生或消失。如果一个系统与环境孤立，其内能将不会发生变化。

热力学第二定律常有以下表述：克劳修斯表述为热量可自发地从高温物体传递至低温物体，但不可自发地从低温物体传递给高温物体；开尔文-普朗克表述为不可能从单一热源吸取热量，并将其完全转化为功，而不产生其他影响；熵增表述为熵总趋向于总体增大，孤立系统的熵永不减小。这些表述均揭示了大量分子参与的宏观过程的方向性，一切自然过程总是沿着分子热运动的无序性增大的方向进行。

热力学第三定律通常表述为：0K 时，所有纯物质的完美晶体的熵值为零，或者说 0K（即 –273.15℃）不可达到。任何系统均无法通过有限步骤使其自身温度降低到 0K。

简而言之，热力学第零定律给出了温度 T 的定义；第一定律给出了能量守恒的关系，即 $\delta Q = \mathrm{d}U + \delta A - \mu \mathrm{d}N$；第二定律揭示了熵增原理，即 $\mathrm{d}S \geqslant \dfrac{\delta Q}{T}$；第三定律则阐明 0K 无法达到。由此可得出热力学基本方程：$\mathrm{d}U \leqslant T\mathrm{d}S - \delta A + \mu \mathrm{d}N$。

在耗散结构理论中，有若干重要的基本概念：孤立系统、封闭系统、开放系统、自组织、平衡态、近平衡态、远平衡态、非线性、涨落、突变等。这些概念此前均有涉及，此处再在耗散结构理论框架内来重新认识。

1) 孤立系统、封闭系统与开放系统

孤立系统、封闭系统与开放系统是耗散结构理论中的三类宏观系统。

耗散结构理论中的"开放"是所有系统向有序发展的必要条件。当开放系统内部某个参量的变化达到一定阈值时，该系统就可能从原来无序的混乱状态，转变为一种在时间上、空间上和功能上的有序状态，即耗散结构。

2) 自组织

自组织是指在一定条件下，系统内部从无序状态自发形成变为一定结构的宏观有序状态，或者从有序状态转变为新的有序状态。由于这种行为是由系统内部自身组织起来的，故称为自组织。系统从无序转为宏观有序或从有序转为新的有序，其前提条件是由环境提供能量流、物质流或信息流作为保证，即控制参量需要达到特定阈值才能实现。但是，系统在相变前后的外部环境并未发生质变，换言之，环境并未给系统提供如何组织、形成何种结构以及该结构如何维持发展的信息，所以，这是在特定的环境下，由系统内部自身组织起来，通过各种形式的信息反馈并对这种组织的结果起到控制和强化作用。这种组织结构就称为自组织结构，相应的描述则称为自组织理论。如果系统在获得空间的、时间的或功能的结构过程中，并无外界的特定干预，便可称该系统是自组织的。所谓特定是指，外界以非特定的方式作用于系统，但并未强加给系统哪种结构和功能。

自组织现象在自然界中大量存在，如贝纳德（Bénard）流体的对流花纹、贝洛索夫-扎鲍廷斯基（Belousov-Zhabotinsky）化学振荡花纹与化学波、激光器中的自激振荡等。自组织理论包括耗散结构理论、协同论以及超循环理论等，这些理论致力于建立起物理学与生物学甚至社会科学之间的沟通桥梁，在很大程度上说明了生物以及社会领域中的有序现象。

系统由简单、无序演化为复杂、有序的自组织结构，需要三个基本前提。第一，系统必须为开放系统。只有开放，才能与外界进行物质与能量的交换，并从系统外吸取负熵，才能形成耗散结构。第二，系统必须为远平衡系统。如果系统在平衡态附近，其运动将总是趋于平衡，同时伴随着无序的增加和结构的破坏。第三，系统各要素或子系统之间为非线性作用的相干状态，任一要素或子系统的偶然涨落所致的系统状态的微小变化，均会通过非线性反馈机制被放大为巨变，使整个系统进入有序状态。也就是说，自组织作为系统整体演化发展的重要机制之一，是一个经过积累、酝酿而发生突变、飞跃、分岔的过程，仅可发生于开放的、远离平衡的、子系统之间存在着非线性相干作用的系统当中。

判断自组织结构的形成，可采用自由能、熵、信息以及序参量等判据。非线性动力学则是以稳定态概念来表征系统结构的，到达稳定态就认为构建了一定的有序结构，从一个稳定态向另一个稳定态跃迁，就是从一种有序结构向另一种有序结构转变，本质上也是一种判据。

3）平衡态、近平衡态、远平衡态

平衡态是指系统各处可测的宏观物理性质均匀的状态，在此状态下，系统内部无宏观不可逆过程。平衡态遵守热力学第一定律（系统内能增量等于系统吸收的热量减去系统对外所做的功）、热力学第二定律（系统的自发运动总是朝向熵增方向）、玻尔兹曼有序性原理（$p_i=\exp(-E_i/kT)$，即温度为 T 的系统中，内能为 E_i 的子系统占比为 p_i）。

近平衡态是指系统处于接近平衡态的线性区，遵守最小熵产生原理与昂萨格倒易关系。最小熵产生原理意味着，如果给定的边界条件阻止系统达到热力学平衡态（即零熵产生），系统将进入最小耗散（即最小熵产生）态。

远平衡态是指系统内可测的宏观物理性质极不均匀的状态，在此状态下，系统将进入一个高熵产生的、宏观上有序的状态。系统的热力学行为将不满足最小熵产生原理。

4）非线性

子系统间的非线性相互作用是使热力学系统产生耗散结构的内部动力学机制。处于临界点时，非线性机制将微涨落放大为巨涨落，使原来的热力学分支失稳，一旦控制参数越过临界点，非线性机制将会抑制涨落，进而使系统稳定到新的耗散结构分支上。

5）涨落

涨落是系统宏观参量偏离平均值而不断波动时，实际测度与平均值的偏差。普利高津在耗散结构理论中提出了涨落有序律，指出了复杂的开放系统形成有序的机制和条件，其主要内容是：一个远离平衡态的开放系统，当外界条件或系统内部的某些因素变化到一定的临界值时，由随机涨落触发突变，自发地形成新的宏观有序结构和功能，并且不断进行优化。该规律的主要观点是：①系统必须开放；②非平衡是有序之源；③存在非线性相互作用；④通过涨落达到有序。

6）突变

突变是指在临界点（阈值）附近控制参数的微小改变导致系统状态发生显著变化的现象。临界点对系统性质的变化有着根本的意义。一旦控制参数越过临界点，原来的热力学分支丧失了稳定性，微涨落起到了关键作用，系统从热力学混沌状态转变为有序的耗散结构状态，即产生了新的稳定的耗散结构分支。耗散结构的出现均是以临界点附近的突变方式而得以实现的。

3.1.3　耗散结构理论在网络空间安全中的应用

1. 基于耗散结构理论的网络舆情管控

耗散结构具有开放性、远离平衡态、非线性作用以及涨落导致有序等四大基本特征,同时,这也是形成耗散结构的四个必要条件。耗散结构理论认为,耗散结构的有序化过程通常需要以环境更大的无序化为代价。信息的本质在于消除不确定性,而不确定性可理解为无序性,消除不确定性的结果就是降低了无序性、提高了有序性。信息具有的是特殊价值,它无法直接为耗散结构提供广义有序化能量,而是通过改变耗散结构对于广义有序化能量的使用效益来服务于耗散结构。因此,信息对于耗散结构的作用是提高该结构的功能有序性,而非结构有序性。

网络舆情是由网络空间中的主体、客体、载体、本体以及激体所构成的一个自我发展、按自身规律运行的自组织系统,在构成要素、发生条件和运动规律方面,表现出鲜明的耗散结构特性:网络舆情演化的前提就是开放,激体、主体和载体相结合,门槛低、限制少和渠道多,显示出高度的开放性,封闭或者保守系统不具备网络舆情形成的条件;形成并影响网络舆情的各要素在种类、数量以及实际影响上千差万别,远离系统的平衡态;网络舆情各影响因素的作用是高度非线性的,大量主体参与其中、表达意见,并在思想、态度、认知、情感和行为倾向方面对其他主体产生影响。多组分多层次的舆情系统的非线性区有两个特征:一是存在突变、飞跃的临界点;二是存在可逆和不可逆两种趋势;再有,各要素作用只有处于远离平衡的非线性区,导致整个舆情出现涨落,一旦涨落达到某个特定阈值,舆情会受某个或某些主导力量役使而趋向新的有序态,主体分化为各种不同的意见力量相互博弈,导致网络舆情出现涨落,一旦涨落变化达到某一阈值,其中的强势力量则会主导整个舆情的有序发展,从无序突变为稳定的有序的时空结构,最后伴随现实问题的解决而走向消亡。

因此,采用耗散结构理论可对网络舆情的管控起到重要作用。从管理的角度来说,一是人为的隔绝或限制改变不了网络舆情的开放性的事实,因此不能采用封堵的做法来达到管控的目的,逆势而为则违背舆情的自身发展规律,事与愿违;二是要利用耗散结构机理,引入和完善“非线性”管理机制,通过协调联动、实践操作、技术支持等机制,形成非线性合力。三是寻求促进“网络舆情有序发展”的具体操作方法,从源头引导、舆情研判、迅速反应、积极应对、灵活疏导等方面,使之进入稳定有序的时空结构,实现可管可控的目的。

2. 基于耗散结构理论的大规模网络故障预测与控制

大规模网络的可用和稳定是其重要的安全目标,因此网络故障的预测和控制至关重要。网络故障的发生及传播是一种动力学行为,因此可将网络故障系统视为一个开放的动力学系统。网络系统的状态(及其安全状态)随时间而动态变化,其安全演化规律是:系统初始处于安全态,因时间推移与系统涨落达到突变的临界点。在临界点处,有两种可能的趋势:一是无外界参量或外界参量不变,系统将出现故障;二是外界参量对安全系统进行及时的调控,使故障系统向熵值更低、更安全的状态转化,此后故障系统运行于更安全的状态下,进入演化循环。这就是耗散结构状态的分岔现象。因此,如果在分岔之前对故障进行控制,即在故障系统状态临界点之前进行控制,就可以预测和防止故障系统恶化。

网络故障系统的工作特性及内部协同机制区别很大，可在其内部形成若干不同的相，各相之间在结构、功能、形态等方面存在差异，表现为不同的宏观行为。各相不同的原因在于其内部有序度和对称性的差异性，可用序参量来表征。一旦故障系统中的某个状态参量发生变化，就会导致相关参量出现变化，进而使得故障系统的内部状态不断变化，而该变化达到特定阈值时，就会导致系统内部的有序度发生突变，系统对外表现为故障状态。

系统稳定、安全工作的条件是系统总的宏观状态显现稳定性，该稳定性需要不断的耗散物质、能量和信息来维持。在稳定态系统内部，大量子系统相互弥补和抵消，保证了安全连续性。对于稳定的非平衡态故障系统而言，在其内部某一确定的系统空间和某一确定的时间内输入的系统参量，必须等于在同一系统空间和同一时间内耗散的相应的系统参量。而描述故障系统中的某一非平衡过程的主要参量则是技术因素和管理因素，分别记为系统状态矢量的各分量，用以反映系统状态的变化。一旦技术因素和管理因素等主要参量在系统内出现了正堆积或负堆积，系统就会偏离稳定态。耗散系统中的稳定态与耗散模式相互对应。当系统趋于平衡相变临界点时，原耗散模式无法满足耗散与输入同步的稳定条件，导致在系统内“堆积”，系统将会失稳。为达到重新稳定，该“堆积”又会迫使不稳定态系统寻找新的耗散途径，完成一次非平衡相变，形成满足条件的新的稳定态，即在更加安全的状态下运行。

综上，为预测和控制网络故障，可以对相应的外部因素的涨落进行控制，以使系统稳定、高效、安全地运行。同时，故障系统应以预测和防控为主，而故障防控的最佳时间则是系统临界相变之前。一旦系统内、外部的涨落导致系统内、能量形成“堆积”，就需要促使系统进入一个新的耗散状态而发生非平衡相变，达到满足条件的新的稳定态，实现安全目的。

3.2　协同论与网络空间安全

协同论(Synergetics，又称为协同学)由德国理论物理学家赫尔曼·哈肯创立，研究由大量子系统组成的系统相变产生的条件以及相变的规律和特征。哈肯教授于 1971 年提出了协同的概念，1976 年系统地论述了协同理论，并发表了《协同论导论》等著作。协同论将一切研究对象视为“由组元、部分或者子系统”构成的系统，子系统之间会通过物质流、能量流或者信息流等方式相互作用，从而使整个系统形成一种整体效应或者新型宏观结构，这种整体效应在系统层次上具有某种全新的性质，而该性质在微观层次上可能并不存在。

哈肯之所以把这种理论称为协同论，一是因为客观对象多是通过众多子系统的相互影响、相互合作的联合作用，来产生宏观尺度上结构和功能；二是发现自组织系统的一般原理需要多学科协作。因此，协同论主要是研究事物相互协调、共同作用，特别是研究不同事物的共同特征及其协同机理，重点关注各种系统从无序变为有序时的相似性。这里所讲的各种系统，既包括耗散结构理论中讨论的远平衡系统，也包括平衡系统和近平衡系统。

3.2.1　协同论的基本思想及其发展

Synergetics 一词来自希腊文，意为协同作用的科学，即关于系统中各子系统之间相互竞争与合作的科学。协同论指出，一个稳定系统，其子系统均按一定的方式协同、有次序地运动，而系统从无序到有序转化的关键并不取决于系统是否平衡或偏离平衡状态的远近，而是取决于组成系统的各个子系统之间的协同作用，也就是说，在一定的条件下，无论处于平衡态还是非平衡态的开放系统，均可以通过子系统之间的非线性作用，互相协同和合作自发产生稳定的宏观有序结构(即自组织结构)，实现"旧结构→不稳定性→新结构"的演进。

客观世界中的系统各种各样，复杂化和非线性化的系统大量存在，系统的局部变化，均能够导致系统总体的危机。这些系统表面上区别巨大甚至是完全不同，但都具有深刻的相似性。这种深层次、突出的相似性，在物理学、化学、生物学以及社会学中显著不同的系统的自组织行为中多有体现。如果系统具有复杂性，就意味着多组分系统包括许多单元，而这些基本单元及其局部相互作用构建了描述的微观层次。复杂系统的整体状态又源于局部多组分状态的集体构形。从宏观层次的角度来考察，复杂系统具有若干(少量)"全局"性质(即集体性质)，表征了单元的可视集体图样或形态。例如，气体的基本单元是基本粒子；微观层次上，可以考察这些基本粒子的位置矢量和动量矢量及其相互作用关系；宏观层次上，可以用压强、密度、温度熵来描述这些基本单元的可视集体图样或形态。

在复杂系统当中，非线性相互作用具有协同效应，该效应既无法归因于单一缘由，也不具备长期预见性。因此，探索复杂系统和非线性动力学需要一种新的方法。哈肯基于激光物理学和统计物理学研究而提出的协同论，就是关注相互作用的协作特征，而这些特征又无法还原为复杂系统的各个元素。

协同论认为，尽管形态千差万别的系统的属性各不相同，但在整个环境中，各个子系统之间存在着相互影响而又相互合作的关系。协同论的研究对象是在保证与外界有充分物质、能量以及信息交换的前提下，可自发产生有序结构的远离平衡状态的开放系统。协同论指出，各种自然系统和社会系统从无序到有序的演化，均为系统各组成元素之间相互影响而又协调一致的结果。协同论基于"很多子系统的合作受相同原理支配而与子系统特性无关"的原理，对系统从旧结构转变为新结构的机理的共同规律进行研究，通过类比对从无序到有序的现象建立了一整套数学模型和处理方案，正确地反映了从自然界到人类社会的各种系统不断发展和演变的机制，并获得了广泛应用。

3.2.2　协同论的基本概念与方法

在协同论中，除了与耗散结构理论中相同的开放系统、自组织、平衡态、涨落等概念之外，还有序参量和相变、快弛豫变量和慢弛豫变量、支配原理、绝热消去原理等基本概念。

1. 序参量和相变

序参量(Order Parameter)用于描述系统宏观有序度或宏观模式，即系统在时间进程中处于何种有序状态、具有何种有序结构和性能、运行于何种模式之中以及以何种模式存在和变化。需要注意，序参量首先是为描述系统整体行为而引入的宏观参量，是大量子系统的集体运动的宏观整体模式。序参量并不是还原论当中某个占据系统演进支配地位的子系统。序参量既是系统内部大量子系统集体运动(相互竞争和协同)的产物，又在形成后起到支配或役使系统各子系统的作用，控制着系统的整体演化过程。因此，序参量既是子系统合作效应的表征和度量，也是系统整体运动状态的度量。统计力学中的复杂系统(如液体、气体等)，其序转变可通过全局状态的微分方程来模拟。例如，在由基本原子磁体(偶极子)组成的铁磁体中，偶极子存在向上指向和向下指向两种可能的局部状态。一旦控制参量(此例中为温度)变化至平衡态(此例中为退火至热平衡态)，向上和向下指向的偶极子的平均分布则会在一个规则方向上自发呈现直线排布方式。此规则模式即对应着磁化的宏观状态。显然，出现磁化现象源自原子的自组织行为，可通过某个序参量(即向上和向下指向的偶极子的平均分布)的相变来模拟。

相变一词源自物理学中集体状态的转化，是指系统的各子系统间具有不同聚类状态之间的转变，描述了复杂系统相互作用的元素之间自组织行为的改变。如果系统的外部条件通过变化中的某些控制参量而改变，则其宏观整体状态可能在某个阈值处发生改变。例如，水是由水分子组成的复杂系统，其临界温度为 0℃，该系统在 0℃会由液态水自发转变为固态冰。

序参量是协同论的核心概念，物理学家朗道最早采用此概念来描述连续相变，用于标识新结构出现、判别连续相变及某些相变有序结构的类型和有序程度。自组织理论是协同论的核心理论，序参量是通过自组织状态来维持的。哈肯在协同论中借用了序参量概念，用于代替熵概念来作为处理自组织问题的一般判据，同时认为无论是何种系统，如果某个参量在该系统的演化过程中能够标识新结构的形成，它即为序参量。也就是说，序参量是系统相变前后所发生的质的飞跃的最突出标志，它表征了系统的有序结构和类型，该参量是系统的所有子系统对协同运动的贡献之和，可以说是子系统介入协同运动程度的集中体现。

2. 快弛豫变量和慢弛豫变量

弛豫过程是指一个宏观平衡系统由于周围环境的变化或受到外界的作用而变为非平衡状态，进而再从非平衡状态过渡到新的平衡态的过程。在物理现象中，弛豫过程的本质是系统中微观粒子由于相互作用而交换能量，最后达到稳定分布的过程，该过程的宏观规律取决于系统中微观粒子相互作用的性质，而弛豫变量在该过程中起到举足轻重的作用。

弛豫时间是弛豫过程动力学系统的一种特征时间指标，表征系统的某种变量由暂态趋于某种定态所需的时间。在统计力学和热力学中，该时间表示系统由不稳定定态趋于某一稳定定态所需的时间。在协同论中，弛豫时间可以表征系统参量的影响程度，弛豫时间短表明参量容易消去。准平衡过程是指实际过程足够缓慢的极限情况，所谓"缓慢"是指热力学意义上的缓慢，即由不平衡到平衡的弛豫时间远小于过程实际所用的时间，就可认为其足够缓慢。

某些系统在临界点处的系统参量可分为两类：绝大多数参量数目多、变化快，临界阻尼大、衰减慢，仅在短时间内起作用，并且对系统的演化过程、临界特征和发展前景以及新结构的形成不起决定性作用，这些参量称为快弛豫变量(Fast Relaxing Variable，快变量)；另外一类参数数目少、变化慢，出现临界无阻尼现象，但对系统演化和宏观结构的形成自始至终都起到支配作用，并且得到多数子系统的响应，称为慢弛豫变量(Slow Relaxing Variable，简称慢变量)。不难看出，系统中的慢弛豫变量也就是该系统的序参量。这也提示我们，复杂的自然界本质或许是简单的，复杂结构本身可能只是由少数几个序参量主宰。序参量的重要意义在于，在复杂系统中，既无必要也无可能计算元素的所有宏观状态，只要找到少数的宏观序参量，就可以把握复杂系统的动力学特征。由此，宏观有序的程度可以采用序参量的大小来表征。系统无序，序参量为零。当外界条件变化时，序参量也随之变化，一旦到达系统的临界点，序参量将增长到最大，系统将形成宏观有序的有组织的结构。

3. 支配原理

支配(Slave)原理(又称为使役原理、伺服原理)是指系统形成序参量之后，会对子系统起到支配作用，进而主宰着系统的整体演化过程。系统会从无序转变为有序，进而转变为更为复杂的有序过程，在不断形成新的自组织过程中，总是通过序参量来支配其他稳定模（快弛豫变量）从而形成一定的结构或序，这种结果的形成总是由序参量在起主导作用。如果没有序参量的支配，系统将处于混乱状态。

改变系统的控制参量，系统将会走向临界状态，一旦接近临界点，系统稳定性已遭破坏，此时，少数慢变量支配大量快变量（或大量快变量伺服少数慢变量）。支配原理认为系统的各子系统、参量或因素对系统的影响具有差异性和不平衡性，而这种影响在系统演进的不同阶段和时间点，也有不同反映。系统处于平衡态时，这种不同的差异和不平衡受到较强的抑制，未有表现；系统远离平衡态时，这种差异和不平衡就会有所反映；而逼近临界点时，这种差异和不平衡就将发挥显著的作用，此时，慢变量和快变量的区别非常显著。快变量无法左右系统演化的进程，而慢变量则支配着快变量的行为，并决定了系统演化的方向和结构。换言之，支配原理指出了系统在走向有序的过程中，在抵达临界点或接近临界态时，必将发生少数慢变量支配多数快变量的情形。由此，可以通过少数变量来控制有序演化过程。

以信息观点视之，起支配作用的序参量具有双重功能，一方面，它决定了各子系统的行动方向；另一方面，它又为观察者揭示了系统宏观有序状态的情况。在系统演进过程中，序参量由各子系统相互竞争、相互协同而得到，反过来又支配着子系统的行动，各个子系统均要伺服序参量。实际系统的演进过程，可能会形成多个相互合作或相互竞争的序参量，由此导致了千差万别的系统与运动。

4. 绝热消去原理

哈肯在研究开放系统的演化机制时发现，只有子系统协同合作产生的序参量才对系统演化起到决定性作用，而绝大多数参量的作用可以忽略不计。因此，如果想获得描述系统演化的数学方法，只要能给出序参量随时间变化的演化方程即可，从而实现对非线性相互作用的近似定量认识。

哈肯利用绝热消去原理来发现慢变量、建立序参量方程。首先，分析影响系统演化的各种参量，由于系统演化过程取决于慢变量，而快变量则因演化快而在相变过程中先期到达相变点，之后便不再变化，所以可令快变量的时间微商（Derivative）为零，再将得到的关系式代入其他关于慢变量的方程，便可得到只有一个或几个慢参量的演化方程，即序参量方程。

从定性的角度来看，系统的旧有结构变得不稳定，控制参量的变化打破了这种平衡，从而出现了新的结构。哈肯对随机非线性微分方程（福克尔－普朗克主方程）进行了考察，用于模拟复杂系统动力学。支配原理以这些随机非线性微分方程的快弛豫变量的浸渐消去为基础，因为不稳定模（序参量）比稳定模的弛豫时间长很多，因此快弛豫变量可以忽略不计。复杂系统的集体序是通过其元素的相互作用（自组织）而产生的，同时，各元素的行为又由集体序所支配。协同论非常重视系统在临界点附近的行为，认为系统的演化受控于序参量，序参量决定了系统演化的最终结构和有序程度。

协同论认为，相变出现前的系统各子系统之间的关联较弱，尚不足以束缚子系统本身存在的自发的无规则的独立运动，系统呈现无序状态。一旦控制参量不断变化达到阈值，系统将越过临界点，子系统之间的关联作用将强于子系统的独立运动而成为主导作用，使子系统之间的协同运动得以实现，从而形成宏观的结构或类型。

协同论中主要采用解析方法来求解演化方程，也就是用数学解析方法来求取序参量的精确或近似解析表达式以及出现不稳定性的解析判别式。协同论常采用数值方法（特别是分析瞬态过程和混沌现象时），而在分析不稳定性时，则常用数学中的分岔理论，在有"势"存在的情况下，也可应用 3.3 节将介绍的突变论方法。

协同论与系统论和耗散结构理论之间有诸多共通之处，研究领域和方法也彼此部分覆盖。事实上，这三种理论既存在密切联系，也存在显著区别。系统论给出了系统有序性、目的性与系统稳定性之间的关系，但是该理论并没有给出形成稳定性的具体机制；耗散结构理论指出非平衡态可成为有序之源，从一个侧面回答了稳定性形成机制。协同论虽然也是源自非平衡态系统有序结构的研究，但是该理论摆脱了经典热力学的限制，进一步明确了系统稳定性和目的性的序参数及其支配机制，成为现代系统科学的重要组成部分。

3.2.3　协同论在网络空间安全中的应用

1.　基于协同论的网络安全综合评价

按照协同论思想，网络空间信息系统的信息安全是系统层面的问题，受各种因素（或各个子系统）之间的整体协同效应的影响，涉及技术和管理等各方面的相互制约、相互协调与相互共同作用。信息安全系统运行时，需要各种因素（或各个子系统）均衡发展、协调进行，才能实现信息系统的信息安全整体达到最优。其中某一因素（子系统）的发展情况均会影响整体信息安全，但是各个因素对系统的影响程度各不相同。

遵循协同论序参量和支配原理，网络空间信息系统的信息安全取决于其影响因素（或各个子系统）中起序参量作用的因素（或子系统），因此，可以构建度量信息安全技术、管理各因素（子系统）之间协同程度的评价指标和评价模型。

具体以网络可用性评估为例说明。基于协同论原理，将网络视为多能力属性子系统组合而成的复杂系统，具体的属性子系统可以为网络吞吐能力、网络实时性能力和网络可靠性能力等子系统。吞吐能力子系统可用速率和峰值速率为属性，实时性能力子系统取数据包时延和数据包抖动为属性，可靠性能力子系统取数据包丢失为属性。令上述属性分别为所对应属性子系统中的序参量分量，即网络属性的有序度，取序参量分量的有序度几何平均为各属性子系统的有序度，采用 AHP 方法，计算属性权重得到各网络系统的整体熵值，并以该值为网络效用函数，选择熵值最小即整体有序度最大、能力属性整体发展最好的网络作为目标网络。由此基于各能力子系统属性均衡协调发展的视角，实现对网络的可用性评估，从而为用户提供高服务质量（Quality of Service，QoS），例如，为会话业务提供时延低、抖动小的网络；为交互类业务提供吞吐量大的网络等。

2.　基于协同论的网络故障传播机理分析

网络空间中，网络故障传播是一个常见且危害严重的安全问题，因此需要进行网络空间信息系统的故障级联传播分析。网络信息系统在发生级联故障前，各子系统协同进行相对独立的有序运动，一旦系统脆性被激发，各子系统的关联逐步增强，并使控制变量逐渐接近阈值，一旦系统出现因关联作用而产生的子系统间协同运动，就会发生级联故障。

大规模网络的崩溃过程，可采用协同论原理进行分析，根据快、慢两种变量所描述的系统演化方程，比较不同运行方式下系统级联故障的威胁程度，由此可构建级联故障的预防模型。对于大规模网络攻击来说，从攻击开始到故障传播结束，采用无标度耦合映像格子连锁故障的动态过程，无标度耦合映像格子在级联故障传播时的宏观特性受协同论的一般规律支配。在临界点之前，各子系统均处于独立运动，其序参量为零。当某一个子系统失稳处于临界点时，支配该子系统行为的多个序参量急剧增大，各序参量处于均衡状态，使系统存在纳什均衡点，各子系统间的关联增强，导致各子系统间出现协同运动，表现为系统的级联故障。

3.3　突变论与网络空间安全

3.3.1　突变论的基本思想及其发展

突变论(Catastrophe Theory)由法国数学家雷内·托姆(Rene Thom)在 1972 年正式创立。荷兰植物学家和遗传学家德弗里斯(Hugo Marie de Vrier)最早基于月见草的骤变，提出了突变论的思想，他在 1901 年提出生物进化源于骤变的突变论，对达尔文的渐变进化论提出了质疑。但后来的研究表明，月见草的骤变源于罕见的染色体畸变，而非进化的普遍规律。20 世纪 60 年代，雷内·托姆在研究胚胎成胚过程中又重新提出了突变论的概念，并在 1967 年发表的《形态发生动力学》一文中阐述了突变论的基本思想，1972 年在其专著《结构稳定性和形态发生学》(*Structural Stability and Morphogenesis*)中系统地阐述了突变理论，该理论被称为"牛顿和莱布尼茨发明微积分三百年以来最伟大的数学革命"，雷内·托姆本人也因此获得了国际数学界最高奖——菲尔兹奖。

自然界、工程领域和人类社会活动当中，存在着大量的变化现象可以分为两类：一类是渐变的和连续光滑的变化，即渐变；另一类是突然变化和跃迁现象，即突变。例如，按照量子力学，原子系统状态按照薛定谔方程随时间而演进，是一个渐变过程，而从一个定态到另一定态的跃迁，则为突变过程。此外，还有许多突变现象，如山体滑坡、网络崩溃、交通瘫痪、情绪爆发等。一切自然过程都是渐变和突变的统一，它们是由于事物的矛盾性质不同和所处条件不同而分别采取的两种不同的变化形式。物相变化即为典型实例。影响物相变化的若干因素(如温度、压强)均为连续变化，但是一旦该连续变化量到达某些临界点(如沸点、熔点)时，却可以引起物相不连续的变化。水就会在 100℃ 时突然沸腾，转化为蒸汽。突变论对量变和质变规律的深化具有重要的哲学意义。突变论作为研究客观世界非连续性突变现象的学科，与耗散结构理论、协同论一起，通过对系统有序与无序的转化机制的研究，将系统的形成、结构和发展联系起来，成为系统科学的重要组成学科之一。

"突变"一词的法文原意是突然来临的灾祸，即"灾变"，主要强调变化过程中的间断、突然逆转或瞬间转变的现象。不过，雷内·托姆在突变论中借用这一名词，并未强调突变的结果为灾难性的，而是强调从原有形态、结构突然跳跃至根本不同的另一种新形态、新结构的不连续的过程。突变论认为，如果具备严格的控制条件，且质变经历的中间过渡态是稳定的，即为渐变过程。而飞跃和渐变均可以导致质变，关键取决于控制条件。突变论方法正是试图揭示从一种稳定组态跃迁到另一种稳定组态的现象和规律。雷内·托姆提出的突变理论认为，系统所处的状态可用一组参数来描述，如果系统处于稳定态，意味着该系统状态的某个函数取唯一值(如熵取极大、能量取极小等)。而当参数在某个范围内变化，该函数值具有多个极值时，系统就处于不稳定状态。系统从一种稳定态进入不稳定态，随着该系统的控制条件参数的再变化，将导致处于不稳定态的系统进入另一稳定态，此刻系统状态即发生了突变。突变论运用数学工具来描述系统跃迁，给出了系统处于稳定态或不稳定态的控制参数变化区域，从而证明当控制参数变化时，系统状态也随之变化；而当参数通过某些特定区域或位置时，系统状态就会发生突变。

在数学上，突变论属于微分流形拓扑学中关于奇点和分岔的理论分支，利用势函数对临界点分类，并且研究各种临界点附近的非连续现象的特征。临界点是指使系统由一种状态到另一种状态的转变点。突变论基于数学理论中的拓扑学、奇点理论和稳定性原理，通过描述系统在临界点的状态，来研究自然系统、工程系统以及社会经济系统中的突变现象的发生机理与演变规律。不过，突变论通常并不对产生突变机制做出假设，而是使用形象而精确的数学模型来描述现实世界中产生的突变现象，对其进行分类并系统化，适用于研究内部作用尚未知，但已观察到有不连续现象的系统，特别关注临界点附近外部条件微小的突变引发系统品质突然跃迁而发生质变的机制的描述。这种理论对于追求系统高效运行，做出优化决策防止突变发生，确保系统行为有益、可靠具有重要意义。

3.3.2　突变论中的基本概念与方法

现代拓扑学作为位置解析学主要是研究整体形态变化，突变论作为不连续变量数学主要是研究形态的发生，为现实世界中形态发生问题中的突变现象提供了数学框架与工具。事实上，耗散结构理论和协同论当中也用到了突变理论的若干概念。因此，突变论具备研究复杂性问题和过程的特殊方法论意义。

1. 突变的本质含义

以牛顿和莱布尼茨提出的理论为基础的微积分学，通常只关注光滑的、连续变化的过程，而突变论则以结构稳定性为基础，揭示跳跃式转变、不连续过程和突发的质变规律。结构稳定性反映的是同种物体在形态上千差万别中的相似性。例如，人的相貌虽会因年龄增长而发生显著变化，但是仍然具有与他人不同的相貌特征。突变始于结构稳定性的丧失，因此，突变论中的基本静态模型以结构稳定特征对形态进行分类。

有些理论利用连续性方法来近似描述不连续现象，而并未揭示连续变化引起的突变现象的内在机制，这种方法显然提供了处理不连续现象的数学技巧，但雷内·托姆突变论则更强调过程结果的不连续性，更加深刻地关注导致这种不连续现象的一般机制。

前面已经指出，事物发展存在渐变和突变两种演化方式。表面上，渐变好像远多于突变，而且人类更易于认识和处理渐变问题，例如，采用牛顿和莱布尼茨创立的微积分学方法。但是，对于瞬息万变的突变，则认为太难认识和把握。而且，人们对于渐变和突变的认识，通常采用变化率来区别，简单地认为缓慢变化即为渐变，而把瞬间完成的、明显的、急促的变化称为突变。这种经验性认识既不精确也不科学。事实上，突变与渐变二者的本质区别并非是变化率的大小，而是变化率在变化点附近(即一个所谓临界局域)有无"不连续"，突变属于间断性范畴，是渐进过程的中断，是不经过任何过渡阶段从一种质态到另一种质态的飞跃，而渐变则属于连续性范畴。连续性现象当中存在突变过程，而突变现象中也存在连续性发展演化事件和过程，导致系统的演进过程更为复杂。而且，突变性也与不连续现象具有本质不同，例如，如果某种过程本身就是不连续的，是由某种离散力作用或离散采样等不连续原因而引起的，这种过程是由于不连续而导致的不连续现象，并非是雷内·托姆突变论所指的突变现象。突变并未使系统消灭，而是系统得以"生存的手段"，它帮助系统脱离通常的特征状态。雷内·托姆还提出了"广义突变"的概念，意指在原先的均匀介质中出现一种新的"相"时，就可能带来突变。

2. 突变论中的"势"

在力学领域，势是一种相对的保守力场的位置能。例如，势在热力学系统中表现为自由能，决定了系统演化的方向。突变论引入了势系统的概念，将势视为系统具有采取某种趋向的能力，可用势函数 f 来描述一个现象或系统，即存在内部空间(或状态空间)的流形(流形是指局部具有欧氏性质的空间，用于几何形体的数学描述) M，M 为 n 维欧氏空间 R^n 内的开集，R^n 的点 $x = (x_1, x_2, \cdots, x_n)$，$x_i$ 称为状态变量(或内部变量)。存在控制空间(或外部空间)的 R 的开集 U，U 的点 $u = (u_1, u_2, \cdots, u_m)$，$u_j$ 称为控制变量(外部变量或外参数)。存在 $M \times U$ 上的势函数 f，即 $f(x_1, x_2, \cdots, x_n; u_1, u_2, \cdots, u_m)$，对给定的控制参数 $u_1, u_2, \cdots, u_m$，系统的状态 $(x_1, x_2, \cdots, x_n)$ 应使 f 取极小值。

也就是说，系统的势取决于系统各元素的相对关系、相互作用以及系统与环境的相对关系等因素，由此，系统势可以通过系统行为变量(状态变量)和外部控制参量来描述系统行为。各种可能变化的 n 个内部行为变量与 m 个外部控制参量的集合条件下，可分别构成 n 维行为空间 R^n 和 m 维控制空间 U。突变论将事物状态的变化发展演化放置于 $n+m$ 维空间 R^n+U 中研究其行为突变。通常，$n+m$ 值较大，因此 R^n+U 为高维空间，被研究对象行为构成的控制与行为空间构成了高维状态曲面(超曲面)。在给定的控制空间，即给定控制参量变化范围，考察系统行为参量的变化情况，在数学上可将系统行为投影至控制空间。此时体现了突变论的另一个重要方法论特点，即将 R^n+U 空间投影到控制空间 U 上，研究控制参量 u 连续变化时，事物势的性质的变化情况。m 不大时，可显著降低问题的复杂性。

3. 平凡点与奇点

在空间 R^n 的超曲面上，并非所有点均具备同等重要性或同等价值。如果超曲面上某些点的势函数一阶导数非零，系统行为的变化趋势不变，称其为平凡的，而超曲面上某些点的势函数一阶导数为零时，系统行为的变化趋势可能会发生突变，称为非平凡的。在突变论中，将满足某个平滑函数的位势导数为零的点称为定态点。而在不同的条件下，定态点的分类也不同。当 $n=1$ 时，定态点分为极大点、极小点以及拐点三类。$n=2$ 时，对不同的势函数，定态点有更多的类型。在某些定态点附近，连续变化的原因可引起不连续的结果，此时将退化的定态点称为奇点，因为在该点附近，系统通常会出现许多奇异行为。奇点分析是突变论中从整体到局部的基本方法。

吸引子(Attractor)是微积分和系统科学中的一个重要概念，是指系统趋向的一个极限状态，它描述了系统运动的收敛类型，存在于相平面之中。如果某个系统具有朝向某个稳态发展的趋势，则称该稳态为吸引子。吸引子分为平庸吸引子和奇异吸引子。例如，钟摆系统具有平庸吸引子，该吸引子支配钟摆系统向停止晃动的稳态发展。平庸吸引子分为不动点(平衡)、极限环(周期运动)和整数维环面(概周期运动)三种模式。不属于平庸吸引子的均称为奇异吸引子，该吸引子表现了混沌系统中非周期性、无序的系统状态。例如，天气系统就具有奇异吸引子。

通常，系统将逐步趋向于唯一的极限状态。但是，也可能存在多个极限点。实际上，极限状态可以为闭轨线，也可以为更复杂的图形(例如，一个曲面或维数很大的一个流形)，这些极限点的连通集则成为系统的一个吸引子。

在突变论中，给定某个吸引子 A，动力场中趋向于 A 的轨线集合构成空间 R^k 的一个区域，该区域称为吸引子 A 的洼(Basin)。如果系统具有多个互不相交的吸引子，那么它们将处于相互竞争的状态，吸引子 A 有可能被破坏分解为多个吸引子(即庞加莱所谓的"分岔")。在突变论模型中，一切形态的发生均归之于冲突，归之于两个或更多个吸引子之间的竞争。事实上，它们构成了不同的区域，反映了系统的结构与运动演化的变化特性和相互作用特性。

4.　基本突变形态

突变理论可以同时从数值和形象方面来描述现象，突变在形象方面表现为曲面上的尖点、褶、峰、坡、凹点等形态。雷内·托姆的突变理论，采用一系列数学模型来解释自然界和社会现象中所发生的不连续变化过程，描述系统从一种形态突然飞跃到根本不同的另一种状态及其原因，给出系统处于稳定态的参数区域，系统状态随着参数的变化而变化，一旦参数通过某些特定位置，状态即发生突变。在突变理论中，将导致系统突变的连续变化因素称为控制变量，而将可能出现突变的量称为状态变量。

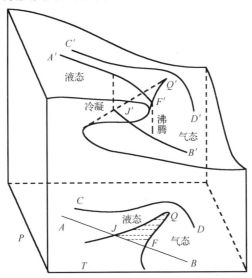

图 3.1　H_2O 相变的尖点型突变模型

以 H_2O 的相变为例(图 3.1)，导致水发生相变的连续变化因素是温度 T 和压强 P，T 和 P 始终在连续变化，是控制变量；H_2O 的密度 g 为其状态变量。密度高的状态为液态水，密度低的状态则表现为气态水蒸气。在水的相变突变模型中，具有折叠的曲面称为水的行为曲面，该曲面上的点与不同的温度、压强下的水的密度相对应。行为曲面(折叠)的上、下半叶分别代表液态和气态。将行为曲面的折叠区向底平面投影，可得到一个带有尖点的尖角型区域

JQF，因此该模型得名为尖点型突变模型。利用该模型，可以成功地说明温度和压强的连续变化将会在何时导致 H_2O 的不连续的相变。如果温度 T 与压强 P 沿着 AB 方向连续变化，在相应的行为曲面上，水的密度将沿曲线 $A'F'B'$ 变化。起初的 $A'F'$ 阶段，水密度在行为曲面（折叠区）上半叶连续下降，意味着水密度在渐变。但是，在接近折叠区的边缘 F'（临界点）时，温度和压强这两个控制变量只要稍顺着 AB 方向偏离 F' 点，水的密度值将会突然下跌至曲面下半叶的区域，进入气态区域，发生不连续变化，导致沸腾现象出现。反之，如果温度和压强这两个控制变量沿着与 AB 相反的方向变化，起初气态密度在曲面下半叶沿 $B'J'$ 连续增大，但到了折叠面的另一个边缘 J 时，稳定的行为曲面出现中断，水的密度值将会突然上升至曲面上半叶，进入液态区域，发生不连续变化，导致冷凝现象出现。有意思的是，如果 T、P 沿着 CD 曲线变化，绕过尖角形的折叠区，在曲面上的密度就会沿着 $C'D'$ 曲线进行平滑的连续变化，未经飞跃而直接到达气态区。反之，可未经飞跃而直接到达液态区。

不难看出，尖点型突变模型能够清楚地阐释为什么只要水的温度、压强绕过临界点，在其气化过程中，液态水可以不经沸腾而是通过一系列中间过渡状态连续地变为气态水。最为奇妙的是，尖点型突变模型并非是专为阐释水的相变过程而特别设计的，事实上，突变理论从数学上证明了当系统只受两个控制变量制约时，如果发生突变，均符合这种最简单的尖点型突变模型，不同系统的区别仅在于状态变量和控制变量的名称不同，虽然模型中行为曲面的大小、方向不同，但均有一个大小不同的折叠面，而该折叠面均可以投影到底平面上，产生一个不同形状的尖角型突变集，因此，这些系统模型是微分同胚的。弹性结构随负荷增大而突然塌陷、冲击波的形成过程中的突变、捕食动物的进食循环、地层断裂时出现三角形断面、经济危机突然爆发等自然、物理、化学、气象、生物、工程乃至经济、社会科学中的诸多事实，都可以采用尖点型突变模型来进行较为深刻的理论阐释。

根据突变理论，不连续事件可由某些特定的几何形状来表示。雷内·托姆指出，发生在三维空间和一维空间的 4 个因子控制下的突变，如果控制因素不多于 4 个，形形色色的突变即可用 7 种最基本的数学模型来处理，即仅有折叠型（Fold）、尖点型（Cusp）、燕尾型（Swallowtail）、蝴蝶型（Butterfly）、双曲脐点型（Hyperbolic Umbilic）、椭圆脐点型（Elliptic Umbilic）和抛物脐点型（Parabolic Umbilic）7 种初等突变形态，其特征描述如表 3.1 所示。系统的质态转换分为可逆转型和不可逆转型，尖点型突变和蝴蝶型突变属于几种质态之间可逆转的模型，而折叠型突变、燕尾型突变等则是采用势函数最高奇次的不可逆转模型。由此不难看出，突变理论确实是用形象而精确的数学模型来描述质量互变过程的。而且，突变类型的数量与控制变量的数量密切相关，控制变量为 4 时存在着 7 种基本突变类型，而控制变量为 5 时基本突变类型将高达 11 种，如果控制变量进一步增加，突变类型将更加多样。

突变论采用研究对象的势函数来研究突变现象。系统势函数通过系统状态变量 $X = \{x_1, x_2, \cdots, x_n\}$ 和外部控制参量 $U = \{u_1, u_2, \cdots, u_m\}$ 来描述系统行为，即 $V = (U, X)$。在各种可能变化的外部控制参数和内部行为变量的集合条件下，构造状态空间和控制空间。通过联立求解 $V'(x)$ 和 $V''(x)$，可求取系统平衡状态的临界点，通过研究临界点之间的相互转换来研究系统的突变特征。

基本突变模型中，$m \leq 4$，势函数 f 为一个可微函数 $f : M \times U \to R$，对应于参数 u 的势函数 f_u（即 $f_u(x) = f(x, u)$）的局部极小值通常确定了系统现象的一个可能状态，这些可能状态的集合则确定了该系统现象的过程，若该现象（系统）发展规律由一个依赖于控制参数 u 的状

态空间 M 上的势函数所描述，即为静模型。若该现象（系统）发展规律由一个依赖于控制参数 u 的状态空间 M 上的向量场所描述，即为代谢模型。

表 3.1　基本突变形态

突变类型	状态变量数目	控制参量数目	突变核	余维数	势函数
折叠型	1	1	x^3	1	$V(x) = x^3 + ux$
尖点型	1	2	x^4	2	$V(x) = x^4 + ux^2 + vx$
燕尾型	1	3	x^5	3	$V(x) = x^5 + ux^3 + vx^2 + wx$
蝴蝶型	1	4	x^6	4	$V(x) = x^6 + tx^4 + ux^3 + vx^2 + wx$
双曲脐点型	2	3	$x^3 + y^3$	3	$V(x, y) = x^3 + y^3 + wxy + ux + vy$
椭圆脐点型	2	3	$x^3 - x^2 y$	3	$V(x, y) = x^3 - xy^2 + w(x^2 + y^2) + ux + vy$
抛物脐点型	2	4	$x^2 y + y^4$	4	$V(x, y) = y^4 + x^2 y + wx^2 + ty^2 + ux + vy$

以最常用的尖点型突变为例。尖点型突变的势函数为 $V(x) = x^4 + ux^2 + vx$，而其相空间则为由 1 个状态变量和 2 个控制变量构成的三维空间。

分别对势函数求一阶导数和二阶导数，可得 $V'(x) = 4x^3 + 2ux + v$ 和 $V''(x) = 12x^2 + 2u$。平衡曲面由 $V'(x) = 0$ 所决定，称为突变流形 M，将其与 $V''(x) = 0$ 联立，消去 x，即可得到分岔集 $B = 8u^3 + 27v^2 = 0$。

尖点突变的突变流形 M 和分岔集 B 的形态如图 3.2 所示。分岔集 B 即为尖点突变的突变流形 M 在 u-v 平面上的投影。图中，突变流形的上半叶、中叶和下半叶分别为系统的可能平衡位置。其中，上半叶和下半叶是稳定的，而中叶是不稳定的。如果系统从上半叶向下半叶或从下半叶向上半叶进行转换，如果跨越了折叠线，系统状态将发生突跳。

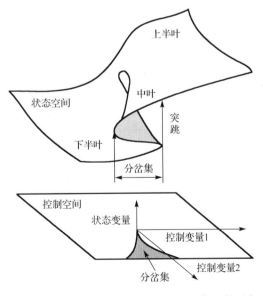

图 3.2　尖点突变的突变流形 M 和分岔集 B 的形态

3.3.3　突变论的方法论意义

以方法论的角度视之，突变论的意义主要体现在时空转换、类比与结构化、对优化的认识等方面。

1．时空转换

所谓时空转换是指将时间维度转换为空间结构。在雷内·托姆创立突变论之前，人们早就发现了突变现象，但多从时间维度着手来研究转瞬即逝的突变现象，困难很大。而雷内·托姆巧妙地将动态的时间突变问题(即数学中的"不连续性"问题)转换为突变行为集合所构成的"静态"的结构问题。举例来说，如果要研究对人类来说极其"漫长"的不同阶段的恒星时间演化问题，可以通过将宇宙同一空间中不同恒星的不同演化阶段同时呈现出来研究。具体到突变的基本模型上，如尖点型突变模型，就可以通过观察尖点型突变的三种路径结构，来研究其时间维度的行为(渐变行为、过突变点的性质突变行为、突跳的间断变化行为)。

2．类比与结构化

应用突变论方法，关键在于构建反映突变现象及其规律的形象而精确的数学模型。突变建模主要有两种途径：直接建模和类比建模。直接建模法采用数学公式来表达主要的突变特征，而模型则来自于人们研究突变现象的经验总结，如雷内·托姆提出的7种基本突变模型。然而，突变现象的极复杂性，决定了并非每种突变现象均可实现直接建模，不过，可以抓住具体突变现象的主要特征(如突跳、滞后、双模态、不可达性以及发散等)，并与7种基本突变模型相类比，再采用最相似的模型来进行类比研究。同时，通过类比建模法，将突变论与耗散结构理论、协同论等系统方法相结合，更有益于将系统的形成、结构和发展相联系，用以研究系统无序向有序的转化机制。而且，突变论中给出的模型基本都属于定性结构化模型，该方法提供的这种几何化思路，也就是提供了一种整体的看法，有时可用于定性预测：如果能在外部控制参量 U 中寻找到某条路径，即可得到一种形态变换。

3．对优化的认识

在工程问题当中，特别是采用传统的系统工程方法时，常追求系统总体的优化。通过突变理论可以看出，追求系统总体优化需要一定的前提条件。优化的本质是对特定问题在特定点处取极值，而高度优化的设计很可能存在许多不理想的性质，"最优"点如果处于不稳定的折叠曲面处，可能会具有高度敏感性，继而产生破坏性的突变，此时的突变，在工程中可能会是真正的"灾变"。这一点在工程优化实践中务必需要重视。

3.3.4　突变论在网络空间安全中的应用

利用突变论可以有效地理解网络空间中安全状态变化的相变过程，并通过突变数学模型来预测。

1．基于突变模型的网络安全突发事件机理分析

网络空间安全突发事件通常具有明显的突变特征，因此，采用突变模型来描述网络安全突发事件的发生机理既十分自然，也切实可行。

网络信息系统灾难的发生可采用尖点型突变模型来描述。采用该模型，可将网络安全事件或灾害的发生视为人因和物因两个要素共同作用的结果。人因包括人的主观性、安全意识、应变能力、管理水平与安全教育程度等；物因则包括网络信息系统的环境、被保护对象的自身状态、系统故障以及安全防护措施是否生效等。此时，可取人因和物因作为控制变量，而将系统的安全状态取为状态变量，由此利用尖点型突变来建立网络安全突发事件机理分析模型。在人因和物因这两个控制参数作用下，状态参数发生突跳即成为安全事件或灾害，而事件或灾害的规模和强度则取决于状态参数的突跳程度。如果人因和物因同时趋向于恶化状态，则易出现安全事件与灾害，且其规模和强度取决于控制参数各自恶化的程度。当物因处于良好状态而人因急剧恶化时，通常不会导致安全事件与灾害的发生，但是会导致系统安全功能状态逐渐减退、安全风险增大。

复杂网络系统行为突变也可以采用尖点型突变模型来模拟分析。复杂网络系统行为的影响因素可分为直接因素与间接因素。直接因素包括通信介质、连接器、交换机、操作系统、数据协议、驱动程序以及网络负载、连接节点数、数据包大小等，而间接因素则包括操作错误、管理错误、配置变更等。可以将直接因素视为复杂网络系统行为的状态变量，而将间接因素视为控制变量，从而适用尖点型突变模型。

网络异常行为建模也可以采用突变模型，利用各异常数据流区间的数据建立尖点型突变模型来描述其异常行为，通过网络数据关系图形选择尖点型突变模型中各种变量，在满足尖点型突变模型各突变特征的条件下，可建立基于网络异常行为的突变流形及分岔集曲线。此场景中，可取路由器转发率、业务请求次数为控制参数，取时延、吞吐量为状态参数。

2. 基于突变论模型的网络安全突发事件应对策略

在网络空间中，会出现各种突发事件。突发事件发生后，需要采取积极有效的应对策略和措施，以消除或减轻、减缓突发事件带来的负面影响。依据突变理论，网络安全突发事件的发生主要源自于系统平衡状态势函数突变，应对突发事件的措施主要有消除突发事件发生、延缓突发事件发生的时间、减轻突发事件发生的强度，甚至是导向相对有利的方向。可以采取的策略主要有以下几种。

1) 系统安全加固策略

系统加固是采取各种安全措施，从本质上提升系统对攻击等风险的抵抗力。安全加固可有效降低突变发生概率、延迟突变发生的时间。例如，提高通信和存储加密强度、加固操作系统内核、部署可信模块等。

2) 容量扩充策略

通过增加信息系统的信道容量、存储容量和计算能力等，可使系统承载更多的压力，由此可以有效降低突变概率、延迟突变发生时间。例如，可以增加网络传输带宽、增加服务器内存等。不过，这种方法是从量上来考虑的，因为容量增加总有限度，所以无法从根本上避免突变的发生。该策略常与系统安全加固策略共同使用。

3) 阻断与隔离策略

系统突变既有外因，也有内因，多数情况下是内外因共同作用的结果。但内因和外因的地位并不相同，内因是基础，外因是条件，外因通过内因起作用。因此，可以采取一定措施使内因和外因有效阻断和隔离。例如，为防范病毒传播，可以将重要信息系统与公共网络隔离或阻断网络传播路径。

4）减缓策略

通过减缓资源消耗或能量聚集的速度，延迟其聚集过程，可延迟突变发生时间。例如，对于重要业务系统可以分时段向不同用户开放，如北京理工大学的研究生管理信息系统，可以按照年级来开放选课时段，以减轻集中选课时的系统压力。减缓策略是从输入过程出发来避免业务集中的压力的。

5）释放策略

释放策略是指通过寻找出口、减缓资源消耗或能量聚集速度，以实现延迟或避免突变。例如，北京理工大学的研究生管理信息系统，在开放给学生选课时，暂停其他高资源消耗系统的使用，使服务器能够快速处理选课业务，以避免出现业务拥堵的情况。再如，采用微服务手段提供负载均衡，也可以快速释放业务处理压力。释放策略是从输出过程出发来避免业务集中的压力的。

6）引导策略

在压力积聚到一定程度时，突变概率持续增大使系统处于高度危险状态，此时可以采用引导策略，使突变发生在相对有利的方向。例如，可以将网络流量重定向至非重要业务系统，以最大限度地减缓整个系统的损失。

在网络空间安全中，还可以利用突变论来构建网络舆情模型、网络战爆发模型、攻防博弈模型以及攻击与妥协模型等。

3.4　复杂系统、复杂适应系统、复杂网络理论与网络空间安全

复杂性科学理论中，最为典型的是复杂系统理论、复杂适应系统理论和复杂网络理论。

3.4.1　复杂系统理论

复杂系统理论是系统科学中前沿方向之一，主要用于研究复杂性科学。复杂性科学旨在揭示复杂系统那些难以用现有科学方法解释的动力学行为。复杂系统理论强调采用整体论和还原论相结合的方法分析系统的存在、运动以及发展机理。复杂系统的模型通常用主体（Agent）及其相互作用来描述或者用演化的变结构描述，其目标是以系统的整体行为（如涌现）等作为主要研究目标和描述对象，以探讨一般的演化动力学规律为目的，并强调数学理论与计算机科学的结合应用。

1. 复杂系统的典型特征

复杂系统的状态处于完全有序与完全无序之间，具有非线性、不确定性、涌现性（Emergence）等典型特征。其中，涌现性体现了复杂系统的核心思想，为认识宏观与微观之间的联系提供了新的视角。中国古代思想家老子提出"有生于无"，堪称对涌现性最早的认识、理解和表达。亚里士多德提出"整体大于局部之和"，暗含了涌现性的思想。20 世纪 90 年代美国圣塔菲研究所则提出采用涌现观点来研究系统复杂性。霍兰德（John H.Holland）意识到涌现的本质为"由小生大，由简入繁"，并认为复杂性研究"本质上是关于涌现的科学，核心在于如何发现涌现的基本法则"。而钱学森则提出采用低可靠度的元件组成高可靠度的系统，其实就是涌现性在控制领域中的具体应用。

涌现性，是指复杂系统中各级组成单元间的相互作用而具有的特征，反映了复杂系统整体具有而部分或者部分之和所不具有的属性、特征、行为、功能等特性，该特性在自然界、动物和人类社会系统中广泛存在。复杂系统的涌现随处可见，例如，形式各异的雪花由简单水分子涌现而成；气体压力由大量气体分子共同作用而涌现；网络舆情的出现、大规模网络的拥塞瘫痪等。从这些例子可以看出，涌现性是整体具有而其组分以及组分之和不具有的特性，一旦把整体还原为它的组分，该特性便不复存在；即使是对各部分特性有了充分认识，也难以通过将其汇总来认识其整体特性。

复杂系统的涌现性可以利用多主体(Multi-agent)建模仿真、计算实验等方法来模拟，从而掌握涌现的发生条件、形成机制和规律，进而实现涌现发生的控制、利用涌现趋利避害等。

2. 复杂系统的基本原理

当前，复杂系统理论正处于飞速发展过程之中，尤其是复杂系统的自适应、自组织、混沌等理论已逐步成熟。

1) 自适应

自适应是指系统与环境进行稳定有序的交换和组分之间进行稳定有序的互动互应，两方面互为因果。一旦这种稳定有序的方式被破坏，系统就处于不适应环境的状况，或者变革自身以重新适应环境，或被迫解体。如果系统对环境的适应是依赖自身力量来建立和维持的，即为自适应。

2) 自组织临界性

自组织临界(Self-Organized Criticality)理论认为，由大量相互作用成分组成的系统会自然地向自组织临界态发展；一旦系统达到自组织临界态，即使极小的干扰也会导致系统发生一系列巨变。例如，网络谣言或者观点的积累和传播会导致群体性突发事件等。

3) 混沌系统理论

系统从有序向无序转化，就是走向混沌(Chaos)。混沌是指在确定性系统中存在的貌似随机的不规则运动，其行为表现为不确定性、不可重复、不可预测等现象，是确定性系统的内在随机性。混沌是非线性动力系统的固有特性，是非线性系统普遍存在的现象。混沌系统的动力学方程是确定的，既无随机外力，也无随机系数或随机初值，其随机性完全是在系统自身演化的动力学过程中因内在非线性机制作用而自发产生的。混沌现象的发现，说明确定性内在地包含随机性，确定性和随机性是辩证统一的，必须用统计方法来描述。

混沌系统的长期行为敏感地依赖于初始条件，只要任何实际系统的初始条件之差非 0，即可在后续演化中逐步非线性地放大、积累，最终导致一切初始信息损失殆尽，不同轨道将按指数式相互分离，造成在相空间尺度上的巨大差别，因此，混沌系统的长期行为是不可预测的，而混沌的短期行为是可以预测的。混沌是在表面"混乱"下存在的多样、复杂、精致的结构和丰富的动力学规律，是一种貌似无序、没有确定周期性和明显对称性的复杂有序态，是与平衡运动和周期运动本质不同的有序运动。

3. 开放的复杂巨系统

钱学森提出了开放的复杂巨系统，该系统具有四个特征：①系统本身与系统的环境有物质、能量或信息的交换，即"开放的"；②系统规模庞大，包含很多子系统，即"巨系统"；

③子系统的种类繁多，即"复杂的"；④系统层次众多。该系统是指构成系统的元素数量巨大而且具有非线性特征，可能会出现涌现与自组织现象，系统具有层次结构且各层之间具有联系，当从某一层跨越到另一层时，原层次中的规律通常会发生变化。复杂巨系统在不断地动态演化，系统的关系可以是定量的，也可以是逻辑的，系统与外界有能量、信息或物质的交换，接收环境的输入和扰动，向环境提供输出，且主动适应和进化。

对于开放的复杂巨系统，既不能简单地采用耗散结构理论、协同论等处理简单巨系统的理论来处理，也不能采用传统的系统动力学方法来处理，更不能直接上升到哲学层面。要解决开放的复杂巨系统问题，要采用从定性到定量的综合集成方法。

3.4.2　复杂适应系统理论

1. 复杂适应系统理论的提出

在贝塔朗菲提出一般系统论之后，很多物理学家、生物学家和化学家在各自领域中沿着贝塔朗菲开创的理论进一步深入研究，陆续揭示了有关复杂系统的一系列重要规律。例如，普利高津创建了耗散结构理论，该理论指出了耗散系统因涨落导致有序而带来的系统进化不可预测的随机性。艾根提出了超循环理论，哈肯提出了协同论。混沌理论也指出，在具有非线性作用机制的决定论系统中也会产生内在的随机性和无序性。这些理论揭示了无序性不仅与有序性必然相关，而且还在事物的演进过程中起到必要的作用。20 世纪 90 年代，圣塔菲研究所意识到，庞大的复杂的能动系统在适应环境的过程中具有利用各种可能性发生进化的自组织机制，正是无序性的存在才导致了世界的复杂性。圣塔菲研究所提出了复杂适应系统（Complex Adaptive System，CAS）理论，该理论研究的重要方面是复杂性的产生机制，其核心思想是适应性造就复杂性。

2. 复杂适应系统的特征

通常认为，复杂适应系统具有以下特征。

（1）CAS 由多个主体或子系统构成，但其结构、运动模式和性质具有整体性的特点，而非子系统简单叠加之和。部分子系统的变化甚至对整体性特点不会产生大的影响；CAS 是远离热平衡的开放系统。

（2）CAS 内部子系统之间为非线性相互作用。

（3）CAS 具有自组织、自学习、自适应和进化的功能，其有序状态可在特定的环境条件下自动形成，并能适应环境的变迁而演化和繁殖，历史的偶然因素会对演化的过程产生重要的影响。

（4）CAS 所处的有序状态通常处于某一参数达到混沌区的临界点，并以突变的方式形成，其内部会出现逐级向下的自相似结构。进入混沌区后，系统的运动不可预测、不可能形成有序态，而在临界点前，运动形式过于简单，不可能进行适应性进化。在临界点上，内部相互作用变为长程作用，从而出现自相似的分形结构。

CAS 的有序状态或混沌状态的发生都需要具有一定的条件。CAS 对反映该条件的参量通常十分敏感，参量的微小改变就有可能改变其状态。若能认识 CAS 有序或混沌的产生条件，就有可能调控该状态。

3. 复杂适应系统与一般系统的区别

圣塔菲研究所研究的复杂适应系统与贝塔朗菲研究的一般系统有显著不同。一般系统论研究的是具有一个中心的个体，而复杂适应系统是多主体系统而非个体性系统，如社会经济系统、生态系统、环境系统以及神经系统等。霍兰提出的复杂适应系统模型侧重于描述从单个自由主体向多主体演化、从单一种子多主体向若干个多主体构成的特定聚集体演化过程。圣塔菲研究所将多个体系统称为多主体系统，这是因为其中的个体均为独立决策的行为主体，不受一个系统中枢的控制。系统中存在众多自为中心的主体，因此，这类系统被称为"多中心"或"无中心"的。不过，虽然这些系统为多中心或无中心系统，但众多独立个体在相互作用的交互过程中却能彼此协调，保持一种宏观秩序。复杂适应系统研究旨在揭示多主体的群体活动中的隐藏秩序，即产生宏观秩序的隐藏机制。一般系统通常实行的是自上而下的集中控制，而复杂适应系统实行的则是自下而上的分散协调。自上而下的集中控制是预设的、自觉的、固定的，而自下而上的分散协调则是后生的、自发的、演变的。单独个体的行为活动，其行为秩序是有意识、显式地取决于控制中心发布的指令，系统动力源自整体、中枢，整体为部分赋予活力；而在无中心的多主体系统运行中，其行为秩序是在多主体相互作用过程中被无意识地自发实现，因而是一种隐藏秩序，或者说产生宏观秩序的机制是隐藏的，系统动力源自个体、基层，个体是有意识、有目的积极活动的主体，个体的交互作用形成了无意识的整体的宏观秩序。

圣塔菲研究所盖尔曼认为，世界的有序性不仅源自基本物理定律，还源自宇宙发展演进过程中偶发事件所造成的规律，例如，某些化学、生物学规律就是基于物理定律作用，辅以特殊条件得以形成。世界的无序性源自基本定律具有的量子力学不确定性以及混沌现象。

一般系统论与复杂适应系统理论对"涌现"概念的认识也有很大不同。一般系统论的涌现是指整体所产生的其组成部分所不具有的崭新性质，着重表达的是事物组成的高层次对于低层次的不可还原性。这种涌现性重在强调整体与部分的关系，用以反对化简或还原的方法。复杂适应系统理论的涌现则是指由简单的行动组合而产生的复杂行为，其基本特征为简单中孕育着复杂。这种复杂性重在强调简单性和复杂性的关系，着重表达的是个体在局部区域根据少数简单规则发生相互作用，即可自下而上形成系统整体复杂有序的功能模式，通俗地说，就是用较少的一系列规则来确定较大的复杂领域，系统的复杂行为完全可以从实施局部的简单规则中涌现出来。从而，问题就转化为如何找到低层次个体间局域的相互作用的简单规则，从而"把对涌现的繁杂的观测还原为简单机制的相互作用"。复杂适应系统的还原并非是从整体还原到个体，而是还原到个体相互作用的简单规则，从而实现了可以还原的涌现。

3.4.3　复杂网络理论

1. 复杂网络理论的提出与发展

随着复杂系统研究的深入，复杂系统的结构与系统功能之间的关系成为关注的焦点。这些复杂系统均可以利用各种各样的网络加以描述，复杂网络(Complex Network)理论就是在这种背景下提出来的，并在包含网络空间安全在内的诸多科学领域中获得广泛应用。复杂网络理论涉及系统科学、统计物理、数学、计算机与信息科学等众多学科，采用图论、组合数学、矩阵分析、概率论和随机过程、遗传算法等多种方法和工具。

但是，以图论为基础的网络理论，要么是分析有限顶点，要么是讨论不含有限尺度效应以精确求解的网络性质。但是对于拥有数千万节点、连接方式复杂多样的网络，则需要使用统计物理的方法（如统计力学、自组织理论、临界和相变理论、渗流理论等）。数学家和物理学家仅考虑网络的拓扑性质，即网络不依赖于节点的具体位置和边的具体形态即可表现出来的性质，相应的结构即为网络的拓扑结构。

一个典型的网络由多个节点以及节点之间的连边所组成，节点表示真实系统中的不同个体，边表示个体之间的关系。由此，具体网络可抽象为一个由点集 V 和边集 E 组成的图 $G=(V, E)$。如果网络中任意点对 (i, j) 与 (j, i) 对应同一条边，则称为无向网络（Undirected Network），否则称为有向网络（Directed Network）。若每条边均被赋予相应的权值，则称为加权网络（Weighted Network），否则称为无权网络（Unweighted Network）。

真实系统的拓扑结构描述经历了三个阶段。首先是规则网络，随后是随机网络。但是，后来发现大量的真实网络既非规则网络，也非随机网络，而是具有与规则网络和随机网络皆不同的统计特征的网络，即复杂网络。当然，规则网络和随机网络是复杂网络的特例。

不过，目前对复杂网络尚无精确严格的定义，但至少具备以下特征：①复杂网络是大量真实复杂系统的拓扑抽象；②复杂网络结构较规则网络和随机网络更为复杂，无简单方法可生成完全符合真实统计特征的网络；③节点多样性，用节点可代表任何事物；④连接多样性，用边可代表事物和事物之间的各种关系；⑤网络演进，网络在不断变化，节点和关系在不断地产生或消失；⑥动力学复杂性，研究系统的动态特性及其关联、传播及可计算化等；⑦复杂网络有助于理解"复杂系统之所以复杂"的问题。钱学森认为，具有自组织、自相似、吸引子、小世界、无标度中部分或全部性质的网络就是复杂网络。

复杂网络实现了对复杂系统的抽象和描述，任何包含大量组成单元（或子系统）的复杂系统，均可以将构成单元抽象为节点，将单元之间的相互关系抽象为边，转化为复杂网络来研究。从而，复杂网络成为研究复杂系统的一种角度和方法，关注系统中个体相互关联作用的拓扑结构，为发现和认识复杂系统的性质与功能打下基础。

网络规模尺度变化也促使网络分析方法做相应的改变，目前，复杂网络理论主要应用于以下方面。

(1) 发现：揭示刻画网络系统结构的统计性质，以及度量这些性质的合适方法。

(2) 建模：建立合适的网络模型以理解网络统计性质的意义与产生机理。

(3) 分析：基于单个节点的特性和整个网络的结构性质分析与预测网络的行为。

(4) 控制：提出对已有网络性能（稳定性、同步和数据流通等方面）改进和设计新网络的有效方法。

2. 复杂网络的统计特征

复杂网络的统计特性刻画采用了统计物理的方法。常用的复杂网络统计特征包括平均路径长度、集聚系数、度与度分布以及介数等。

1) 平均路径长度

网络中两点之间的距离定义为连接两点的最短路径上所含边数，而网络中所有节点对的平均距离则称为网络的平均路径长度(Average Path Length，L)，L 表征了网络中节点间的分离程度，反映了网络的全局特性。

2) 集聚系数

集聚系数(Clustering Coefficient)又称为聚类系数，且有节点集聚系数和网络集聚系数之分。节点集聚系数是指与该节点相邻的所有节点之间连边数目和这些相邻节点之间最大可能连边数之比。网络集聚系数则是指网络中所有节点集聚系数的均值，表征网络中节点的聚集情况即网络的聚集性，反映了网络的局部特性。

3) 度与度分布

度(Degree)有节点度和网络度之分。节点度是指与该节点相邻的节点数，即该节点的连接边数。网络度则是指网络中所有节点度的均值。有向网络中的度又分为入度(In-degree)和出度(Out-degree)，分别表示指向某节点的边数和某节点指向的节点数。度表现了节点在某个方面的重要程度。

度分布(Degree Distribution)是指一个图中的所有节点的度分布情况，以分布函数 $P(k)$ 来表示，指节点度为 k 的概率，即网络中具有 k 个度的节点占网络中节点数量的比例。常见的度分布有泊松分布、幂律分布和指数分布等。随机网络中的度分布通常为泊松分布。

4) 介数

介数有节点介数和边介数之分。节点介数是指网络中所有最短路径中经过该节点的数量比例，边介数则指网络中所有最短路径中经过该边的数量比例。介数反映了相应的节点或边在网络中的作用和影响力。

3. 复杂网络模型

复杂网络模型有规则网络、随机网络、小世界网络、无标度网络以及自相似网络等。拓扑结构决定了网络所拥有的特性，复杂网络表现出了与经典随机图模型不同的特性。

1) 规则网络

规则网络是最简单的网络模型，是复杂网络的一个极端，系统中各元素之间的关系可用规则的结构表示，即网络中任意两个节点之间的关系遵循既定的规则，通常每个节点的近邻数目都相同。

2) 随机网络

随机网络是复杂网络的另一个极端，节点不是按照确定的规则连线的，而是按照随机方式连线。

3) 小世界网络

小世界网络是指大规模网络(网络节点数 N 很大)中两个节点之间的距离较小的情况，即网络的平均路径长度 L 随网络的规模呈对数增长($L \sim \ln N$)，网络在局部结构上具有团簇性。大部分实际网络既不是完全规则的，也不是完全随机的，而是具有小世界效应。作为从完全规则网络向完全随机网络的过渡，Watts 和 Strogtz 于 1998 年引入了一个小世界网络模型，称为 WS 小世界模型。著名的六度分离(Six Degrees of Separation)就反映了人际关系的小世界特征。

4) 无标度网络

随机网络和规则网络的度分布区间较窄，大多数节点集中在节点度均值 k 附近，表明节点具有同质性，因此可将 k 视为节点度的一个特征标度。但在包括互联网在内的很多大规模网络中，大部分节点的度都很小，而少数节点的度很大，表明节点具有异质性，不存在特征标度现象，节点度服从幂律(Power-law)分布，这种度分布为幂律分布的现象称为网络的无标度效应，而具有无标度效应的网络则称为无标度网络，即该网络的度没有明显的特征长度。

无标度网络中幂律分布的形成，主要是由于节点的优先连接(Preferential Attachment)效应，即新加入网络的节点倾向于与具有较大度的节点相连，这种现象也称为"马太效应(Matthew Effect)，是从众心理的具体反映。

5) 自相似网络

自相似是指系统的部分和整体之间具有某种相似性，该相似性并非是两个无关事物之间的偶然近似，而是系统中必然出现并始终保持的相似关系。自相似是层次复杂网络共有的拓扑性质，而自相似又是分形的一个基本特征，因此可用分形理论来描述复杂系统与各层次子系统之间的自相似性。

3.4.4 复杂性科学理论在网络空间安全中的应用

互联网是一个巨大的复杂系统，数以千万计的终端用户通过网关和路由器(网络节点)相连，形成一个非常复杂的不规则的拓扑结构。在网络空间安全中，可以在多个领域应用复杂性理论。例如，可以应用随机网络、小世界网络、无标度网络等典型的复杂网络模型来对网络空间中的网络进行建模；可以应用度分布等网络统计量来研究聚集性、连通性等与网络结构的相关性；可以利用复杂网络性质来研究同步性、鲁棒性和稳定性与网络结构的关系；可以利用复杂网络的动力学来研究信息传播动力学、网络演化动力学以及网络混沌动力学；可以利用复杂网络理论来研究网络控制中的关键节点控制、主参数控制和控制的稳定性与有效性等。

1. 网络空间舆情传播与管控

网络舆情形成过程的各个阶段环环相扣，具有特定的结构特征。图 3.3 所示为网络舆情形成过程示意图，其中，舆情因变事项发生是舆情形成的动力源头，公众自身的利益诉求和心理作用力是舆情发生、发展和演进重要内部推动力，而外部推动力则由社会环境作用力与网络空间的舆情空间作用力所组成。个体态度和情绪经由网络互动传播和放大，形成了特定的网络舆情。

图 3.3　网络舆情形成过程示意图

如果将网络信息交流与传播个体视为一个节点，那么其演化过程则可视为一系列相互连接的节点构成的复杂网络，进而利用复杂网络理论，获取舆情信息的传播规律，借助舆情动力学模型来揭示群体中个体观点的演化规律，并采取有效措施防控其传播。基于复杂网络理论，分析网络用户关系网络的内部特征，建立网络用户关系网络演化模型，应用平均场理论，分析该演化模型的拓扑统计特性，以及舆情信息在该演化模型上的传播动力学行为。由该模型演化生成的网络用户关系网络通常具有无标度特性。度分布指数既与反向连接概率有关，也与节点的吸引度分布有关。

2. 大规模网络脆弱性评估

网络空间信息安全保障系统是一个复杂巨系统，必须基于复杂系统理论，采用从定性到定量的综合集成的思想方法，追求整体效能。传统的网络建模方法存在诸多不足。例如，体系结构建模方法用多视图描述网络的能力需求、任务分配、结构组成、性能参数、信息交换和其他相互关系等，但难以描述与分析其整体脆弱性。多主体建模方法可通过对个体层面的建模获得体系层面的整体性效果，但对个体间的信息网络及其网络行为、个体间基于网络交互描述存在不足。利用复杂网络理论，可实现大规模网络脆弱性的综合评估。复杂网络理论则为大规模网络建模提供了一个崭新的视角，集聚系数、度、介数等特征可为脆弱性分析提供理论基础，实现了网络中个体间相互关联作用的细致刻画，弥补了体系结构建模方法和多主体建模方法的不足。

基于复杂网络理论来进行大规模网络脆弱性的综合评估，首先要建立大规模网络的复杂网络模型，利用复杂网络的拓扑结构特征和性能评价函数，对该系统的结构脆弱性和功能脆弱性进行评价，建立大规模网络系统整体脆弱性的综合评估模型。例如，对于人类遗传资源数据服务管理系统，通过厘清样本采集、存储、传输、应用及相关工作单元和设备之间的相互关系，对样本数据全生命周期中的各种关系进行关联、抽象和简化以构成人类遗传资源数据服务管理大规模复杂网络，用以对系统的脆弱性进行综合分析、评价，并可以根据脆弱性分析结果，提出相应的防护策略。

基于复杂网络建模，应注意全方位认识建模对象的性质特征，全面、整体、准确地刻画出体系的涌现性质，确定合理的规则模型生成算法和映射模型的刻画程度。网络空间安全各子系统通过耦合成为一个复杂系统，具有多层特征、多重链路、节点异质、时变拓扑等特点，该系统建模时，不仅要将节点(边)的拓扑连接作为约束条件，更要考虑节点(边)的权重、方向、负载容量、动态演化等。此外，对于复杂网络的虚拟仿真实验，可采用元胞自动机、人工神经网络、遗传算法等手段。

3. 基于复杂理论的混沌密码学

复杂系统的混沌现象与传统密码学之间存在着广泛联系，而利用混沌的某些特性构造密码算法成为密码学的一个新兴方向。混沌是确定性系统中由于内禀随机性而产生的一种外在复杂的、貌似无规的运动，这种运动服从确定规律，但具有随机性。确定规律是指可以用确定的动力学方程表征，而不像噪声那样不符合任何动力学方程。而随机性则是指混沌运动无法由某时刻状态来预言(或预测)后续运动状态。密码系统的密文与明文和密钥唯一相关，也就是说，密码系统对明文和密钥敏感。而混沌系统恰巧也对参数和初始条件具有极强的敏感性，任意邻近的两个初值所生成的序列彼此无关。这就提醒研究者可将混沌理论应用于加密算法。

混沌密码学是利用混沌系统构造新的流密码和分组密码，主要是基于计算机有限精度实现的数字化混沌密码系统。常用的数字化混沌密码系统主要分为直接混沌保密通信、混沌同步保密通信、混沌数字编码异步通信等。以混沌同步保密通信为例，其原理是将待传输信号源叠加在混沌系统生成的混沌信号上，产生类似噪声的混合信号，对该信号加密并发送给接收器，解密过程就是利用混沌同步效应，使用相应的混沌系统将其中的混沌信号分离出来。

传统保密通信可以采用频谱分析法来破译，而混沌信号具有类似噪声的宽频谱特点，频谱分析难以实现攻击目的。此外，传统保密通信的加密信号与原始信号之间存在一定的相关性，而混沌加密信号与原始信号的互相关性较弱，密文破译过程的任何误差可能会被混沌系统充分放大，进一步增加破译难度。

需要指出的是，耗散结构理论、协同论、突变论、复杂系统理论等现代系统科学理论可为网络空间安全科学提供巨大的启迪和借鉴作用。不过，上述理论在网络空间安全中的应用正处于快速发展阶段。只有将其与现代系统科学的其他理论(系统论、信息论、控制论、超循环论等)和网络空间安全领域知识相互结合，才能更好、更充分地发挥其应有作用。

第4章 系统工程与体系工程方法及其在网络空间安全中的应用

网络空间安全问题是典型的复杂系统问题，适用系统工程与体系工程方法。本章将重点分析霍尔三维结构方法论、切克兰德方法论、综合集成方法论、基于模型的系统工程方法论以及体系工程方法论，并给出上述方法论在网络空间安全领域的典型应用分析和示例。

4.1 引 言

20 世纪 60 年代之前，西方科学研究主要依靠笛卡儿方法论推动。但在 20 世纪 40 年代美国"曼哈顿计划"研制世界上第一颗原子弹和氢弹、20 世纪 50 年代"北极星计划"研制海基战略武器系统等工程过程中，人们逐步发现笛卡儿方法论存在的机械综合、关联不够等缺陷无法解决许多复杂问题，不仅复杂问题难以分解，而且分解之后的局部并不具有原来整体的性质，系统工程方法论应运而生。随后，20 世纪 60 年代系统工程方法论在美国阿波罗 1 号登月工程中的成功应用，标志着西方科学研究方法论从以笛卡儿方法论为代表的还原论到系统工程方法论的成功转变。

系统工程方法论主要遵循 1969 年美国系统工程专家霍尔提出的"硬"系统方法论（霍尔三维结构）、英国学者切克兰德在 20 世纪 80 年代提出的软系统方法论（切克兰德方法论）以及中国科学家钱学森提出的综合集成研讨厅体系的基本框架。霍尔三维结构适用于以复杂系统为研究对象进行优化分析，而切克兰德方法论则更适用于考虑社会经济和管理等"软"系统问题进行比较学习研究。霍尔三维结构侧重于定量分析，而切克兰德方法论则更强调定性或定性与定量有机结合分析。钱学森在 1992 年提出了综合集成研讨厅体系，该体系从"定性、定量相结合的综合集成法""从定性到定量的综合集成法"发展而来，其特点是基于整体论和系统论思想，实现"人机结合、从定性到定量"的综合集成研讨。

4.2 霍尔三维结构方法论及其在网络空间安全中的应用

霍尔三维结构是 1969 年美国学者霍尔提出的一种系统工程方法论，故又称霍尔系统工程方法。由于该方法适用于以研制"硬件系统"为目标的自然科学、工程技术等"硬科学"领域，故又称为"硬"系统方法论（Hard System Methodology，HSM）。

4.2.1 霍尔三维结构方法论及其空间体系

1. 霍尔三维立体空间结构

霍尔三维结构的提出，旨在解决复杂系统的规划、组织、管理问题，应用广泛。该结构将系统工程活动分为七个阶段和七个步骤，并涵盖了完成上述阶段与步骤所需的各种专业知识与技能，集中体现了系统工程的系统化、综合化、最优化、程序化与标准化等核心要求，是系统工程方法论的重要基础。由此，霍尔三维结构的三维概念得以形成，即时间维、逻辑维与知识维。图 4.1 给出了霍尔三维立体空间结构示意图。

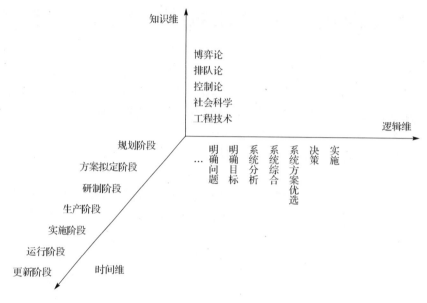

图 4.1　霍尔三维立体空间结构示意图

时间维用来表征系统工程活动以时间为序排列的自始至终的全部工作阶段或进程。逻辑维是指时间维的各阶段所要完成的工作内容及其应遵循的逻辑思维流程与步骤。知识维则表征了实施系统工程需要运用的各种知识和技能，也可以反映系统工程的专门应用领域(如网络空间安全系统工程等)。霍尔三维结构对系统工程研究框架，以三维立体空间结构方式，进行了形象、直观的描述与展示，其中的任何阶段与任何步骤均可进一步展开，构成了层次分明的树状结构，涵盖了系统工程理论方法所涉及的方方面面。

霍尔三维结构目标明确，以最优化为核心内容，将现实空间的工程问题映射为系统工程模型，采用定性或定量等分析手段，求取最优方案。霍尔三维结构方法论在研究方法上通过三维体现了整体性，通过知识维体现了技术应用上的综合性，通过逻辑维体现了系统工程活动的问题导向性，同时，通过时间维和逻辑维体现了组织管理上的科学性。

2. 时间维

时间维以工作阶段或进程为指标，将整个系统工程工作分为规划、方案拟定、研制、生产、实施、运行、更新七个阶段，其中，前三个阶段属于工程系统当中的研发阶段。

(1)规划阶段。根据总体发展战略制定规划，也就是进行调研和需求分析，旨在得出活动的规划与战略。

(2)方案拟定。根据规划阶段给出的活动规划与战略，提出具体的计划方案。

(3)研制阶段。根据具体的拟定方案，进一步分析并制定出详细的研制方案与生产计划。

(4)生产阶段。对各类资源及生产系统所需的所有组件进行统筹和生产，提出详细而具体的实施与安装计划。

(5)实施阶段。此阶段应完成系统的安装实施，并给出系统的具体运行计划。

(6) 运行阶段。系统投入运行，并提供预期服务。

(7) 更新阶段。结合运行情况反馈，升级或改进原有系统，使之成为功能更强、效率更高的新系统。

3. 逻辑维

逻辑维是指解决问题的逻辑过程，运用系统工程方法解决工程问题时，具体过程包括明确问题、确定目标、系统分析、系统综合、系统方案优选、决策与实施等七步。

1) 明确问题

这一步的目标是通过全面获取和分析待解决问题的历史、现状与发展趋势，明确待解决问题及其确定要求。系统工程研究对象复杂，包含方方面面，有时研究对象本身也尚未明晰，采用结构模型难以解决半结构性或非结构性的定量表示问题。因此，首先明确问题性质，正确进行问题设定至关重要。问题明确与设定方法通常包括经验法、模型法、统计法及预测法等。经验法较为直观，通过分散讨论及集中归纳，得出系统所要解决问题的描述；模型法主要是借助结构，将复杂问题分解为多个相互关联的简单子问题，并采用网络图实现直观表征。例如，采用图论关联树法、解释结构模型法、决策实验室法等，可有效用于问题形成、方案选择与评价；统计法针对非结构化或半结构化对象，构建非物理多变量模型，常用主成分分析法、因子分析法、成组分析法、模糊数学分析法等方法及其组合；预测法主要是综合考虑技术发展趋势及其外部环境变化，使用主观概率或赋值来处理不确定因素，具体可用德尔菲法、时间序列法、等概率图法等。

2) 确定目标

第二步的目标是确定目标并据此设计评价指标体系。构建指标体系包括确定任务拟达目标或其目标分量，给出评价标准，设计评价算法。此步骤需要考虑评价指标量化、主客观因素分离、综合评价方法等。指标体系的构建方法通常包括效用理论法、风险评估、效费比分析法以及价值工程法等。效用理论法的核心是建立效用及其函数，考虑攸关方偏好，基于公理构建价值理论体系；风险评估法主要是根据效用函数来进行风险与安全性评价，并对多目标冲突问题进行折中平衡评价；效费比分析法常见于投资效果评价、项目可行性研究等经济系统评价领域；价值工程法的核心概念是价值，具体体现为设计、制造以及销售等环节的合理性。所谓价值是指对事物优劣的观念与评价准则的总和。

3) 系统分析

在此步骤中，首先采用建模与仿真等方法对考察对象进行描述，包括使用定性与定量相结合的方法。这一步涉及的内容包括变量选择、建模仿真以及可靠性工程等。变量选择首先是寻找和筛选可反映问题本质的变量，并对内生变量与外生变量加以区分，获取可描述系统状态及其演进的一组状态变量与决策变量。然后，根据待考察对象的特点，确定变量间的相互依存与制约关系，得出描述该系统本质特征的状态平衡方程式等模型并进行仿真，以发现更普遍、更集中和更深刻反映系统本质的特征及其演变趋势。可靠性与安全性分析评价还可以采用故障树分析 (FTA) 或事件树分析 (ETA) 等方法。

4) 系统综合

系统综合的目标是在给定条件下，设计可完成预定任务的系统结构或可达到预期目标的手段，制定相关策略、活动、控制方案和整个系统的可行方案。在具体实施时，预定结构或方案通常会与理想目标存在差异，需要结合对问题本质的深入分析或典型实例，给出可实现目标要求的替代实施方案。该步骤通常需要借助计算机辅助与系统模拟仿真等手段来实现人机交互与结合的系统综合。

5) 系统方案优选

基于评价目标体系，生成并选择各项策略、活动、控制方案及系统总体方案。根据系统具体结构与方案类型，构建模型来分析各方案的功能、性能、目标达成度以及在目标和评价指标体系下的优劣次序，力求选出最优、次优或合理的方案。采用线性规划、动态规划以及非线性规划最优化方法，来选取可令目标值最优的控制变量或系统参数值，进而从多种方案中求取最优、次优或满意解。具体来说，离散变量可采用组合优化法。多目标优化可以采用加权、重要性排序、人机交互等方法来处理，求取其非劣解集。分支定界、逐次逼近等方法应用也较广。

6) 决策

这一步的目标是基于分析、综合、优化与评价做出决策，选定行动方案。决策又有定性决策与定量决策、单目标决策与多目标决策、个体决策与群组决策之分。决策受人的主观认知能力限制，主观影响因素有主观偏好、主观效用和主观概率等，客观因素有不确定因素和难描述现象等。常用的决策支撑工具有决策支持系统、专家系统等，基于大数据的决策方法、基于深度学习的人工智能辅助决策方法也在逐渐兴起。

7) 实施

计划、决策的目的是实施，而实施必须按照具体的工作安排与计划执行。需要对上述步骤进行反复修改和完善，最终制定出可供执行的具体计划。

4. 知识维

知识维包括系统工程为完成上述各阶段、各步骤所需的博弈论、控制论等共性知识与各领域专业技术知识，涵盖各领域工程、医药学、建筑、商业、法律、法规、标准、管理、人文社科以及艺术等。网络空间安全系统工程、机电系统工程、航天系统工程、军事系统工程以及经济系统工程等，都需要对应的专业技术和知识。

4.2.2　霍尔方法论在网络空间安全中的应用

信息系统安全技术体系涉及信息化建设的各个方面以及相关机构的制度、业务流程等。安全技术体系与信息系统整体频繁交互，方可实现其功能，并不存在独立的、封闭的信息安全技术系统，因此，信息安全技术体系的实施是一个复杂的系统工程。

目前，网络空间安全领域已广泛采用系统工程方法，网络空间安全的理论学说、方法论以及工程应用的三维关联和相互支撑与霍尔三维结构具有天然的契合性。网络空间安全的系统思想与信息安全的专门领域知识相结合，形成网络空间安全领域的知识维；网络空间安全的系统思想与系统方法、技术相结合，产生网络空间安全逻辑维；信息安全的专门领域知识与网络空间安全方法、技术结合，得到网络空间安全领域的时间维的工程应用。

针对网络空间安全这个特定工程领域的系统工程应用，对应着三维空间结构中的一个空间点。也就是说，真正意义上的网络空间安全系统工程必须同时具有以上三个维度、三个方面的内涵，其核心目标是实现网络空间安全效能的整体最优。

　　下面以网络空间信息系统的安全技术体系的工程实施为例来说明霍尔方法论在网络空间安全中的应用。采用霍尔三维结构体系对网络空间安全系统工程框架进行描述，对其中每个阶段和每个步骤，又可以进一步展开形成分层次的树状体系。

　　1. 网络空间安全技术体系建设系统工程的时间维

　　时间维表示网络空间安全技术体系建设系统工程活动从始至终按时间顺序排列的全生命周期，具体如表 4.1 所示。

表 4.1　网络空间安全技术体系建设系统工程的时间维

生命周期阶段	具体的系统工程时间维内容
规划阶段	制定信息系统安全技术体系总体规划，保护保密性、完整性、可用性以及不可否认性、可控性等
方案拟定阶段	分别从物理和环境、网络和通信、设备和计算、应用和数据等安全方面，提出能力要求、实施方案、测评方法
研制阶段	以物理和环境安全为例，设计访问控制、合规机房、电磁兼容、安全审计等具体措施
生产阶段	依据相关标准，选择合规产品和技术，如防火墙、安全网关、加密机、入侵检测系统、负载均衡设备、备份设备等
实施阶段	进行网络安全设备的安装、部署、配置、调试、集成等，启动运行计划
运行阶段	启动防火墙、安全网关、加密机、入侵检测系统、备份设备等，进行信息系统安全防护
更新阶段	收集安全设备运行信息，调整和更新相关安全设备的部署、配置、调试、集成等，提升安全保护能力和水平

　　2. 网络空间安全技术体系建设系统工程的逻辑维

　　运用系统工程的方法解决网络空间安全技术体系建设问题，通常分为 7 步，具体如表 4.2 所示。

表 4.2　网络空间安全技术体系建设系统工程的逻辑维

步骤	具体的系统工程逻辑维内容
明确问题	根据信息系统的结构、承载的业务、面临的威胁、存在的脆弱性等，确定技术体系建设需要解决的问题
确定目标	在物理和环境、网络和通信、设备和计算、应用和数据等方面的保密性、完整性、可用性以及不可否认性、可控性等保护目标，并确定相关评价标准
系统分析	分析技术方案的性能、特点、与业务系统的兼容性、自身的稳定性和安全性、对预定安全能实现的程度以及在评价标准上的优劣次序
系统综合	按照问题性质和信息安全技术领域目标要求，形成一组可供选择的系统方案，明确其中防火墙、安全网关、加密机、入侵检测系统、负载均衡设备、备份设备等安全防护系统的结构、相应参数、与其他系统的联系、性能和特点等
系统方案优选	根据安全需求和目标、应用环境、实施难度、资金投入、系统限制等约束条件，选择最佳方案
决策	在分析、评价和优化的基础上做出裁决并选定实施方案
实施	根据最后选定的方案，实施网络空间安全技术体系建设方案

　　3. 网络空间安全技术体系建设系统工程的知识维

　　网络空间安全技术体系建设系统工程活动的知识维包括系统科学知识、信息系统知识、安全技术知识等，具体如表 4.3 所示。

表 4.3　网络空间安全技术体系建设系统工程的知识维

知识维	具体的系统工程知识维内容
系统科学知识	系统论、信息论、控制论、耗散结构理论、协同论、突变论、复杂系统理论、复杂网络理论等
信息系统知识	物理和环境、网络和通信、设备和计算、应用和数据等，云计算、物联网、工业控制系统、移动互联网络等

续表

知识维	具体的系统工程知识维内容
安全技术知识	保密性、完整性、可用性以及不可否认性、可控性等安全目标；物理和环境安全、网络和通信安全、设备和计算安全、应用和数据安全等技术方案；防火墙、安全网关、加密机、入侵检测系统、负载均衡设备、备份设备等安全产品；安全规划、安全能力要求、安全实施、安全测评、安全管理等安全工程知识

4.3　切克兰德方法论及其在网络空间安全中的应用

霍尔方法论诞生之后，在 20 世纪 40～60 年代，在寻求"战术级"问题最优策略和组织大型工程建设方面获得了广泛应用。但是，随着系统工程所面临的问题越来越复杂，系统工程对象"软化"现象的普遍化，原来的霍尔硬系统方法论遇到了很大困难。从 20 世纪 70 年代开始，国际上又出现了各种软系统方法论，切克兰德方法论就是其中的典型代表。

4.3.1　切克兰德方法论的核心思想

在社会经济发展和组织管理等系统工程问题当中，人、信息与社会等因素非常复杂，系统工程对象软化现象严重，很多因素难以量化，为此，英国学者切克兰德在 20 世纪 80 年代提出了一种软系统方法论(Soft Systems Methodology，SSM)——调查学习法，即切克兰德方法论。

在解决社会问题或软科学问题时，完全采用霍尔硬系统方法论来解决工程问题，遇到了很多瓶颈，特别是涉及价值系统、模型化与最优化等时难以定量分析。社会经济系统中的问题通常难以像工程技术系统中的问题那样，事先将需求界定并描述清楚，因而也难以根据价值评价准则来设计出满足该需求的系统最优方案。也就是说，霍尔三维结构作为一种"硬科学"系统工程方法论，并不适用于以构建和管理"软系统"为目的的社会科学、管理科学等"软科学"领域。为此，切克兰德将业务活动视为一个系统，并将该系统归结为一个"根定义"。然后，他对系统进行了结构划分，具体分为：①良结构系统，该类系统是指侧重于工程问题、机理明显的物理型硬系统；②不良结构系统，该类系统是指侧重于社会问题、机理不明的心理与事理型软系统。人们对于解决问题的目标与决策准则(指标)甚至是问题本身的理解各不相同，即问题均为非结构化的不良结构。此类问题或议题(Issue)，首先应令持有不同观点的人们通过交流达成共识。同时，切克兰德认为，与良结构系统的最优化目标不同，不良结构问题的核心并非是寻求最优化，而是根据对模型与现状的比较，来学习现有系统的改善途径，具有显著的反馈调节特征，即切克兰德软系统方法论的核心是一个学习过程。

切克兰德方法论与霍尔三维结构方法论同为系统工程方法论，二者均为问题导向，均具有相应的逻辑过程。但二者也有显著的区别：霍尔方法论的研究对象侧重于工程系统等硬系统问题，而切克兰德方法论则更适用于社会经济与管理等软系统问题；霍尔方法论的核心为优化分析，而切克兰德方法论的核心则是比较学习；霍尔方法论更侧重于使用定量分析方法，而切克兰德方法论则更重视定性或定性与定量相结合的方法，而且，切克兰德方法论还具有反馈过程。

4.3.2　切克兰德方法论的步骤与实施

切克兰德软系统工程方法论的核心内容与工作过程，分为问题与环境识别及其表达(问题定义)、根定义(Root Definition)、构建概念模型、比较与探寻、选择、设计与实施、评估与反馈等步骤，如图 4.2 所示。

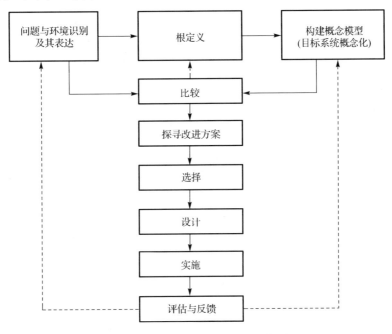

图 4.2　切克兰德方法论流程示意图

1. 切克兰德方法论的流程步骤

(1)问题与环境识别及其表达(问题定义)。调查不良结构系统问题，收集、获取该问题的相关信息，通过丰富图(Rich Pictures)等方式来表达问题现状，尽可能多地寻求构成或影响因素及其关系，揭示问题边界、结构、信息流与沟通渠道等，以便明确系统问题结构、现存过程及其相互之间的不适应性。该图具有数据流程图、层次模型等传统方法未包含的内容，可用于发现与问题相关的完整的人类活动。

(2)根定义。根定义是切克兰德方法论独具特色的环节，它描述了审视问题的不同视角，旨在初步厘清各种与现状相关的关键要素及其相互关系，确立关于系统发展及其研究确立的各种基本看法，并尽量选出最合适的、经得起实践检验的基本观点。

(3)构建概念模型。概念模型包括正式系统概念及其他相关的系统思考，该模型源自根定义，在无法构建精确数学模型的情况下，通过系统化语言模型或结构模型来实现对问题及系统现状的抽象描述。概念模型结构及其要素必须遵循根定义的思想观点，并能够实现根定义的要求。

(4)比较与探寻。对步骤(1)经归纳而明确的现实问题与步骤(3)经演绎而形成的概念模型进行比较，探寻满足决策意图的可行方案或途径，通过比较学习来改善现状。有时还需对根定义结果进行适当修正。这一步是切克兰德方法论的核心关键所在。"比较"环节并不局限于定量分析，还可以通过组织讨论听取各方意见，以便更好地反映人因与社会经济系统的特点。

(5)选择。根据比较与探寻结果，综合考虑相关人员的态度及其他社会、行为等影响因素，选出具备现实可行性的改进方案或措施。

(6)设计与实施。对步骤(5)选出的改进方案或措施进行详尽且有针对性的设计，形成可操作性方案，并使攸关方易于接受并愿意为方案的实现做出最大的主观努力。

(7)评估与反馈。根据步骤(6)实施过程来评估改进方案是否可行、实现是否理想，并根据在实施过程中获得的新认识和反馈，对步骤(1)问题描述、步骤(2)根定义及步骤(3)概念模型等进行修正。

2. 基于 CATWOE 的问题定义与根定义方法

我们再来讨论一下切克兰德方法论中的问题定义与根定义。切克兰德软系统方法论旨在利用系统工程原理来解决工程系统中的业务问题，而在问题定义之前首先要将与问题相关的所有因素识别出来，特别是亟须解决的核心关键问题。但是，在面对一个复杂的业务系统和业务问题时，人们很难将其核心关键问题全部找出，很多时候关注的仅仅是浅层表面问题，甚至是问题方向出现错误，导致与初衷背道而驰，结果适得其反。那么，如何寻求和挖掘更为基础、更为重要的核心关键问题呢？这也是根定义要解决的问题。

为此，管理学家戴维·史密斯利用 CATWOE 分析法来定义问题，该方法采用结构化思维方式，实现了对与问题密切相关的人、过程以及环境等因素的有效扩展，简而言之就是给出问题清单。CATWOE 得名于其六部分内容的首字母缩写，即用户(Customer)、参与者(Actor)、转变过程(Transformation Process)、世界观(Weltanschauung)、所有者(Owner)以及环境限制(Environmental Constraints)，如表 4.4 所示。通过对上述六个方面的分析，即可多角度观测与审视问题的本质。正是这六部分内容，使得根定义可以用一句话来表述系统转变过程，并实现结构化与标准化。

表 4.4　切克兰德方法论问题定义的 CATWOE 方法

内容	问题	释义
用户	谁将从此过程/项目/系统中获益？此过程/项目/系统是如何对用户产生影响的	所有可从系统中获益者均被视为系统的用户。此外，用户还包括因系统中断等系统问题而遭受损失者
参与者	谁是参与者	负责设定系统输入和输出者即为参与者
转变过程	此过程的核心转变是什么	此过程展示从输入到输出的系统核心变化
世界观	世界观是什么？此过程/项目/系统会在更广范围内产生哪些影响	此处表示转变流程要具有综合意义
所有者	谁是此过程/项目/系统的所有者？这些所有者的角色是什么	系统的所有者，有权决定系统启动和系统关闭者
环境限制	环境对此过程/项目/系统有何限制？影响其成功之处何在	必须考虑的外部因素，包括组织政策以及司法、伦理等方面的制约

若从 CATWOE 的六个角度来考虑问题，思维思考的开放范围将超越当前面对的问题，头脑风暴的结果和解决问题的方案将更加全面。当然，并不一定需要严格遵照 CATWOE 的既定顺序，也可以依照 WTCAOE 的顺序来进行分析。

4.3.3　切克兰德方法论在网络空间安全中的应用

切克兰德方法论的长项在于"软问题"的解决，而网络空间安全管理体系建设就是一个典型的"软问题"。下面以网络空间安全中人因安全风险控制方案为例，来描述切克兰德方法论的应用。

　　无论是构建网络信息系统安全保障体系的措施还是管理方法，都离不开人的参与。然而，由于人受技术能力、管理制度、敬业精神、心理水平等方面的影响较大，因此会给网络信息系统带来较大的安全影响。据统计，人因风险导致的安全事故占事故总数的比例较大。为了制定系统有效的人因风险控制方案，保障信息系统的安全运行，可采用基于切克兰德方法论的网络安全人因风险控制方法。该方法基于事故致因理论分析，以切克兰德方法论为指导，对问题实质进行分析，并明确其根定义，建立人因风险控制的模型，并考虑影响因素指标体系对现实情况的影响，制定相应的人因风险控制方案。信息安全系统复杂、专业性强、人力参与度高等特点，决定了人因风险发生的高可能性。而这种人因风险的控制，具有边界不清晰、难以准确描述、结构不良等特点，是典型的软问题，适合运用切克兰德方法论来进行系统研究和分析。

　　首先要进行网络安全人因风险控制的实质、根定义和概念模型的研究，此过程可以利用CATWOE 分析法，从多角度观测、审视并给出问题的本质。

　　(1)网络安全人因风险控制的问题与环境识别及其表达。认清该问题的实质，就是要考虑具体的现实信息系统，对其影响因素及关系进行分析，明确利益相关方。网络安全人因风险控制的利益相关方涉及信息系统所有者、信息基础设施提供者、网络安全保障团队及人员、信息系统用户等。在业务依赖严重、攻击风险大、服务要求高的大背景下，信息系统所有者对系统安全运行的需求十分强烈。防范人因造成的网络安全事件、减轻人因危害的核心是对人因风险及其影响因素进行分析和控制。事实上，许多网络安全事件受"人""机""环"的相互作用和相互影响，尤其是人对信息的处理、人为操作失误、不安全行为的心理及原因影响较大，涉及人员资质、技能和安全意识培训、考核和管理等方面，导致人因风险形势严峻、控制困难。因此，网络安全人因风险控制问题的实质是利用有效的方法和措施减少网络安全过程中人因风险的发生。

　　(2)网络安全人因风险控制的根定义。根定义就是要明确系统问题的核心要素，为系统的构建确立基本看法及选择出最合适的基本观念。

　　网络安全人因风险控制既能降低人因风险、提升网络安全水平，又能降低运维成本、提高效益。人因风险源自人的不安全行为、信息系统的不安全状态、不利的复杂环境以及管理缺陷等因素。网络安全人员如有心理等缺陷，在面临安全问题时易于做出错误操作，带来人因风险；如果安全系统的人机界面(HMI)设计欠科学，则会影响安全操作的效果，增大人因风险发生的可能；良好的信息系统运行环境既能有效地降低人因风险的发生概率，还能够提升安全运维效率；而科学、规范的网络安全管理则是降低或避免人因风险发生的根本保障。对上述因素进行系统、综合控制，可大幅度降低人因风险、减少网络安全事件的发生。

　　(3)网络安全人因风险控制的概念模型。网络安全人因风险控制的概念模型的形成，就是对系统各要素及其关系进行定性分析，根据根定义来给出其结构及要素。据第(2)步可知，降低网络安全保障系统的人因风险，必须提升安全操作人员的综合素质、合理有效地设计安全设备、改善运行环境以及实现科学和规范的安全管理。

　　(4)比较与探寻。比较与探寻是切克兰德方法论的比较学习型思想的核心体现，需要对现实信息系统的人因风险控制进行考察，经分析，具体人因风险控制问题通常可描述为表 4.5 所示的指标体系。

表 4.5 网络安全人因事故影响因素指标体系、差距分析及其改进实施方案

影响因素	二级指标	差距分析	改进及实施方案
安全运维人员素质	心理因素：工作动机；工作态度；意志；情绪；性格；责任心；心理承受力	缺乏责任心和工作动机	重视思想教育与心理辅导
	认知因素：年龄；工龄；文化水平；自学能力；工作经验	工作经验不足	提升工作经验
	技能因素：技能水平(资格证等级)；掌握程度；熟练程度	技能水平不高，存在无证上岗现象	选用高素质、高能力的人员，技能达标、持证上岗
安全系统优化	显示系统：显示形式；显示质量	不符合操作习惯、行为习惯	优化显示，调整显示亮度、颜色
	控制系统：人工与自动控制方式	人工控制环节过多	采取自动控制代替手工控制
所处环境	自然环境：机房条件；环境危险性	机房条件不达标，存在辐射等危险因素	加强防护，减小辐射等因素影响
	工作环境：工作舒适性；空间大小；危险隔离	没有专门的工作场所	设置专门的工作场所，提高工作空间的舒适度
	社会环境：社会对安全/事故的重视度；社会对网络安全的关注度；社会认可度	对安全关注和重视程度不够	建立奖励制度，增强安全工作荣誉感
	团队环境：团队和谐性；员工归属感；领导关心度；文体活动；思想工作	安全人员属于从属地位，归属感不强	加强安全人员的地位，提升归属感
组织管理制度	资源配置：人力资源；物质资源；信息资源	资源配置不合理	保障资源供给，合理配置资源
	任务安排：任务量；可用时间；复杂性；新颖性；后果严重度	任务过多过重，一线操作人员安全责任过大	计划制定科学可行，任务分配实际合理
	教育培训：时间与频率；内容规范性与实用性；领导重视度；职工积极性；监管；考评	未进行系统的网络安全及运维专业培训	建立系统科学的教育培训计划，开展系统教育培训
	规章制度：完整性；清晰性；规范性	规章制度不完整、不清晰、不规范	确保制度完整、规范和统一
	管理机构：专业性；合理性；协调能力；监督机制；职责与权利的统一性	管理机构设置不合理，甚至是缺失	健全管理机构
	安全文化：领导层安全意识；领导对事故重视度；安全宣传；事故处理方式；奖罚制度	对网络安全认知不够	加强安全文化建设，注重安全宣传与安全教育

(5)选择。根据表 4.5 给出的差距分析，综合考虑相关影响因素，选出具备现实可行性的改进方案或措施。

(6)设计与实施。对第(5)步选出的改进方案或措施进行相关设计，使方案具备可操作性。

(7)评估与反馈。通过前述六个步骤，最后对采用切克兰德软系统工程方法论制定的人因风险控制方案，进行评估和反馈，使之具有操作步骤明确、实施高效、结果全面的特点。

4.4　综合集成方法论及其在网络空间安全中的应用

4.4.1　综合集成方法论的提出及其发展

20 世纪 70 年代末，钱学森提出将还原论方法与整体论方法相结合，并形成了其系统论方法，在方法论层次上体现了综合集成的思想。20 世纪 80 年代末 90 年代初，钱学森又将其系统论方法具体化，先后提出了"从定性到定量综合集成方法"及"从定性到定量综合集成研讨厅体系"，后者为前者的实践方式，二者合称为综合集成方法。综合集成方法实质上是从整体上考虑并解决开放的复杂巨系统问题的一套可操作的、有效的方法体系，该方法既超越了还原论，又发展了整体论，堪称现代科学条件下认识方法论上的一次飞跃。

从定性到定量综合集成方法，实现了专家体系、信息/知识体系与计算机信息系统的有机结合，构成了具有高度智能特征的人-机结合体系。该人-机结合体系在综合性、整体性与智能性等方面极具优势。该方法实现了人-机结合、人-网结合以及以人为主的信息、知识与智慧综合集成，将人类思维及其成果、人类知识经验与智慧以及各种数据信息统一集成，从定性认识全方位上升到定量认识。不难看出，综合集成方法具有其哲学、理论、方法与技术基础，哲学基础为实践论和认识论，理论基础为思维科学，方法基础为系统科学与数学方法，技术基础为以计算机(网络)为核心的现代信息技术。该方法应用到技术层次上，即为综合集成技术，系统工程即为用于系统管理的综合集成技术。将综合集成理论与技术用于客观世界实践中，即综合集成工程。简单系统可从系统相互间作用出发，直接综合成全系统的运动能，简单巨系统不能使用直接综合方法，而应使用统计方法，即应用普利高津和哈肯的自组织理论。

综合集成方法通常需要将科学理论、经验知识与专家判断相结合，形成经验性假设、判断或猜想，这些假设、判断或猜想无法采用严谨的科学方式证明，而是需要利用现代信息技术，以各种统计数据与信息为基础，并在经验和系统认知的基础上构建相关模型，这些模型参数众多，包含主观感情、客观理性、人类经验、科学理论以及定性与定量知识的综合集成，然后反复利用人-机交互机制进行对比与逐次逼近，给出最终结果。也就是说，将与主题有关的专家群体、统计数据与信息资料有机结合，组成智能人机交互系统，通过对上述各种知识的综合集成，实现从主观感情到客观理性、从定性分析到定量处理的功能转变。

4.4.2　综合集成研讨厅体系

综合集成方法是还原论与整体论的辩证统一。该方法是针对复杂巨系统的定性与定量相结合、从定性到定量的系统工程方法，最后发展为综合集成研讨厅体系，即从"定性定量相结合的综合集成法"到"从定性到定量的综合集成法"，再到"人机结合、从定性到定量的综合集成研讨厅体系"。综合集成研讨厅体系，将"方法"上升到"研讨厅"的高度，形成了系统、完整、影响深远的系统工程思想。

从定性到定量的综合集成方法首先是形成对综合集成的定性认识，最后形成定量认识。方法是指技术工程，进而扩展为广义的综合集成工程。面对复杂巨系统时，首先利用现有理论与人类经验从整体上把握，得出感性认识与经验判断，对该定性认识进行综合集成，再通过建模仿真实验上升为理性知识，经反复迭代，最后逼近真理。为实现此思想，用现代信息技术、人工智能等完成综合集成的可视化过程，使综合集成研讨厅成为一种具备操作性的可行方案。

综合集成研讨厅体系主要由专家体系、知识体系与机器体系三部分组成，机器体系主要是指计算机。如果说综合集成研讨厅体系是解决复杂决策问题的方法论，那么综合集成研讨厅就是决策支持系统的高级形式。综合集成研讨厅体系并非一系列公式汇总，也不是基于若干公理的抽象框架，其本质为处理复杂问题时，将专家智慧、机器智能以及大量数据/信息有机结合，将各学科各领域的科学理论与人类经验知识结合，发挥系统整体优势与综合优势，构成人机相结合的统一巨型智能系统与问题求解系统。

具体实现时，可针对复杂问题领域，构建基于综合集成的智能工程系统通用可操作工作平台。应用于具体的复杂问题时，根据需要更换平台中的专家与数据。作为人机结合的巨型智能系统，综合集成研讨厅必须采用智能系统工程方法来建造，虽然实现一个可处理所有复杂巨系统问题的通用平台绝非易事，但对于具有共同处理步骤的某类特定复杂问题，有可能构造一个通用平台，使研讨厅既可实现，又具有平台通用性。

同时，群体专家的沟通交流对于实现系统整体、综合优势至关重要。系统的整体优势和体系能力将会在专家讨论过程中得以体现。在处理复杂问题时，应注重将专家的隐式经验知识转化为显式表现与认识超越，充分发挥成员优势与群体智慧，形成并不断扩大群体对问题认识的汇集。

4.4.3　综合集成方法论在网络空间安全中的应用

在网络空间安全领域，可通过研讨厅的主体(即专家)，辅以高性能的计算机和信息处理系统等工具，构成研讨厅，充分发挥人的形象思维、创造性思维、善于整体把握的长处，充分利用信息系统处理效率高、精确度高、存储量大的优势，形成人-机结合的整体优势、综合优势与智能优势。

网络安全风险评估是典型的非结构化复杂系统建模分析问题，需要对定性领域知识和定量分析方法进行融合集成。一般的网络安全风险定性评估结论实践指导性不强，而定量评估方法求解又具有普适性不足等问题，可根据对抗博弈理论，对博弈双方的理想决策进行合理想定，基于成本-收益分析，构建面向网络攻防对抗博弈的安全风险事件概率测度模型，围绕网络安全风险量化评估的具体实现，实施建模评估的流程环节。

在网络空间安全研讨厅模型中，各要素协调运作，采用语义网络构建各要素沟通机制，通过逻辑推理，使参与研讨的各角色形成研讨共识。这种人-机结合、人-网结合、以人为主的信息、知识和智慧集成方法，实现了从定性到定量的综合集成，发挥了人脑与计算机的互补作用，体现了人脑和计算机的形象思维与逻辑思维的高度统一。

4.5　基于模型的系统工程及其在网络空间安全中的应用

随着工程系统复杂性的不断提升，传统系统工程方法面临着极大挑战。目前，基于模型的信息技术的发展非常迅速。一方面，存在工程领域的需求牵引；另一方面，信息技术的发展也在不断推动，因此，基于模型的系统工程(Model-Based Systems Engineering，MBSE)应运而生。国际上，MBSE被视为系统工程的"转型"、"革命"甚至是"未来"。

4.5.1　MBSE 的提出及其发展

传统系统工程活动的产出是为以自然语言为基础的文本文档(包括系统需求规格说明、系统详细设计方案、测试大纲、效用评估报告等)。因此，在传统的基于文本的系统工程(Text-Based Systems Engineering，TSE)模式下，难以实现各阶段、各模块的方案论证、分析设计、试验验证等报告中的工程系统对象的信息关联与集成。

1993 年，美国系统工程界奠基人之一韦恩·怀莫尔(Wayne Wymor，1961 年创立了全球首个系统工程系——美国亚利桑那大学系统工程系)在其编著的《基于模型的系统工程》一书中提出了系统工程的数学理论基础。1998 年，*INSIGHT* 杂志在其出版的《MBSE：一个新范式》专刊中，探讨了信息模型对软件工具互操作的重要性、建模技术细节、MBSE 客户价值、跨领域智能产品模型等问题。2001 年，INCOSE 发起了统一建模语言(Unified Modeling Language，UML)针对系统工程应用的定制化项目，系统建模语言(System Modeling Language，SysML)自从萌生直至 2007 年发布 SysML 1.0。

同样是在 2007 年，INCOSE 发布了《系统工程愿景 2020》，用于解决面对新一轮科技革命和产业革命条件下复杂产品研制和全生命周期保障的顶层方法学和研发范式问题。在该愿景中，INCOSE 给出了 MBSE 的定义：MBSE 是建模方法的形式化应用，以使建模方法支持系统需求、设计、分析、验证和确认等活动，上述活动从概念设计阶段起，持续贯穿设计开发阶段和全生命周期中的后续各阶段。2009 年，*INSIGHT* 杂志的《MBSE：一个新范式》专刊认为，MBSE 已具备正式登上历史舞台的条件。传统的系统工程师习惯并擅长以文档为中心的方法，目前在信息、软件和机械等领域，逐渐向以模型为中心转变，这种趋势的发展非常明显，并且正以完全渗透系统工程过程的方式对未来各领域的系统工程实践产生重要影响。MBSE 逐渐发展成为一门方法学，该方法学是包括相关过程、方法和工具的集合，以支持基于模型或模型驱动环境下的系统工程。MBSE 正从国防军工领域向国民经济各领域拓展，并逐渐演变成智能社会基础设施的关键使能技术之一。图 4.3 给出了 MBSE 方法学的构成要素及其外部影响因素示意图。

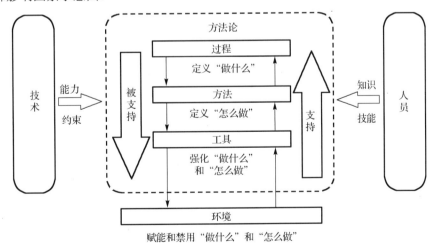

图 4.3　MBSE 方法学的构成要素及其外部影响因素

同时，广义的 MBSE 体系的内涵也在持续加速拓展，使得 MBSE 技术成熟度和能力成熟度不断提升。MBSE 方法学最初关注基于模型的系统生命周期管理，随后发展成为基于模型的产品线/系统族生命周期管理，目前正向基于模型的企业生命周期管理的方向发展。

若从构成完整方法学的各要素间关系来看，MBSE 方法学是包括相关过程、方法和工具的集合，以支持基于模型或模型驱动环境下的系统工程，它使用建模方法来分析并记录系统工程生命周期的关键方面，适用范围广泛，纵向涵盖了从体系到单一组件，横向则跨越了整个系统生命周期，即是以逻辑连贯一致的多视角系统模型驱动，进而构建成功系统的一种方法。也就是说，MBSE 是一种形式化的建模方法学，旨在克服传统的基于文档的系统工程模式在研发复杂产品与系统时存在的缺陷，将逻辑连贯一致的多视角通用系统模型作为纽带与框架，在全生命周期内实现跨领域模型的可验证、可追溯的动态关联，进而驱动人工系统全生命周期内的系统工程过程和活动，该过程包括技术、技术管理、协议和组织项目使能等环节，并贯穿了从体系到系统组件的各个层级。MBSE 广义上还包括方法学所需的建模语言等使能技术(如 SysML)、人员能力以及应用环境等构成的体系。

4.5.2　MBSE 模型化思想

一般而言，系统工程过程包括技术与管理两个层面。其中，技术过程遵循 V 形图技术路线，通常体现为分解-集成的系统论方法和渐进有序的研发流程；管理对象包括技术和项目两方面，与此相对应，管理过程包括技术管理过程和项目管理过程。工程系统的构建和实施，核心是工程系统模型的构建过程，在技术域体现为系统模型的建立、分析、校核、优化与验证，在管理域体现为对系统建模活动的规划、组织与控制等。

1. MBSE 与传统系统工程的关系

传统系统工程通过文件来传递信息，并且直到系统数字仿真和模拟实验时才进行综合测试，其本质不足在于：文件传递的是静态信息，文件间的相互依赖具有隐形性质，缺乏整体视角，从而导致信息孤岛、系统不可测试、开发效率不高等问题。再者，复杂产品研发过程中的需求在频繁地动态变化，要求系统的功能架构、逻辑架构及接口具有灵活性和柔性，以快速响应变化，而以文档为核心的传统系统工程应用难以适应这种趋势。复杂系统工程的信息传递必须采取新的方法，而采用基于模型的系统工程就有助于回答并解决此类问题。MBSE 并非是系统工程的一项活动或一个子集，而是所有系统工程活动都可以采用的方法。

MBSE 将过程定义为实现特定目标所要完成的一系列任务，过程定义了要做什么任务，但不规定每项任务怎么做。MBSE 拥有自己的过程，但不取代现有过程，实施 MBSE 能够效率更高、成本更低地改善和提升现有过程。

2. MBSE 形式化建模与 SysML

在系统工程实践中，建模工具是最为重要的工具之一。复杂工程系统的设计、实现、验证等过程，也就是工程系统模型的构建和应用过程，需要采用合适的建模语言、工具和思路，并通过该模型传递的需求、结构、行为和参数等各类动态信息，来进行技术沟通。

MBSE 与传统系统工程的根本区别不是建模与否，而是是否采用了形式化建模方法。MBSE 建模过程和方法具有规范标准，以保证跨领域模型间协同。MBSE 在建模语言、思路、工具等方面实现了重要的转变，具有很多独特的显著优势，堪称系统工程的颠覆性技术。

MBSE 方法论集成使用了支撑"基于模型"或"模型驱动"背景环境中相关系统工程的流程、方法以及工具，堪称各学科模型的"集成器"，解决了各专业模型缺乏统一编码、无法共享的问题。各专业人员通过 MBSE 系统的需求、功能和架构模型，可以完成了从需求、功能到系统架构的分解和分配，通过执行模型完成需求和功能逻辑的验证和确认，驱动需求分析、设计、实现、测试、验证以及确认等各个流程，并利用各专业学科先进的模型、软件工具，实现了有效理解和高效协作。需要指出的是，MBSE 推动了基于自然语言的文本化系统工程向基于模型的模型化系统工程的形式转变，系统工程全过程使用的是同一模型，人们可以通过模型形式实现对复杂系统的所有认知、设计、实现、验证、确认等的存储和应用。

换言之，MBSE 是对系统工程与复杂工程系统从伴生到深度融合的极大促进。同时，利用统一模型，可以充分利用计算机在存储和计算方面的显著优势，将人从繁复的脑力劳动中解放出来，借助人工智能手段，实现人与机器的优化分工与协作，加快了系统工程的智能化发展进程。

在建模语言方面，MBSE 采用的建模语言主要是 SysML，但也可以采用应用协议系统工程(AP233)、业务流程建模与标注(BPMN)、装备建模通用平台(UPDM)等语言，SysML 并不试图也无法取代其他建模语言在各自专业领域的作用。SysML 这种通用的系统可视化标准建模语言，广泛应用于 MBSE 领域，以标准化的方式来表示不同的系统模块以及不同模块之间的相互关系。SysML 既能够对软件建模，也能够对硬件、信息、处理过程、工作人员和设施等工业控制对象进行建模。SysML 是 MBSE 的使能技术，但它既非方法学或工具，也与方法学和软件工具无关。不过，SysML 2.0 将完全摆脱 UML 的限制，与广义 MBSE 体系深度融合，并可与核心的信息建模标准产品模型数据交互规范(STEP)无缝集成与映射。

3. MBSE 与其他 MBx 概念的关系

MBSE 并非仅适用于概念设计阶段。MBSE 与基于模型定义、基于模型项目控制、基于模型制造和运营、基于模型工程、基于模型优化、基于模型制造服务、基于模型技术状态管理等 MBx 概念关系紧密。这些 MBx 概念间的关系反映了全生命周期内系统和领域建模标准与相应数据表达交换协同标准间的映射关系。

在信息化建设过程中，MBSE 与产品生命周期管理(PLM)/应用生命周期管理(ALM)/服务生命周期管理(SLM)等密不可分。系统的 SLM=PLM+ALM，MBSE 为 SLM 服务，PLM 和 ALM 是 SLM 的有效支撑。顶层的基于 MBSE 的系统工程过程子系统和底层的数据管理与信息协同子系统分别成为复杂产品研制的跨业务跨组织跨地域协同工作平台的中枢神经系统和经络系统，基于文档的传统系统工程二维活动矩阵空间则被拓展为横跨系统全生命周期、系统工程技术域全过程和机构智力资产价值链全过程的三维协同空间。

4.5.3　基于模型的系统工程在网络空间安全中的应用

MBSE 的应用领域从具有技术性质的人工物理系统向更广泛的人工系统和社会系统拓展，成为包括网络空间及其安全系统在内的若干基础设施的关键使能技术。在网络空间安全领域，可以从网络空间安全能力建设的认知维来考察整个三维协同空间，是数据、信息、知识到智能模型(DIKW)知识工程在 MBSE 范式下的拓展应用，其主体是复杂的安全体系和系统全生命周期内的建设机构，其目标在于安全保障建设体系的能力建设，对象是复杂的安全体系和系统全生命周期内基于模型的 DIKW 认知流。MBSE 方法学将沿着基于模型的网络安全保障系统生命周期管理、基于模型的网络安全保障产品线/系统族生命周期管理、基于模型的网络信息系统生命周期管理的方向发展。

在网络空间的系统安全分析方面，MBSE 过程对 SysML 进行了扩展，将安全属性纳入 SysML 的建模概念中，使其对安全问题有所体现。也有研究通过对 SysML 的扩展，建立起了一套网络空间信息系统脆弱性分析方法，解决了在新系统的概念设计和已有系统的假设检验这两个过程中的安全脆弱性分析问题。

在大型复杂信息系统的设计过程中，应首先考虑安全性，并在设计、建设及运维过程中要恪守相关安全标准和规范。这种安全既包括功能安全、物理安全，也包括信息安全，以防不正确的功能或失效导致灾难性的后果，安全保障体系的建设无疑是信息系统建设过程中关注的重点。要开发符合信息系统安全标准和规范的安全保障系统，有必要基于 MBSE 进行信息系统设计。在该过程中，模型是设计过程的核心，并且模型在整个开发过程中不断迭代和完善。具体可采用基于 SysML 的 MBSE 平台 Rhapsody，将系统抽象为用例，围绕用例进行开发，进行安全系统开发的需求分析、功能分析、设计综合和仿真验证。

在信息系统建设过程中，首先要明确信息系统整体功能和需求，将用户需求转化为系统要求，主要有功能需求、安全性需求等，输出为需求模型和用例模型，用例模型描述指定外部用户的行为以及外部用户和用例之间的消息流，并进行信息系统整体功能危害性评估（Functional Hazard Assessment，FHA）。

然后，将信息系统的整体功能分配至系统，明确信息系统架构，进行初步安全性评估（Preliminary Safety Assessment，PSA）；确认信息系统整体需求和架构，明确系统架构，然后开发系统级功能和需求，进行系统级 FHA；开发系统架构和衍生需求，进行初步系统安全性评估（Preliminary System Safety Assessment，PSSA）；然后确认系统级需求和架构，将系统级功能和需求分配至组件，进行设计综合，整合功能分析阶段的模型元素，并设计系统架构，开展系统安全性评估（System Safety Assessment，SSA），并进行系统综合和验证。

4.6　体系工程方法论及其在网络空间安全中的应用

在某种意义上，体系工程方法可视为系统工程方法的拓展或者系统工程方法的高级形式，用以解决体系问题。

4.6.1　体系工程的提出及其发展

系统涉及组成要素、功能及组合方式。由于信息时代网络空间中的系统或复杂系统所处外部环境的不确定性日益增强，许多特定目标或问题大多需要若干系统或复杂系统协作完成，如网络空间安全的风险控制问题等。此类完成特定目标（或问题）需要若干系统或复杂系统组合而成的系统被称为系统的系统（System of Systems，SoS），即体系。通常认为体系具有以下特征：①体系规模大，由地理上分布广泛的组分系统协作集成而得；②体系结构复杂，组分系统具备独立功能，可独立运行、可同时执行、可互操作，完成共同目标时相互依赖；③可动态配置，适应不同任务需求；④具有涌现性，可涌现出新功能或者新行为；⑤系统持续演进；⑥开发、实施过程中实行集中管理与规划。

体系基本要素包含使命、组件、信息网络、结构、机制和能力等。使命是体系形成与发展演化的原发动力；组件是分布于环境中不同区域的资源，如各种加密组件、恶意代码检测组件和安全信息获取单元等；信息网络为信息基础设施，提供组件链接机制。结构则是构成体系各系统间的层次、功能、信息以及替代等关联。机制则是体系使命实现的运作分工、流程与步骤。能力是体系完成任务的潜力，对于资源分配、需求定义、体系结构及组成部分选择具有重要作用。能力是各组件可执行使命任务的不可分最小单元，能力由组件承载，组件聚合构成整体能力。

体系工程是为了确保体系能够在各组成单元独立自主运行时提供满足体系功能与需求的能力，即执行体系使命与任务的能力，该过程确定了体系对能力的需求，并将该能力分配给一组松散耦合的系统，协调其研发、生产、维护等全生命周期的活动。

体系工程源自系统，但又与系统工程不同，它高于系统工程，旨在解决系统工程难以解决的体系问题，是实现系统最优化的科学方法。体系工程旨在解决体系构建与演化问题，其过程原理与系统工程存在本质差异。系统工程侧重于解决产品的开发与使用，目标是单一系统的最优化，体系工程则侧重整体项目的规划与实施，目标是不同系统网络集成的最优化，以满足体系问题(项目)的目标。体系工程方法与过程为决策提供不同方案选择，以及有关体系问题的有效体系架构。也就是说，体系工程实现了能力集成，通过对复杂需求的获取，实现综合集成体的演化，体现了学科交叉与系统交互，通过权衡取得平衡。

4.6.2　体系工程的方法与步骤

体系工程涵盖的体系问题域包括现有系统集成、新系统规划及全新体系构建等，其解决途径即为体系工程的主要实践，包括体系需求与体系结构设计、体系集成与构建、体系演化与评价等工程。体系需求与体系结构设计工程涉及体系能力获取及体系结构设计。体系需求的目标是体系能力获取，确定体系对能力的具体需求。体系结构设计的目标则是有效实现并发挥体系能力，规划体系成员构建技术途径，实现体系一体化运作，发挥体系最大效能。体系能力需求获取为体系结构设计服务。体系集成与构建工程基于体系能力需求，确定体系边界并实现体系结构优化，而集成则是构建的基础和前提。体系演化是改造或变革现有体系，包括要素及结构演化，使之适应新环境、履行新使命、具备新能力。体系评价是对体系整体有效性的效能测度，评价因素包括体系使命执行效能、体系执行使命运作效能与体系演化效能等。

体系构建的优劣决定了体系动态编成与体系演化的成败。在网络空间安全保障体系中，各安全要素间的多重关系及其复杂交互决定了安全保障体系的构建必然是复杂的体系工程，应从体系全局来考虑其使命需求，并基于基本安全组件与基础设施条件来考察安全体系要素与安全使命需求的匹配程度。

体系工程并非是凭空而生的，而是肇始于多系统组成的复杂系统与大系统问题的研究，系统工程理论方法与技术在体系研究中并非一概无用或可有可无，而是与体系工程一样，具有重要的作用。体系工程是从体系的角度来研究体系能力的提供和各种系统方案的选择，而一旦能力和方案确定之后，就需要通过系统工程方法在各个系统中实施。也就是说，体系工程与系统工程存在边界、分工与协作。

4.6.3　体系工程在网络空间安全中的应用

由于网络空间中的系统内部因素和外部环境的不确定性日益增强，许多特定目标或问题大多需要若干系统或复杂系统协作完成。由此，可将网络空间安全领域问题定义为：基于统一标准将一组地理上分布广泛且具有独立风险控制功能的安全系统集成为能完成单个系统所无法完成的网络空间安全分析与风险控制目标的新系统。体系工程方法提供对网络空间安全领域问题的分析与支持包括：系统定义的某一时间段内安全风险控制在资源需求、性能表现和风险上的最佳平衡，安全风险控制体系灵活性分析，安全风险控制体系健壮性分析等。较之传统的系统工程方法，体系工程在分析和解决异构、独立、大型网络空间风险控制之间的相互协作与互操作等方面能力更强。

1. 基于体系工程的网络空间信息系统安全能力构建

网络空间是由多个信息系统组合而成的体系，兼具复杂系统和信息系统的双重特征，其安全能力构建一直是一个难题。网络空间安全体系能力体现了对网络空间信息系统和信息进行保护与防御的整体能力，通过安全预警、保护、检测、应急以及恢复等活动，提供网络空间信息系统与信息的可用性、实时性、机密性、完整性、可认证性、抗抵赖性、可追溯性以及可控性等保障。

网络空间的安全能力构建，牵涉到物理和环境、网络和通信、设备和计算、应用和数据、安全管理等多个层面，各层面对于网络空间的安全体系构建目的、标准等各不相同，传统的需求建模的方法和工具大多从局部或某个侧面考虑问题，难以从体系全局角度来实现网络空间的安全需求获取。网络空间的形态、规模和复杂性也在不断演进，而网络空间安全斗争与对抗的加剧，更是对网络空间的安全能力的供给与演进提出了更高要求。

网络空间安全体系能力是一种整体安全能力，这种能力融合了网络空间安全系统中各种安全要素、安全组件，它是以体系对抗和分布实施为基本形式，并在攻防体系对抗中表现出来的安全态势感知、网络攻防、全维全生命周期安全保障能力。体系能力目标的分解，是体系能力生成的反过程，体系能力生成应避免木桶原理，尽量不出现或者弥补体系各系统的安全短板，不致成为安全体系的"死穴"。而网络空间中所有的安全服务、安全措施、安全组件和安全要素均需服从服务于安全体系能力这个总目标，满足全体系、全时空、全要素的网络空间安全整体对抗要求。

网络空间安全体系工程需要考虑安全环境及安全需求变化的动态适应性，确保从总体上提供达到甚至是优于已确定安全保障目标的能力，不因网络空间功能、物理与时间边界等要素而变。而且，还应该考虑法律、法规、标准、社会、技术、经济等诸多因素，兼顾不同利益攸关方的诉求。

网络空间安全体系工程应更加关注将安全需求转化为体系能力，并将体系能力分解为系统功能与解决方案。而网络空间安全系统工程则应更关注系统安全能力的具体实现，将体系能力框架下的安全功能转换、部署、实现为现实安全系统，在此过程中，应严格界定系统边界，并根据此边界来规范系列需求以完成系统设计与部署。各系统之间的平衡和优化则交由网络空间安全体系工程来完成。例如，工业云平台安全系统等既有安全系统及其依托的安全系统基于各系统独立需求而研发部署，但其对体系能力的贡献需要各系统相互协作、依赖与支撑，各系统的安全能力重新构建，也应结合整体的体系能力来进行。

2. 基于体系工程的网络空间信息系统安全体系能力测度与效能评估

网络空间安全能力指标体系需要根据能力需求分解为不可再分的细粒度单元，从体系能力到底层能力指标，需要构建多层能力分解方案，而各层能力分解之间又存在着冗余、互补及冲突等多种制约关系。能力指标又分为定性指标和定量指标两种，定量指标还需要采用适当的方法实施量化以便于体系能力的分析与综合。可以运用体系工程方法，进行体系能力分解、能力与功能的映射转换、功能和具体安全组件的对应等。

网络空间安全体系能力的有效测度是采用体系工程方法来研究安全体系分析、构建(或重构)与演化问题的基础问题。体系能力的有效测度与体系架构和运行过程有关，度量的是体系使命任务的执行效能。网络空间安全体系能力需要发挥整体效能，效能评估是检验体系能力的重要手段，需要实现网络空间安全体系级/系统级/安全组件级安全效能评估。

网络空间安全体系能力多层次效能评估，首先要确定网络空间安全体系能力指标与效能评估指标之间的关系问题。其次是多层次建模问题。体系级效能评估应基于各安全应用域系统模型进行推演试验。各安全应用域系统模型包括设备安全模型、网络安全模型、控制安全模型、应用安全模型、数据安全模型及安全管理模型等。各安全应用域系统建模的核心内容应该是体现各系统对体系的能力贡献、与其他系统的信息关联描述等。系统级安全效能评估仿真基于各安全应用域系统攻防对抗模型进行推演试验。应用域系统攻防对抗模型建模的核心内容应该是体现各具体攻防对抗模型的功能及对外暴露特征、与其他对抗模型的关联描述等。安全组件级效能评估基于各安全组件的关键功能模型进行仿真模拟，并反映其所采用的关键技术。针对不同的评估对象与评估目的，可定制各层次评估指标体系与评估算法。安全体系能力指标通过体系级、系统级、安全组件级自上向下逐层分解，而评估结果则反序自下而上汇总。

第 5 章　网络空间安全系统分析、评估与决策方法

在网络空间安全工程领域，经常会遇到大量的分析、评估与决策问题。这些问题涉及因素众多，既有定性问题、定量问题，也有定性与定量相结合的问题。本章将结合系统科学思想和系统工程方法，重点讨论定性、定量、定性与定量相结合的分析、决策与评估方法。

5.1　定性与定量问题的研究方法与途径

定性研究(Qualitative Research)与定量研究(Quantitative Research)是科学与工程领域最为重要的两种研究范式和基本方法，二者在哲学基础以及研究目的、依据、路径、表述形式等方面各有特点。不过，在具体问题的研究中，常难以进行严格划分，因为定性研究并非没有数字，而定量研究中也不排斥专家经验、价值判断和逻辑推理等。

5.1.1　定性研究范式

定性研究(质化研究)，用于通过科学或工程现象所具有的属性和在运动中的矛盾变化，来确定事物的本质属性或特征及其相互关系，即确定其内在规定性。该方法通过发掘问题、理解事件现象、分析行为与观点以及回答提问等，实现问题定义与处理，获取对被研究对象的敏锐洞察，并重点解决和回答"为什么"的问题，其侧重于对被研究对象的性质做出回答。

定性研究的哲学基础是本体论、主观意义及以经验为主体的知识论和价值理性，以普遍承认的公理、演绎逻辑和历史事实为分析基础，强调从整体上来理解、说明并诠释被研究对象，抓住事物特征的主要方面，具体方法包括逻辑推理、历史比较等。该方法在研究过程中来认识和理解事物，发现事物内在分类、关联与特征，采用的是逻辑学的归纳认识方法。同时，以整体观来研究待考察对象，将其视为复杂系统并考虑环境影响，绝非简单的个体相加。

定性研究主要依据调查而得到现实数据、历史事实和专家经验，通过叙述性说明，多以文字描述给出研究结论。研究路径上，偏向理论创立过程，通过个案和调查等方法采集相关资料数据信息，侧重于对科学与工程现象的深入挖掘与把握，从诸多不同证据的相互联系中概括、凝练、总结、抽取出论题、论断或理论，实现从个别到一般、自底向上的归纳过程。

定性研究通常只能从少数对象上取样，选定的研究对象和案例多会受到各种因素的限制而影响其代表性。比如，研究对象、资料获取的便捷性、专家的自身主观倾向性等。

另外，该方法对因果关系的推断也存在较大的不确定性。从现象到本质的推断，是一个理论构建过程。定性研究获取的资料信息难以用于变量间关系的推断。定性研究更关注的"性质""特征"存在着许多不可量化的因素，难以获得推断事物因果关系的明晰、有力证据。而且，推断过程更多依赖于专家经验、能力和主观理解，使推断过程的不确定性进一步加大。

5.1.2　定量研究范式

定量研究通过若干变量来测量被考察现象或事物，利用变量之间的关系来揭示事物之间

的联系。这种揭示行为，通常需要根据以前的研究基础和经验来进行假设，即假设变量之间相对关联，并利用相关方法进行检验，即采用逻辑学的演绎方法。

从哲学层面来看，定量研究秉承了基于经验的确切资料的实证主义方法论，具体研究过程强调客观性、操作化、概括化和价值中立，以保证基于客观事实来进行观察、实验、调查与统计。这种实证主义方法论，基于归纳法来发现新知识，采用假设-演绎模式来检验理论，并利用数理统计工具来对可量化的经验观察进行分析，以确定事物之间的因果关系。换句话说，定量研究就是实证主义方法论的具体化，采用数据的形式，以数据的数量分析和统计计算为侧重点，利用一般到特殊、自顶向下的演绎法来预见理论，随之利用所采集的资料和证据来评估或验证预设模型、假设或理论，确定被研究对象的因果关系及其相互影响，特别是个别变量和因素及其相互关系，以指导科学与工程实践。

定量研究方法通常包括以下步骤：①建立理论假设；②收集相关资料、数据和信息，用作分析的证据；③根据特定的统计模型，测试自变量与因变量之间的相关性；④判断自变量与因变量的相关性、相关程度，并据此推断其因果关系。也就是说，定量研究其本质在于采用统计模型来测试自变量与因变量之间的相关性，验证理论假设的正确性，进而推断出事物间的因果关系。

定量研究强调标准化研究程序和预先设计，以数字或测量来描述事物或现象，通过数据、模式、图形等来说明分析结果并表达研究结论。这种研究方法相对明确和统一，所提出的研究假设、采集数据、定量分析、验证假设、得出结论等步骤均有相应的规范。

定量研究方法直观、简洁、准确，科学性和客观性较强，可以测量且能反复检验，效果较好。不过，该方法在实际操作过程中会遇到一些难题，特别是在关联因子量化方面存在瓶颈，而且量化分析过程中，同样会带有专家的主观色彩，对量化准确度产生负面影响。

定量研究还存在着另外一些不容忽视的局限性。例如，如果一味地强调客观性和普遍性，就容易忽略人的主观性和特殊性。诚然，客观的、实证的、定量的研究符合科学要求，可运用量化测量和分析手段来证实或证伪假设，但是，专家的主观经验在定量研究中往往得不到应有的重视。而且，定量研究从选题、获取数据等环节易受既存知识和规范的限制，使事物的真正因果关系难以被既有知识范畴纳入，从而导致定量研究在解释新问题、新现象时出现偏差。此外，定量研究的数据获取过程复杂，易导致统计数据出现不可靠因素，与定量研究依赖数据质量的精神相悖。

5.1.3　定性与定量相结合的研究范式

定量研究和定性研究二者的核心区别在于是否基于数字或数据基础来实现事物间的关联性或因果关系的揭示与解释。定性分析不采用统计模型、不进行回归分析，主要关注种类或质的差别，而非程度差别。从某种意义上来说，定性分析也可视为经验式的实证研究，在提出理论假设的前提下，通过分析所采集资料来实现该假设的合理性验证。

定性研究与定量研究尽管研究方法、步骤各异，但二者并非对立关系，而是互有联系和补充。定性方法并不排斥数据佐证，定量研究的理论假设、事物间因果关系阐释、现象规律性揭示也离不开定性思维。因此，应对定量研究与定性研究进行兼容和整合，既可以弥补定性研究在研究对象代表性、具体方法统一性、因果关系推断确定性等方面的不足，也可以充分发挥主观因素在定量分析中的作用，以改善研究的效度和信度、提高研究质量与水平。

　　具体来说，首先要适度把握定性研究和定量研究的适用范围与条件。无论采用定性方法、定量方法，抑或是将二者相结合，都要判断所研究问题是否具备定性研究和定量研究的条件，竭力避免为了"用方法"而"做研究"的局面。同时，应注意所采集数据的整合，两类方法所要求的数据性质可能不同，要正确判定其重要性和权重。应用定量方法时应注意保证调查数据的可靠性，充分应用相关分析、回归分析、路径分析等统计分析手段的优势。应用定性方法时，应准确掌握其操作规范和操作程序，避免随意性。此外，要高度重视两类方法中均有的主观性成分，避免研究的主观性过大。使用定性方法时，应尽可能避免主观成分的夸大。使用定量方法提出研究假设、选择资料数据、解释和推断结论时，应多以中性证据为据，力求研究的规范性、精确性和客观性，并充分发挥专家的主观性。

5.2　定性分析、评估与决策方法

　　定性分析、评估与决策方法，是指按照社会现象或事物所具有的属性和在运动中的矛盾变化，从事物的内在规定性来研究事物的一种方法或角度。定性研究强调以普遍承认的公理、演绎逻辑和历史事实为分析基础，依据一定的理论与经验，从事物的矛盾性出发，抓住事物特征的主要方面，而不强调同质性在数量上的差异。本章将重点讨论逻辑分析法与德尔菲法。

5.2.1　逻辑分析法

　　逻辑分析(Logical Analysis)法主要是对系统的实质内容进行逻辑分析，以揭示系统的逻辑结构。在网络空间安全领域，还可以采用现代数理逻辑来进行逻辑分析。

　　1. 逻辑分析法的概念、范畴与过程

　　逻辑分析法的主要范畴与过程如下。

　　(1)目标，是为待解决问题所设定的目的与指标，是系统目的的具体体现。目标应具有针对性、可行性、系统性、规范性等。目标可达到的尺度以标准来衡量。

　　(2)备选方案，是为实现目标而设计的具体措施集合。

　　(3)模型，是根据方案构建的分析模型，模型要素包括系统目标、系统约束、系统功能涉及的主要因素及其输入、输出、转换关系等。具体形式有数学模型、图模型、实体模型、仿真模型等。

　　(4)费用，是指方案实施过程中耗费的各种成本开支总和。

　　(5)效果，是指方案实施对于系统目标达成的程度。

　　(6)评价，是指根据特定的价值体系或指标体系对方案实行的价值评估，评价过程中，应考虑各种定性因素，对比系统目标与方案实行效果，以标准来衡量。

　　(7)优化，是指为达到最优效果而对方案进行的优化排序和选择决策。

　　2. 因果分析法及其应用

　　在逻辑分析法中，常用因果分析法(Causal Analytical Method)。因果分析法根据事物发展变化的因果关系来进行预测，透过现象看本质，分析其主要矛盾与次要矛盾，得到现象关联规律、选择适当的数学模型来描述并预测因果关系主要变量之间的关系。

因果分析法以原因为因素，以结果为特性，"凡因皆有果，凡果皆有因"，需按事物之间的因果关系，知因测果或执果索因。在此过程中，应分清因果地位和因果对应关系。因果关系可分为函数关系、相关关系、因子推演关系等类型。函数关系是指因果之间存在着确定的数量关系以供预测，可用数学函数式表示，常用预测模型有直线回归、二次曲线、指数曲线等。相关关系是指多种现象间存在依存关系，但无确定的数量对应关系，自变量的每个值均对应多个因变量数值，既呈现出一定的波动性、随机性，又围绕均值体现出一定的规律性，需采用统计方法来处理，例如，采用反映相互依存关系密切程度的相关系数来进行相关分析等，而相关又分为正相关与负相关、线性相关与非线性相关等。因子推演关系是指根据引起某种现象变化的因子，来推测该现象本身的变化趋势。例如，网络新建连接数是网络通信带宽占用的因子；加密所用时间是网络数据传输延迟的因子；应用程序(APP)漏洞数量是其安全风险的因子；工业现场的温度是工业设备温升停机的因子等。

问题的结果特性总会受到若干因素的影响，找出这些因素并将其与特性值一起，按其相互关联关系，绘制出具有层次性、条理性、直观性的图形，这种图称为特性要因图，因其状如鱼骨，又名鱼骨图，也因其提出者而被称为石川图。同时，鱼骨图也用在生产中来形象地表示生产车间的流程。

鱼骨图又分为整理问题型、原因型和对策型三种类型。整理问题型鱼骨图主要是描述各要素与特性值间不存在原因关系的情况，此时是为结构构成关系，对问题进行结构化整理。原因型鱼骨图则是鱼头在右，以"为什么……"来给出特性值。对策型鱼骨图则是鱼头在左，以"如何提高/改善……"来给出特性值。绘图过程中，将待解决问题标于鱼头，画出主骨，然后以与主骨 60° 夹角绘制大骨，并在大骨上填写大要因，然后与主骨平行绘制中骨，填写中要因，随后以中骨为起点，以与大骨平行的角度绘制小骨，填写小要因，并将重要因素以特殊符号标识。

逻辑分析法是网络空间安全领域进行因果分析的常用方法。以工业互联网的安全分析为例，采用鱼骨图分析法对其安全威胁进行解析。以鱼头来表示安全整体威胁。根据现场调查和专家分析，可把产生安全问题的原因概括归纳为五大类：工业设备、工业网络、工业控制、工业应用以及工业数据，这五大类可以作为大骨绘制在鱼骨图上。每一大类中又包括导致这些安全问题的潜在可能因素，如工业控制中包括控制协议、控制软件、网络连接等。分别将上述五条大骨上的细分原因及相关因素以鱼骨分布态势展开，构成鱼骨分析图。

接下来要找出问题的主因。虽然工业互联网具有大致相同的宏观架构，但各个具体网络的情况需要具体分析。为此，可以对具体的网络进行现场调查和数据分析，求取各种原因或其相关因素对于该问题的"贡献率"，通常以权重，即百分数来表示。例如，通过计算分析发现，工业设备在产生问题过程中所占比例为20%，工业网络为20%，工业控制为30%，上述原因在整个安全威胁中占了七成，那么就可以认为产生该工业互联网安全威胁的主要原因是设备、网络与控制。如果针对这三条大骨上的各中骨和小骨问题进行安全改进或加固，大致能够解决整个工业互联网安全问题的七成。因条件所限，无法全部解决问题，但是只要抓住了主要原因并加以解决，定能产生相当的成效。

在故障诊断中，也经常用到因果分析法，融合事件树"顺推"与故障树"逆推"方法，以表示事故与若干可能的基本事件的关系。该方法从前、后两个方向展开，向前为事件结果，向后为事件基本原因。采用这种方法，可将一个大系统的故障逐层分解为各个子系统的故障，根据子系统与大系统的逻辑关系，采用逻辑分析法，将故障顶事件分解为各个子系统的故障逻辑关系来进行故障诊断，还能够实现故障定位。

5.2.2 德尔菲法

德尔菲法(又称专家调查法)是一种重要的主观、定性预测与决策方法，应用广泛。例如，在选用防火墙来构建网络安全隔离系统时，需要对该防火墙的安全防护效能做出预测。此时，可以列出与安全防护场景有关的若干因素，包括网络架构、应用系统、数据流量、安全协议、防护能力需求、防火墙自身功能、性能指标、环境约束、能源供应等。所选防火墙能否胜任，这一综合指标就取决于上述诸多因素的相互作用和复杂综合。各个因素在预测防火墙能否胜任时的重要性，即各因素分配的综合权重及其得分，需要由安全专家来判断确定。这种情况就可以采用德尔菲法。

1. 德尔菲法的概念

德尔菲法由美国兰德公司(RAND)赫尔默(O. Helmer)与达尔克(N. Dalke)等在 20 世纪 40 年代首创，后经戈登与兰德公司进一步发展而成。

此前，美国兰德公司在进行预测决策时采用专家会议集体讨论的方法，但该方法的最大弊病是容易盲目少数服从多数甚至是屈从于权威。1946 年，兰德公司开始尝试采用德尔菲法来进行专家匿名定性预测，在预测过程中，按照规定的程序，专家“背对背”互不沟通、互不干涉，单独发表意见，不受其他专家及权威诱导和干涉，可真正充分地表达其自身的预测意见。然后，调查人员通过多轮次调查专家意见，并经反复征询、总结、修正，最后凝练为各专家基本一致的预测结论供决策者参考。该方法体现了广泛的代表性和独立性，结论可信性得到极大提升。此后，德尔菲法获得广泛应用。

2. 德尔菲法的主要步骤及应用注意事项

德尔菲法既能够用于预测决策，也可以用于构建评价指标体系与确定具体指标。该方法通常分为六步，具体如下。

(1)成立专家小组。按照决策事项所需的知识结构来确定专家小组的组成，一般要求涵盖所决策事项涉及的各领域专家。专家数量则需按照预测事项的规模及牵涉面的大小而定，大多不超出 20 名。

(2)清晰描述并向所有专家提供所预测事项的背景材料信息，向专家提出待预测问题及有关要求，征询专家意见并根据专家意见提供补充材料。

(3)专家根据收到的材料信息，独立给出本人的预测意见，并说明本人分析、利用所提供材料的过程以及做出该预测意见的依据或推理过程。

(4)组织者将所有专家的预测意见汇总，以图表等可视化形式进行总体对比，组织者还可以引入专家小组之外的第三方专家评论，然后再以匿名方式作为参照资料，反馈给各位专家，各位专家通过比较他人意见，可对本人的意见和判断进行修订。

(5)循环步骤(3)、(4)数轮，使专家预测意见渐趋一致，直至无任何专家修改其预测意见为止。此环节为德尔菲法的核心环节。

(6)对各位专家的意见进行综合处理，形成较为一致的专家小组意见，即最终的预测意见。

德尔菲法是重要的预测决策方法，实践中多采用经典型(Classical)德尔菲法、策略型(Policy)德尔菲法以及决策型(Decision)德尔菲法。使用上述方法时，均应注意以下事项。

(1)组织者应为专家准备待预测问题的充分信息，而且提供的信息必须保证真实性和无歧义性，以使专家有足够且客观的根据做出判断。

(2)必须由专家"背对背"单独做出预测，不得面对面集体讨论或私下单独沟通，以防专家主观上或客观上受其他专家干扰。

(3)专家选择应保证该专家对所预测事项熟悉，具有真正的专业性。同时，应选择一定比例的外部专家，以最大限度地保证预测的客观公正。

德尔菲法的优点主要是科学性与实用性较强，可充分利用专家的经验和学识，真正发挥专家作用，集思广益，扬长避短，专家意见可较快地收敛趋同，准确性高。同时，还可以为专家提供多轮修订意见的机制，既不受权威及他人主观影响，又可以根据其他专家的意见，自主修改本人的意见，使之更趋全面、合理。

德尔菲法的主要缺点是预测过程相对复杂，耗时较长。此外，在"真理确实掌握在少数人手中"等个别情形下，存在专家集体预测偏离甚至失败的风险。

5.3　定量分析、评估与决策方法

5.3.1　主成分分析法

在网络空间安全领域，需要全面、系统地分析安全问题。例如，基于异常检测的主机入侵检测，必须考虑高达上百维的变量来进行检测判断，其中包括关键文件操作、CPU 使用率、内存占用率、响应时间等，均不同程度上反映了主机运行的某些信息，并且指标之间彼此有一定的相关性，因而所得的统计数据反映的信息在一定程度上有重叠。处理这些数据的有效方法之一就是降维。降维是在尽量保持数据本质的前提下，将数据维数降低。能够实现降维的技术有多种，最常见的有主成分分析(PCA)、因子分析(FA)以及独立成分分析(ICA)等。

PCA 主要用于网络空间安全问题的系统分析、评估与决策，还可以与回归分析相结合，进行主成分回归分析、变量集合选取等。PCA 并不直接通过数据分析得出结论，而是考察数据各维度之间的关系，实现维度约简，例如，去除相关性、剔除贡献率较小的维度等。正是从这个意义上，我们才将 PCA 归为定性分析方法。

1. 主成分分析法的概念及其数学模型

主成分分析又称为主元法、主分量分析法，核心是通过降维，将多个指标降为少数综合指标的数学变换方法，将维特征映射到维上，形成全新的正交特征，少数综合指标即称为主成分，各主成分均可反映原始变量的大部分有效信息，且不存在重复或冗余信息。也就是说，通过数学变换，数据从原坐标系转换到新坐标系，新坐标系的选取又与数据本身密切相关。该方法在充分考虑待分析问题多方面变量的同时，又将该复杂因素约简为少数主成分，不仅简化了问题，而且其结果也更为科学有效。采用的主要方法有特征值分解、奇异值分解(SVD)、非负矩阵分解(NMF)等。

　　主成分分析法的主成分是指维度的主成分，可以采用多种标准来分析其主成分。核心思想是，将原来具有一定相关性的多变量，重新组合为一组新的相互无关的综合变量。将原变量进行线性组合作为新的综合变量的方法很多，常见的处理方法是以方差最大为准则，即基于方差最大化的特征主成分分析。若将选取的第一个线性组合记为第一个综合变量 F_1，应将原始数据中方差最大的方向设为第一个新坐标轴，以尽可能多地反映原来变量的信息，即 $\mathrm{Var}(F_1)$ 越大，F_1 包含的信息就越多，因此 F_1 应为所有的线性组合中方差最大者，故将 F_1 作为第一主成分。如果 F_1 尚不足以反映原来多个变量的信息，则应考虑第二个新坐标轴的选取，该坐标轴应为与第一个坐标轴正交且方差最大的方向，即 F_1 已反映的信息不得再出现于第二个线性组合 F_2 当中，即二者的协方差 $\mathrm{Cov}(F_1, F_2) = 0$，将 F_2 作为第二主成分。顺次类推，得出包含 p 个主成分的新坐标系。

　　下面来考察主成分分析的数学模型。考察样本空间中的 n 个样本数据，选取 p 个观测变量 $x_1, x_2, \cdots, x_p$，可得数据阵如下：

$$X = \begin{pmatrix} x_{11} & x_{12} & \cdots & x_{1p} \\ x_{21} & x_{22} & \cdots & x_{2p} \\ \vdots & \vdots & & \vdots \\ x_{n1} & x_{n2} & \cdots & x_{np} \end{pmatrix} = (x_1, x_2, \cdots, x_p), \quad x_j = \begin{pmatrix} x_{1j} \\ x_{2j} \\ \vdots \\ x_{nj} \end{pmatrix}, \quad j = 1, 2, \cdots, p$$

现在需将每个样本的 p 个观测变量转换为新的综合变量，即

$$\begin{cases} F_1 = a_{11}x_1 + a_{12}x_2 + \cdots + a_{1p}x_p \\ F_2 = a_{21}x_1 + a_{22}x_2 + \cdots + a_{2p}x_p \\ \qquad\qquad\qquad \vdots \\ F_p = a_{p1}x_1 + a_{p2}x_2 + \cdots + a_{pp}x_p \end{cases}$$

该模型满足下列约束条件。

(1) $F_i, F_j\ (i \neq j, \ i, j = 1, 2, \cdots, p)$ 互不相关。

(2) F_1 的方差 $> F_2$ 的方差 $> F_3$ 的方差，直至选取的最后一个主成分。

(3) $a_{k1}^2 + a_{k2}^2 + \cdots + a_{kp}^2 = 1, \ k = 1, 2, \cdots, p$。

　　取其中 F_1 为第一主成分，F_2 为第二主成分，类推至第 p 个主成分，a_{ij} 为其主成分系数，构成主成分系数矩阵 A。即 $F = AX$，其中

$$F = \begin{pmatrix} F_1 \\ F_2 \\ \vdots \\ F_p \end{pmatrix}, \quad X = \begin{pmatrix} x_1 \\ x_2 \\ \vdots \\ x_p \end{pmatrix}, \quad A = \begin{pmatrix} a_{11} & a_{12} & \cdots & a_{1p} \\ a_{21} & a_{22} & \cdots & a_{2p} \\ \vdots & \vdots & & \vdots \\ a_{p1} & a_{p2} & \cdots & a_{pp} \end{pmatrix} = \begin{pmatrix} a_1 \\ a_2 \\ \vdots \\ a_p \end{pmatrix}$$

2. 主成分分析法的主要步骤及应用注意事项

　　基于主成分分析时，应根据原始数据及模型的三个约束条件，求取主成分系数。由于主成分之间应互不相关，因此主成分之间的协方差矩阵应为对角阵。即主成分 $F = AX$ 的协方差矩阵应为

$$\mathrm{Var}(F) = \mathrm{Var}(AX) = (AX) \cdot (AX)' = AXX'A' = \varLambda = \begin{pmatrix} \lambda_1 & & & \\ & \lambda_2 & & \\ & & \ddots & \\ & & & \lambda_p \end{pmatrix}$$

令原数据协方差矩阵为 V ，原数据标准化处理后，协方差矩阵等于相关矩阵，即 $V = R = XX'$ 。若要满足主成分数学模型约束(3)，宜取 A 为正交矩阵$(AA' = I)$，由此可得 $\mathrm{Var}(F) = AXX'A' = ARA' = \varLambda$ ， $ARA' = \varLambda, RA' = A'\varLambda$ 。将其代入展开，由矩阵相等性质，根据第一列，可得方程组：

$$\begin{cases} (r_{11} - \lambda_1)a_{11} + r_{12}a_{12} + \cdots + r_{1p}a_{1p} = 0 \\ r_{21}a_{11} + (r_{22} - \lambda_1)a_{12} + \cdots + r_{2p}a_{1p} = 0 \\ \qquad\qquad\qquad \vdots \\ r_{p1}a_{11} + r_{p2}a_{12} + \cdots + (r_{pp} - \lambda_1)a_{1p} = 0 \end{cases}$$

若求该齐次方程解，其系数矩阵行列式应为 0，即

$$\begin{vmatrix} r_{11} - \lambda_1 & r_{12} & \cdots & r_{1p} \\ r_{21} & r_{22} - \lambda_1 & \cdots & r_{2p} \\ \vdots & \vdots & & \vdots \\ r_{1p} & r_{p2} & \cdots & r_{pp} - \lambda_1 \end{vmatrix} = 0$$

即 $|R - \lambda_1 I| = 0$ 。

不难看出， λ_1 为相关系数矩阵的特征值，而 $a_1 = (a_{11}, a_{12}, \cdots, a_{1p})$ 则为相应的特征向量。以此类推，可得方程 $|R - \lambda I| = 0$ 的 p 个根 λ_i ， λ_i 为特征方程的特征根，而 a_j 则为其特征向量的分量。接下来再看各主成分的方差是否依次递减。

设相关系数矩阵 R 的 p 个特征根为 $\lambda_1 \geq \lambda_2 \geq \cdots \geq \lambda_p$ ，相应的特征向量为 a_j ，有

$$A = \begin{pmatrix} a_{11} & a_{12} & \cdots & a_{1p} \\ a_{21} & a_{22} & \cdots & a_{2p} \\ \vdots & \vdots & & \vdots \\ a_{p1} & a_{p2} & \cdots & a_{pp} \end{pmatrix} = \begin{pmatrix} a_1 \\ a_2 \\ \vdots \\ a_p \end{pmatrix}$$

F_1 的方差为 $\mathrm{Var}(F_1) = a_1 XX'a_1' = a_1 Ra_1' = \lambda_1$ ，进而 $\mathrm{Var}(F_i) = \lambda_i$ ，即主成分的方差依次递减。协方差为

$$\mathrm{Cov}(a_i'X', a_j X) = a_i'Ra_j = a_i'\left(\sum_{\alpha=1}^{p} \lambda_\alpha a_\alpha a_\alpha'\right)a_j = \sum_{\alpha=1}^{p} \lambda_\alpha (a_i'a_\alpha)(a_\alpha'a_j) = 0, \quad i \neq j$$

由此可见，主成分分析中的主成分协方差矩阵应为对角阵，其对角线上的元素恰为原数据相关矩阵的特征值，而主成分系数矩阵 A 为正交矩阵，其元素则是原数据相关矩阵特征值相应的特征向量。因此，变量 $(x_1, x_2, \cdots, x_p)$ 经过变换后得到新的综合变量彼此不相关，且其方差依次递减，即

$$\begin{cases} F_1 = a_{11}x_1 + a_{12}x_2 + \cdots + a_{1p}x_p \\ F_2 = a_{21}x_1 + a_{22}x_2 + \cdots + a_{2p}x_p \\ \qquad\qquad\qquad\vdots \\ F_p = a_{p1}x_1 + a_{p2}x_2 + \cdots + a_{pp}x_p \end{cases}$$

接下来，我们讨论主成分分析的主要步骤大致为：标准化处理，求取协方差矩阵并计算其特征值与特征向量，然后对特征值由大到小排序，根据贡献率，保留方差最大的前若干个特征向量，最后将原数据转换至这些特征向量所构建的新数据空间。

不失一般性，设样本观测数据(原数据)矩阵为

$$X = \begin{pmatrix} x_{11} & x_{12} & \cdots & x_{1p} \\ x_{21} & x_{22} & \cdots & x_{2p} \\ \vdots & \vdots & & \vdots \\ x_{n1} & x_{n2} & \cdots & x_{np} \end{pmatrix}$$

(1) 原数据标准化处理。

$$x_{ij}^* = \frac{x_{ij} - \overline{x}_j}{\sqrt{\mathrm{Var}(x_j)}} , \quad i = 1,2,\cdots,n; j = 1,2,\cdots,p$$

$$\overline{x}_j = \frac{1}{n}\sum_{i=1}^{n}x_{ij} , \quad \mathrm{Var}(x_j) = \frac{1}{n-1}\sum_{i=1}^{n}(x_{ij} - \overline{x}_j)^2 , \quad j = 1,2,\cdots,p$$

(2) 求取样本相关系数矩阵。

$$R = \begin{pmatrix} r_{11} & r_{12} & \cdots & r_{1p} \\ r_{21} & r_{22} & \cdots & r_{2p} \\ \vdots & \vdots & & \vdots \\ r_{p1} & r_{p2} & \cdots & r_{pp} \end{pmatrix}$$

假定原数据标准化后仍以 X 表示，标准化处理后的数据相关系数为

$$r_{ij} = \frac{1}{n-1}\sum_{t=1}^{n}x_{ti}x_{tj} , \quad i,j = 1,2,\cdots,p$$

(3) 用 Jacobian 方法求取相关系数矩阵 R 的特征值 ($\lambda_1,\lambda_2,\cdots,\lambda_p$) 及其特征向量 $a_i = (a_{i1},a_{i2},\cdots,a_{ip}), i = 1,2,\cdots,p$

(4) 根据贡献率选取主成分，得到主成分表达式。

主成分分析可得 p 个主成分，实际分析时，多根据各个主成分累计贡献率大小来选取前 k 个主成分，通常要求累计贡献率大于 85%。贡献率定义为某主成分方差占全部方差的比例，即某个特征值占全部特征值合计的比例：

$$\text{贡献率} = \frac{\lambda_i}{\displaystyle\sum_{i=1}^{p}\lambda_i}$$

(5) 计算主成分得分。

根据标准化的原数据，按照各个样本，分别代入主成分表达式，可得各主成分下各样本的新数据，即主成分得分：

$$主要成分得分 = \begin{pmatrix} F_{11} & F_{12} & \cdots & F_{1k} \\ F_{21} & F_{22} & \cdots & F_{2k} \\ \vdots & \vdots & & \vdots \\ F_{n1} & F_{n2} & \cdots & F_{nk} \end{pmatrix}$$

由于协方差是线性相关系数的分子部分，可以描述方差意义下的相关性。特征值为数据在特征向量方向上的方差。方差越大，保留的信息量也就越大。通过维度之间的相关矩阵的特征值分解，可得特征向量，可将维度之间的相关矩阵在以特征向量为基底的空间内表达，而 λ 恰为各个基底方向上的大小。通过特征值和特征向量，又将协方差矩阵进一步缩减，实现方差意义下的相关性的简化表达。由此，根据原始维度之间的协方差关系，就能够找到以特征向量为基底表示的新的维度空间，并保证不同特征值之间的特征向量线性不相关。依次选取较大的若干个 λ 作为新的特征基底，对原始数据进行空间变换，将其表示在新基底下，即保留了方差较大的新数据，从而实现了降维。方差小的维度被舍弃，因为其所含信息量不多，信息损失对于分类判断等作用不大。

工程实践中，应特别注重主成分的实际含义及合理解释，需根据主成分表达式的系数，辅以定性分析。主成分为原始变量的线性组合，线性组合中各变量系数大小不等、有正有负，应结合具体领域和实际问题给出恰当解释。

5.3.2　因子分析法

因子分析法是一种用于数据约简的多变量数据降维方法，这种方法基于概率模型，用于从原始高维数据中挖掘出保留原始变量主要信息的低维数据，而这种低维数据，又能够利用高斯分布、线性变换、误差扰动等生成原始数据，也就是说，因子分析认为高维样本数据实际上是由低维样本数据经过高斯分布、线性变换、误差扰动生成的。因子分析法可以揭示多变量之间的关系，从众多可观测变量中概括和综合出少数因子，以较少的相互独立的因子变量来最大限度地概括和解释原有的观测变量信息，从而构建出简洁的概念系统，揭示出事物之间本质关联与内在规律。

1. 因子分析法的基本思想

在实际的系统分析、评估与决策过程中，通常会尽可能多地选取特征指标。这种做法，一方面是考虑指标越多，越能全面、客观、准确地反映该系统的本质特征，但指标过多，其关联性也较强，存在信息冗余，造成计算和评价困难；另一方面，很多系统的本质特征虽然不多，但难以直接观测和提取，因此只能通过具有可观测性的特征来间接求取。为了解决上述问题，因子分析法应运而生。

因子分析法的基本假设是表征事物本质的不可观测因子隐含于众多可观测事物背后，这些因子虽难以直接观测与度量，但均可从复杂的外在现象中计算抽取而得。实现这一假设的数学基础就是共变抽取，即受到同一个因子影响的被观测量，其共同相关之处即该因子所在的部分，以该因子的共变相关部分来表征。

因此，因子分析具有特定的应用条件。首先，因子分析以变量共变关系为分析基础，变量均需为连续变量，满足线性关系假设。抽样过程需为一定规模的随机抽样，样本量与变量数比例应超过 5∶1。变量间的相关要适度，相关度过高，多重共线性明显，而区分效度不够，导致因子结构价值不高；相关度过低，则难以抽取公共因子。此外，要求因子变量间线性相关性较低，且具有命名解释性。而且因子变量并非是对原有变量的简单取舍，而是通过最少个数的因子线性函数与特殊因子之和来描述各个可观察变量，实现对原有变量结构的重构，以反映原有变量的绝大部分信息，即实现信息失真最小化。这样才能有效地消除观测指标间的信息重叠，将事物的本质属性抽象出来。

因子分析分为 R 型与 Q 型两种常用类型。R 型因子分析的对象是变量，通过研究变量相关系数矩阵的内部结构，找出可控制全部变量的少数几个随机变量，以描述多个随机变量之间的相关关系。随后，按照变量间的相关性大小将其分组，同组内变量相关性较高，不同组变量相关性较低。Q 型因子分析的对象是样本，计算样本相似系数矩阵，其余思路与 R 型因子分析相同。

此外，应用因子分析法还有探索性与验证性之分。探索性因子分析(EFA)是指无任何前提预设假定，观察寻找变量因子结构、确定因子内容及变量分类。利用共变关系的分解，发现最低限度的主要成分，并探讨主成分或公共因子与个别变量之间的关系，找出观察变量与其对应因子之间的强度，即因子载荷，用以揭示因子与其所属观察变量的关系，决定因子的内容并命名。验证性因子分析(CFA)是指事先对研究对象潜在变量的内容与性质已有明确说明或解释，且相应观测变量的结构已先期确定，因子分析的目的是检验上述说明、解释及结构的合理性。

2. 因子分析法的数学模型

因子分析法的核心思想是采用相互独立的少量因子变量来取代原来变量的主要信息。分别记 p 个原有标准化变量(均值为 0、标准差为 1)为 x_1、x_2、x_3、…、x_p，分别记 F_1、F_2、F_3、…、F_m 为 m 个因子变量，且有 $m<p$，有

$$\begin{cases} x_1 = a_{11}F_1 + a_{12}F_2 + \cdots + a_{1m}F_m + a_1\varepsilon_1 \\ x_2 = a_{21}F_1 + a_{22}F_2 + \cdots + a_{2m}F_m + a_2\varepsilon_2 \\ \qquad\qquad\qquad \vdots \\ x_p = a_{p1}F_1 + a_{p2}F_2 + \cdots + a_{pm}F_m + a_p\varepsilon_1 \end{cases}$$

其矩阵形式为 $X = AF + a\varepsilon$。$F = (F_1, F_2, \cdots, F_m)$ 为不可测量向量，称为因子变量或公共因子，其均值为零，协方差为 1，即向量 F 的各分量 F_i 相互独立，可视为高维空间中互相正交的 m 个坐标轴。a_{ij} 称为因子载荷，即第 i 个原有变量在第 j 个因子变量上的负荷(相关系数)，反映了 x_i 在第 j 个因子变量上的相对重要性，由此可得因子载荷矩阵 A。若将 x_i 视为 m 维因子空间中的一个向量，a_{ij} 即为 x_i 在坐标轴 F_j 上的投影，类似于多元回归中的标准回归系数。ε 为特殊因子，与向量 F 相互独立，其均值向量为零，表征原有变量无法被因子变量所解释的信息，类似于多元回归分析中的残差。因子分析中还有两个重要概念：变量共同度和公共因子方差贡献。

变量共同度即公共方差，表示所有公共因子变量对原有变量 x_i 的总方差解释说明比例，是衡量因子分析效果的重要指标之一。x_i 的共同度为因子载荷矩阵 A 中第 i 行元素的平方和：

$$h_i^2 = \sum_{j=1}^{m} a_{ij}^2$$

x_i 的方差由 h_i^2 和 ε_i^2 组成。h_i^2 表示公共因子对原有变量的方差解释比例，ε_i^2 表示原有变量方差中无法被公共因子所表征的部分。h_i^2 接近 1 的程度，反映了公共因子解释原有变量信息程度的高低。换言之，h_i^2 反映了变量 x_i 信息的丢失程度。如果多数变量的共同度均大于 0.8，说明提取出的公共因子可基本反映各原始变量 80%以上的信息，即信息丢失较少，因子分析效果较好。

公共因子 F_j 的方差贡献则是因子载荷矩阵 A 中第 j 列各元素的平方和：

$$S_j = \sum_{i=1}^{p} a_{ij}^2$$

S_j 反映了该因子对所有原始变量总方差的解释能力，值越高表明该因子的重要程度越高。

3. 因子分析法的基本步骤

因子分析法的核心问题是因子变量的构造与解释。因子分析法的基本步骤也是围绕着该问题展开的，具体分为以下五步。

1) 原始样本数据的标准化

原始样本数据的标准化包括指标正向化与无量纲化处理两部分。

指标正向化是将逆向指标、适度指标转化为正向指标，即指标数值越大评价越好。指标数值越小评价越好的指标称为逆向指标；指标数值越接近某个给定值评价越好的指标称为适度指标。

逆向指标正向化方法为

$$X_i' = (X_{max} - X_i) / (X_{max} - X_{min})$$

其中，X_{max}、X_{min} 分别为指标的最大值与最小值。

适度指标正向化方法为

$$Y_{xy} = -| X_{xy} - M |$$

其中，Y_{xy} 为正向后数据；X_{xy} 为原始数据；M 为适度值。

无量纲化是利用数学变换将不同指标转化为统一的相对值，消除各指标量纲不同的影响。具体方法有标准化法、均值法以及极差正规化法等。标准化法为

$$Z = \frac{X - \overline{X}}{\sigma_x}$$

其中，$\overline{X}$ 为 X 的数学期望；σ_x 为 X 的标准差。

2) 确定因子分析法对原有变量分析的适用性

因子分析的本质是从众多原始变量中构造出少数代表性因子变量，因此其内在要求原有变量相关性较强，否则难以提取出反映某些变量共同特性的少数公共因子变量。为此，需要

进行原有变量的相关分析。只有多数相关系数大于 0.3 且通过统计检验，方可适用因子分析法。统计检验常采用巴特利特球形检验(Bartlett Test of Sphericity)、反映像相关矩阵检验(Anti-image Correlation Matrix)以及 KMO(Kaiser-Meyer-Olkin)检验等方法。

巴特利特球形检验的基础为变量的零假设相关系数矩阵，该矩阵为单位阵，矩阵对角线上的所有元素均为 1，其余元素均为 0。该检验统计量基于相关系数矩阵的行列式而得，若该值较大且其对应的相伴概率值低于用户主观的显著性水平，零假设则应被拒绝，即认为相关系数矩阵非单位阵，表明原有变量确实相关，满足采用因子分析的前提条件，适用因子分析法；否则，判定为不满足因子分析的前提条件，不适用因子分析法。

反映像相关矩阵检验的基础为变量的偏相关系数矩阵，对该矩阵所有元素取反，得出反映像相关矩阵。偏相关系数是在控制了其他变量对两变量影响的前提下求得的相关系数，若变量之间重叠影响较多，对应的偏相关系数就较小。进而，若反映像相关矩阵中部分变量绝对值较大，则表明该变量无法适用因子分析法。

KMO 统计量定义为

$$KMO = \frac{\sum\sum_{i \neq j} r_{ij}^2}{\sum\sum_{i \neq j} r_{ij}^2 + \sum\sum_{i \neq j} p_{ij}^2}$$

该统计量取值范围为[0，1]，用于变量间简单相关系数与偏相关系数的比较，其中，r_{ij}^2 为变量 i、j 的简单相关系数，p_{ij}^2 为变量 i、j 的偏相关系数。KMO 值越接近上限，则表明全部变量间的简单相关系数平方和大于偏相关系数平方和，越适用因子分析法。常用的 KMO 检验法适用判定标准为：KMO≥0.9，非常适用；0.9>KMO≥0.8，适用；0.8>KMO≥0.7：一般；0.7>KMO≥0.5，不太适用；KMO<0.5，不适用。

3) 构造因子变量

这一步需要计算相关矩阵 R 的特征值与特征向量根。据特征方程$|R-\lambda E|=0$，求取相关矩阵的特征值λ及其特征向量 A，λ值描述了各因子在解释对象时所起的作用大小。

因子贡献率表示各因子变异程度占所有因子变异程度的比例：

$$C_i = \frac{\lambda_i}{\sum_{i=1}^{P} \lambda_i}$$

其中，C_i 为方差贡献率。一旦累积贡献率≥85%或特征根λ≥1，即可确定公共因子数目。

求解初始因子载荷矩阵 $X=AF$，子载荷矩阵 A 并不唯一，因子变量确定方法有多种。因子个数可以采用主成分分析法、主轴因子法、极大似然法、最小二乘法等来确定，也可以人为设定。

主成分分析法通过线性方程式将所有变量合并，抽取全部变量共同解释的变异量，取该线性组合为主成分，计算第一个主成分估计值。再对其余变异量进行第二次方程式线性合并，抽取第二个主成分。反复类推，直至无法再抽取为止，最终保留那些解释量较大的变量。

主轴因子法则是分析变量间的共同变异量而非全体变异量。其计算与主成分分析法不同，采用共同性来取代相关矩阵中的对角线 1，以抽取出一系列互相独立的因子。第一个因子最大限度地表征了原来变量间的共同变异量；第二个因子解释剩余共同变异量的最大变异，反复类推，依次解释剩下的变异量中的最大部分，直至所有的共同变异被分割完毕。

4) 因子旋转

构建因子分析模型，其目的不仅在于抽取出主因子，更重要的是对每个主因子释义，即提供可解释性，以便对实际问题进行分析。若抽取的 m 个主因子的典型代表变量不突出或其实际意义不明显，就需要进行适当的因子旋转，以得到较为满意的主因子，获得较为明显的实际含义。因子旋转的作用是使因子载荷矩阵中因子载荷的平方值向 0 和 1 两极分化，使大的载荷更大，小的载荷更小，以提供更强的可解释性。这一步的要点在于明晰因子与原始变量之间的关系，以确立因子间的最简单结构，也就是令每一个变量仅在一个公共因子上具有较大载荷，而在其他公共因子上载荷较小。因子旋转方法有正交旋转和斜交旋转之分。

正交旋转在旋转过程中因子间轴线夹角为直角，即因子间相关设定为 0，具体可采用最大变异法、四方最大法、均等变异法等。正交旋转基于各因子相互独立的前提，可最大限度地区分各因子，但这种相互独立的假设前提往往与现实不符，易产生偏差。

斜交旋转则允许因子间具有一定相关性，旋转的同时估计因子的关联情形，具体可采用最小斜交法、最大斜交法、四方最小法等。这种方法可精确地估计变量与因子的关系，较为贴近实际。

5) 计算因子变量的得分

因子分析模型构建完成后，需要对每个样本在整个模型中的地位进行综合评价。此时，需要将公共因子以变量的线性组合的形式来表征，即由各项指标值来估计其因子得分。通过因子载荷矩阵 A，可求取因子的因子得分系数矩阵 B。计算各因子得分 $F=BZ$，再以各因子方差贡献率占因子总方差贡献率之比为权重加权，汇总而得因子变量的综合得分：

$$F = \frac{\lambda_1}{\sum\limits_{i=1}^{m} \lambda_i} F_1 + \frac{\lambda_2}{\sum\limits_{i=1}^{m} \lambda_i} F_2 + \cdots + \frac{\lambda_m}{\sum\limits_{i=1}^{m} \lambda_i} F_m$$

利用综合得分，即可得出各因子变量的得分排序。

4. 主成分分析法与因子分析法的异同

主成分分析法与因子分析法均需要使用因素(成分或因子)，二者既有联系，又有不同。二者均为数据挖掘的常用方法，有助于对原始数据的更好理解，并实现降维等操作。从某种意义上来说，因子分析可视为主成分分析的推广，二者本质相同，都是将多个变量转化为少数几个综合变量的多变量分析方法，通过对样本数据的分解，让样本在给定的指标下获得明显的分离。因子分析法既涵盖了主成分分析法这种选取可观测量的情况，又增加了基于不可观测量分析的情况。至于因子分析的特殊因子项与主成分分析看起来不同，只是由于因子分析选取的观测量不佳导致噪声增加，理想情况下，该噪声并非为区分二者的本质因素。主成分分析法与因子分析法的异同如表 5.1 所示。

表 5.1　主成分分析法与因子分析法的异同

异同	子类	主成分分析法	因子分析法
相同点	基本原理方面	均为多元统计分析中处理降维的统计方法；均基于多变量的相关系数矩阵；均以少数几个不相关综合变量概括多个较强相关变量的信息	
不同点	基本原理方面	各主成分均为原始变量的线性组合，各主成分互不相关，且比原始变量性能更优	基于原始变量相关矩阵内部的依赖关系，将关系复杂的变量表示为少数公共因子和仅对某变量有作用的特殊因子线性组合，更倾向于描述原始变量之间的相关关系
	线性表示方向	将主成分表示为各变量的线性组合	将变量表示为各公共因子的线性组合
	假设条件	不需要假设条件	假设各公共因子不相关，特殊因子也不相关，公共因子与特殊因子之间也不相关
	求解方法	基于协方差矩阵(通过样本数据来估计协方差矩阵)，基于相关矩阵(通过样本数据来估计相关矩阵 R)	主成分法、主轴因子法、极大似然法、最小二乘法、因子提取法等
	主成分和因子的变化	当给定的协方差矩阵或相关矩阵特征值唯一时，主成分通常为固定的、独特的	因子并不固定，可因不同旋转得到不同因子
	因子数量与主成分的数量	主成分数量一定，一般有几个变量就有几个主成分	因子个数需由分析者指定，指定的因子数量不同，其结果也不同
	解释重点	重点解释各变量的总方差	重点解释各变量间的协方差
	算法	协方差矩阵的对角元素为变量的方差	协方差矩阵对角元素不是变量的方差，而是与变量相对应的共同度
	应用场景	主成分分析+判别分析，用于变量多而记录数不多的情况；主成分分析+多元回归分析，用于帮助判断是否存在共线性，并进行处理	因子分析，寻找或证实变量之间的潜在结构；因子分析+多元回归分析，解决共线性问题；因子分析+聚类分析，寻找并简化聚类变量

5.3.3　聚类分析法

1. 聚类分析法的概念

聚类分析(Cluster Analysis)也称为群分析、点群分析，是指将所研究的物理或抽象对象的集合分组为由类似的对象组成的多个类的多变量统计分析过程。聚类分析方法的思路是对样本对象的类别个数及结构事先未知，而对样本对象之间的相似性(Similarity)和相异性(Dissimilarity)数据进行分析，同时将相似(相异)数据视作对象间的"距离"远近的度量，距离较近的对象视为一类(或簇)，即具有较大的相似性，而不同类(或簇)的对象之间距离较远，即具有较大的相异性。聚类方法源自数学、计算机科学、统计学以及各种工程科学，在不同的应用领域获得了广泛应用。

聚类与分类(Classification)的概念不同，分类的前提是所划分的类的个数与结构是已知的，而聚类这种探索性的分析，则要求划分的类的个数与结构均是未知的，不必事先给出分类标准，而是从样本数据出发，自动生成类别。

以统计学的角度视之，聚类分析是利用数据建模来实现数据简化。以人工智能与机器学习的角度视之，聚类分析相当于搜索(隐藏模式)类的无监督学习过程。无监督学习不需要依赖预先定义的类或带类标记的训练实例，而是由聚类学习算法自动确定标记，也就是说，聚类为观察式而非示例式学习。

根据所处理对象的不同,聚类分析可以分为 Q 型和 R 型。Q 型可以视为对于样本的聚类,而 R 型则可以视为对于变量的聚类。常用的聚类分析方法有基于层次的方法、基于划分的方法、基于网格的方法、基于密度的方法和基于模型的方法。

2. 样本数据及指标变量相似度的度量

聚类分析是以样本对象之间的相似性为依据的,而这种相似性又以样本对象之间的“距离”远近程度来度量。接下来,我们将讨论样本及其变量之间的距离表示方法。不妨设每个样品 X_i 有 p 个变量(指标)来描述样品的不同属性,构成一个 p 维向量。此时,可将 n 个样品视 p 维空间中的 n 个点, X_i、 X_j 两个样品的相似程度即 p 维空间中对应两点的距离。设 X_{ik} 为第 i 个样本的第 k 个指标,数据矩阵如表 5.2 所示。记 X_i 与 X_j 的距离为 d_{ij}。

表 5.2　p 维空间中的 n 个点的数据矩阵

样本	变量			
	x_1	x_2	$\cdots$	x_p
1	x_{11}	x_{12}	$\cdots$	x_{1p}
2	x_{21}	x_{22}	$\cdots$	x_{2p}
$\vdots$	$\vdots$	$\vdots$		$\vdots$
n	X_{n1}	x_{n2}	$\cdots$	x_{np}

距离 d_{ij} 必须满足下列条件。

(1)对于任意 i, j,均有 $d_{ij} \geqslant 0$。

(2) $d_{ij}=0$,当且仅当 i, j 个样本的各变量均相同。

(3)对于一切 i, j,均有 $d_{ij} = d_{ji}$。

(4)对于一切 i, j, k,均有 $d_{ij} \leqslant d_{ik} + d_{kj}$。

不难看出, d_{ij} 实际上为向量的 Lp 范数(Norm),可直观理解为向量长度、向量到零点的距离或两点之间的距离。下面给出具体的距离计算方法。

1)闵可夫斯基距离

闵可夫斯基(Minkowski)距离,简称闵氏距离:

$$d_{ij}(q) = \left(\sum_{k=1}^{p} | X_{ik} - X_{jk} |^q \right)^{1/q}$$

$q = 1$ 时, $d_{ij}(1) = \sum_{k=1}^{p} | X_{ik} - X_{jk} |$,称为曼哈顿(Manhattan)距离,为绝对距离,与 L_1 范数对应。

$q = 2$ 时, $d_{ij}(2) = (\sum_{k=1}^{p} | X_{ik} - X_{jk} |^2)^{1/2}$,称为欧几里得(Euclid)距离,简称欧氏距离,与 L_2 范数对应。欧氏距离简单易用,但其缺点是未考虑样本的差异性,即将样本的不同属性(即各变量或各指标)之间的差别等同看待,很多实际应用均无法满足此要求。

$q = \infty$ 时, $d_{ij}(\infty) = \max_{1 \leqslant k \leqslant p} | X_{ik} - X_{jk} |$,称为切比雪夫(Chebyshev)距离,与 L_∞ 范数对应。

2) 兰氏距离

兰氏 (Lance and Williams) 距离，又称为堪培拉 (Canberra) 距离：

$$d_{ij}(L) = \frac{1}{p}\sum_{k=1}^{p}\frac{|X_{ik}-X_{jk}|}{X_{ik}+X_{jk}}$$

兰氏距离可视为曼哈顿距离的加权版本。兰氏距离仅适用于一切 $X_{ij}>0$ 的情况。该距离不受各指标之间量纲的影响。由于它对奇异值不敏感，因此特别适用于高度偏倚的数据。不过，兰氏距离假定变量之间相互独立，并未考虑指标变量之间的相关性。

3) 马氏距离

马氏 (Mahalanobis) 距离表示的是数据的协方差距离，因此它考虑了观测变量之间的关联性。设 X_i 与 X_j 是来自均值向量为 μ、协方差为 Σ (>0) 的总体样本空间 G 中的 p 维样品，则两个样品间的马氏距离为

$$d_{ij}{}^{2}(M) = (X_i - X_j)'\Sigma^{-1}(X_i - X_j)$$

马氏距离考虑了各种特性之间的联系 (例如，网络带宽与新建连接速率密切相关)，并且具有尺度无关性 (Scale-invariant)，即独立于测量尺度。如果各变量相互独立，其协方差矩阵则为对角阵，此时，马氏距离就退化为加权欧几里得距离，加权值为各观测指标的标准差的倒数。因此，又称马氏距离为广义欧几里得距离。马氏距离考虑了总体样本的变异性，也不受各指标量纲的影响，对原始数据进行线性变换并不会改变其马氏距离。

4) 余弦距离

多元数据中的变量表现为向量，如三维空间中的变量可用一个有向线段来表示。因此，对于变量间的相似性，可从方向趋同性或相关性方面来考察，可以用夹角余弦来表示的余弦距离描述，也可以使用下面所讲的相关系数来度量。

余弦距离是以两个向量内积空间的夹角余弦值来度量其相似性。将变量 X_i 与 X_j 视为 p 维空间的两个向量，其夹角余弦为

$$\cos\theta_{ij} = \frac{\sum_{k=1}^{p}X_{ik}X_{jk}}{\sqrt{\left(\sum_{k=1}^{p}X_{ik}^{2}\right)\left(\sum_{k=1}^{p}X_{jk}^{2}\right)}} , \ 且 \ |\cos\theta_{ij}| \leqslant 1$$

此处所讲的余弦夹角是一种广义的距离概念，可用于任何维度的向量比较，特别适用于高维空间中的聚类分析。两者的余弦夹角越接近于 1，其距离越近。

5) 相关系数

相关系数经常用来度量变量间的相似性。变量 X_i 与 X_j 的相关系数定义为

$$r_{ij} = \frac{\sum_{k=1}^{p}(X_{ik}-\bar{X}_i)(X_{jk}-\bar{X}_j)}{\sqrt{\sum_{k=1}^{p}(X_{ik}-\bar{X}_i)^{2}\sum_{k=1}^{p}(X_{jk}-\bar{X}_j)^{2}}} , \ 且 \ |r_{ij}| \leqslant 1$$

二者的相关系数越接近于 1，其距离越近。

3. 基于层次的聚类算法

基于层次的聚类算法(Hierarchical Clustering Method,又称为分层聚类法或系统聚类法),是先计算样本距离,逐次将距离最近的点合并到同一类,距离最近的类再合并为一个大类,逐渐将样本数据组织为若干类,聚类过程可以通过直观的树形图来表示。自下而上形成层次的聚类方法称为聚集型聚类算法,而自上而下形成层次的聚类算法则称为分割型聚类算法。层次聚类算法未使用准则函数,对样本数据结构做出的假设较少,因而具有较强的通用性。

聚集型聚类采用自下而上策略,将每个聚类样本视为一个原子类,然后逐步合并原子类使之规模不断增大,直到所有样本均处于同一类中,或达到某个终止条件(如阈值)。大多数层次聚类方法都类似,区别在于其类间相似度定义的差异。

分割型聚类算法采用自上而下策略,将所有聚类样本归为一类,然后依据距离最小原则,依次分割为两类,使其中一类尽量远离另一类,逐步细分为越来越小的类,直至每个样本自成一类,或满足给定的终止条件要求(如给定的阈值),最后根据归并的先后顺序得出聚类谱系图。

分层聚类首先要定义类间距离,基于不同的类间距离定义,产生相应的系统聚类法,其聚类步骤基本一致,常用的有最短距离法、最长距离法、中间距离法、重心法、类平均法、可变类平均法、可变法以及离差平方和法等。仍以 d_{ij} 表示样品 X_i 与 X_j 之间的距离,以 D_{ij} 表示类 G_i 与 G_j 之间的距离。以下择要简述相关方法。

1) 最短距离聚类法

最短距离聚类法,又称单一连接(Single Linkage)或最近邻(Nearest Neighbor)连接。采用该方法时,先将每个样品各自视为一类,计算其两两距离,得出所有样品的距离矩阵 $D_{(0)}$,显然此时 $D_{ij} = d_{ij}$。

然后再按照公式:

$$D_{ij} = \min_{X_i \in G_i, X_j \in G_j} d_{ij}$$

在原 $m \times m$ 距离矩阵的非对角元素中找出距离最小的元素,其最小距离记为 D_{pq}。将类 G_p 与 G_q 两者合并为新类 $G_r = \{G_p, G_q\}$,则任一类 G_k 与 G_r 的距离为

$$D_{kr} = \min_{X_i \in G_k, X_j \in G_r} d_{ij}$$
$$= \min\{\min_{X_i \in G_k, X_j \in G_p} d_{ij}, \min_{X_i \in G_k, X_j \in G_q} d_{ij}\}$$
$$= \min\{D_{kp}, D_{kq}\}$$

重复上述步骤,直至全部样本元素聚为一类。若在某一步计算中出现多个元素距离均最小的情况,则可将这些类合并为一类。

2) 最长距离聚类法

最长距离聚类法,又称为完全连接(Complete Linkage)或最远邻(Furthest Neighbor)连接。该方法与最短距离聚类法的并类步骤一致,区别在于最长距离聚类法采用最长距离来度量样本及各类之间的距离。将类 G_i 与 G_j 间距离定义为

$$D_{pq} = \max_{X_i \in G_p, X_j \in G_q} d_{ij}$$

先将每个样品各自视为一类，计算其两两距离，将距离最小的两类 G_p 和 G_q 合并为 G_r，则任一类 G_k 与 G_r 类的距离为

$$
\begin{aligned}
D_{kr} &= \max_{X_i \in G_k, X_j \in G_r} d_{ij} \\
&= \max\{ \max_{X_i \in G_k, X_j \in G_p} d_{ij}, \max_{X_i \in G_k, X_j \in G_q} d_{ij} \} \\
&= \max\{ D_{kp}, D_{kq} \}
\end{aligned}
$$

重复上述步骤，直至全部样本元素聚为一类。若在某一步计算中出现多个元素距离均最小的情况，则可将这些类合并为一类。

3）中间距离聚类法

中间距离聚类法是取最短、最长距离这两种极端情况的折中。采用中间距离将类 G_p 与 G_q 合并为类 G_r，则任一类 G_k 与 G_r 的距离为

$$
D_{kr}^2 = \frac{1}{2} D_{kp}^2 + \frac{1}{2} D_{kq}^2 + \beta D_{pq}^2, \qquad -\frac{1}{4} \leqslant \beta \leqslant 0
$$

设 $D_{kq} > D_{kp}$，最短距离法时有 $D_{kr} = D_{kp}$，最长距离法时有 $D_{kr} = D_{kq}$。上式即为取其中间某点来计算 D_{kr}，点的位置依据 β 的取值来调节。

此外，常用的还有重心法(类间距离定义为两类的重心间的距离)、类平均法(类间距离定义为两类的元素两两之间的平均距离)、变差平方和(沃德法，分类时力求类内元素间的变差平方和尽可能小、类间的变差平方和尽可能大)。

通过以上方法可以看出，各种距离聚类法的步骤完全一致，只是距离的定义不同。事实上，可以用一个统一公式来定义其距离，即

$$
D_{kr}^2 = \alpha_p D_{kp}^2 + \alpha_q D_{kq}^2 + \beta D_{pq}^2 + \gamma \left| D_{kp}^2 - D_{kq}^2 \right|
$$

其中，α_p、α_q、β、γ 等参数取值如表 5.3 所示。

表 5.3　不同的距离聚类法的参数取值

方法	α_p	α_q	β	γ
最短距离法	1/2	1/2	0	0
最长距离法	1/2	1/2	0	1/2
中间距离法	1/2	1/2	−1/4	0
重心法	n_p/n_r	n_q/n_r	$-\alpha_p \alpha_q$	0
类平均法	n_p/n_r	n_q/n_r	0	0
可变类平均法	$(1-\beta)\,n_p/n_r$	$(1-\beta)\,n_q/n_r$	β (<1)	0
可变法	$(1-\beta)/2$	$(1-\beta)/2$	β (<1)	0
离差平方和法	$(n_p+n_k)/(n_r+n_k)$	$(n_q+n_k)/(n_r+n_k)$	$-n_k/(n_r+n_k)$	0

至此不难看出，采用不同的距离定义，其聚类结果基本一致，但并非完全相同。应结合实际问题的具体情况和专家经验，合理选取所用聚类距离。

在聚类方法中，还有两个重要概念：单调、空间守恒。单调是指聚类时每一步的距离均大于前一步，满足单调性的好处是可使形成的聚类树形图非常直观；空间守恒是指空间既未收缩也未扩张。例如，中间距离法的距离取中，既非最短而导致空间收缩，也非最长而导致

空间扩张。满足单调性的聚类方法有最短距离法、最长距离法、类平均法、变差平方和法。满足空间守恒性的聚类方法有中间距离法、中心法、类平均法。

基于层次的聚类方法对初始数据集不敏感，同时能够很好地处理孤立点和"噪声"数据，而且不需要指定类的个数。该方法的缺点是复杂度高，时间复杂度为 $O(O_p^2 \log N_p)$，空间复杂度为 $O(N_p^2)$，导致其对大数据集的适用性较差。此外，重叠点难以决定要凝聚或分割，导致聚类结果产生偏差，而且一旦执行了某个凝聚或分割，就无法对其进行修正。

4. 基于划分的聚类算法

划分，就是将样本划分为类。设待聚类样本库含 N_p 个数据样本，以及即将生成的类数目为 $K(K \leqslant N_p)$，K 需人为指定。划分聚类通常从初始划分开始，通过重复控制策略，使给定的准则函数最优。显然，划分聚类本质上为优化问题。优化问题通常需要采用迭代方法，且易于局部收敛。常用的基于划分的聚类算法有 K-均值(K-means)、K-中心点(K-medoids)、大型应用中的聚类方法(CLARA)、基于随机选择的聚类算法(CLARANS)、模糊 C 均值(FCM)等，其中以 K-means 和 FCM 聚类算法为典型代表，也最为常用。

1) K-means 聚类算法

K-means 聚类算法聚类效率较高，同时有多种扩展和改进算法广泛应用于大规模数据聚类场景。该算法以 K 为参数，将 n 个对象分成 K 类，使类内相似度较高，而类间相似度较低。其聚类步骤如下。

(1)随机选择 K 个对象，初始代表某个类的均值或聚类中心。

(2)按照剩余各对象与上述 K 类中心的距离，将各对象分别归入与其距离最近的类。重新计算各类的均值。

(3)重复步骤(2)，直至给定的准则函数收敛，终止聚类。

K-means 聚类算法的准则函数通常选用平方误差准则。平方误差准则通常使用欧几里得距离，以求生成的类尽可能紧凑独立。该算法在逻辑和实现上简单、直接，易于理解，尤其是在低维数据集聚类上表现优秀。但是，对于高维数据，该算法计算速度较慢。此外，K-means 聚类算法要求人为设置聚类数 K，该参数需要进行估计，初始点是随机选取的，因此具有一定的不确定性。

2) FCM 聚类算法

FCM 聚类算法，本质是以模糊集合论为数学基础的聚类分析。FCM 以隶属度来确定每个样本属于某个类的程度，其算法流程如下。

(1)数据矩阵标准化；实际决策问题中，存在各样本数据量纲不同的情况，因此需要对样本数据进行适当的变换处理。同时，变换处理后所得数值也不一定都在区间[0, 1]上。数据标准化的作用就是按照模糊矩阵的要求，将样本数据压缩变换到区间[0, 1]上。具体的变换方法可以采用标准差平移变换、极差平移变换、对数变换等。

(2)建立模糊相似矩阵，对隶属矩阵进行初始化标定；两个样本间的相似系数按照传统聚类方法确定，具体可采用相似系数法(夹角余弦法、最大最小法、算术平均最小法、几何平均最小法、数量积法、相关系数法、指数相似系数法等)；距离法(闵可夫斯基距离等直接距离法、倒数距离法、指数距离法等)以及其他方法。

(3)算法迭代，直到目标函数收敛到极小值，得出动态聚类图。聚类时可采用基于模糊等价矩阵聚类方法(传递闭包法、布尔矩阵法等)、直接聚类法等。其中,最佳阈值 λ 的确定非常重要,具体可通过动态调整、专家给定、F 统计量计算等方式来确定。

(4)根据迭代结果,由最后生成的隶属矩阵来确定样本所属的类,得到最终聚类结果。

FCM 聚类通过计算各个样本对所有类的隶属度,提供了样本分类的有效参考,使得聚类结果更为可信。例如,若某样本对某类的隶属度在所有类隶属度中最高,则将该样本聚到该类分层可信。不过,FCM 对初始聚类中心比较敏感,也需要人为确定聚类的数量,因此容易陷入局部最优解困境。

对于低维数据聚类,传统方法已经比较成熟,但是在大数据时代,许多传统聚类算法对高维和大规模数据不再有效。其原因在于,高维数据集中存在大量无关的属性,使得在全部数据维中存在类的可能性较小,而且高维空间中数据分布较为稀疏,导致样本数据距离相近,从而使传统的基于距离的聚类方法几乎无能为力。因此,高维聚类分析成为重要发展方向。

5.3.4　时间序列模型分析法

时间序列分析法是基于随机过程理论和数理统计学的动态数据处理统计方法,旨在通过发现样本内时间序列的统计特性与发展规律性来构建时序模型,实现样本外预测。时间序列分析遵循数理统计学的基本原理,通过样本信息来推测总体信息,因此,待分析的随机变量越少,分析过程越简单,而每个变量的样本容量则是越大分析结果越可靠。

1. 时间序列分析的基本思想

时间序列数据(简称时序数据),是指同一指标按时间顺序记录的数据列,即以按时间为序的一组数字序列,是某物理量针对时间的函数值。用于时序分析的时间序列数据应具有以下特点。

(1)该组数据是现实的真实数据,是反映某一现象的统计指标,而非由数理统计实验而得。序列数据依赖于时间变化,但不一定为时间严格函数,同时,每一时刻取值或数据点位置均有一定的随机性,使用历史数据预测也难以实现完全准确。

(2)该组数据需为同口径数据,且具有可比性。

(3)该组数据为动态数据。

根据时间序列的特征,可将其分为以下几种形式。

(1)长期趋势变化:受某种基本因素所影响,现象(和观测数据)随时间变化时表现为一种确定性倾向,即按照某种规则持续稳定地呈上升、下降或平稳的趋势。这里的长期是一个相对的概念。

(2)周期性变化:受周期性因素等影响,现象(和观测数据)按照某个固定的周期呈现规则性的波动变化。

(3)循环变化:现象(和观测数据)按不固定的周期呈现出波动变化。

(4)随机性变化:现象(和观测数据)受偶然等不确定因素的影响,呈现出不规则波动变化。

工程系统中常见的时间序列,多为上述四种变化形式的叠加或组合。不同的时间序列变化需要采用不同的分析方法。

考察一个时间序列有四个角度:随机量/确定量;无记忆(仅与上一时刻相关,马尔科夫过程)/历史依赖(与多个历史时刻相关,历史依赖复杂);线性(序列的影响因素相互独立,可分解为各因素的叠加)/非线性(序列的影响因素相互不独立)；高维(是否需要降维)/低维(是否投影扩展到高维)。

时间序列分析基于系统观测所得的时间序列数据，利用曲线拟合与参数估计来构建其数学模型。模型构建要求数据为平稳时间序列，而工程实践中往往会出现非平稳的情况，当然，这些非平稳时间序列通常也具备某些典型的数据特征。因此，应考虑其数据特征来构建合适的时间序列模型。

平稳性(Stationary)是指时间序列具备的一种统计特征，该特征需要借助均值、方差、自协方差(Autocovariance)和自相关系数(Autocorrelation Coefficients)等特征统计量来描述，上述统计量其实是描述该序列的低阶矩。时间序列矩特性的时变行为实际上反映了时间序列的非平稳性质。传统的协方差函数和相关系数用于度量两个不同事件之间的相互影响程度，而自协方差函数和自相关系数则用来度量同一事件在两个不同时期之间的相关程度，即度量其自身历史行为对现在及未来的影响。虽然这些低阶矩特征统计量无法对随机序列的全部统计性质进行描述，但其概率意义明显，通常可代表随机序列的主要概率特征，具有简单、易算、实用的特点。因此，可以通过分析这些低阶矩特征量的统计特性来推断随机序列的性质。

根据限制条件的严格程度，平稳时间序列分为严平稳(Strictly Stationary)和宽平稳(Week Stationary)两类。严平稳时间序列要求序列数据的全部统计性质均不随时间而变，且其随机变量族的统计性质取决于其联合概率分布族。工程实践中，更为常见的是宽平稳时间序列。所谓宽平稳，是指其序列数据的统计性质主要取决于其低阶矩，通过保证序列低阶(二阶)平稳，就可保证其近似稳定，而不再对二阶以上的矩提出要求。因此，宽平稳又称为二阶平稳(Second-order Stationary)。不难看出，严平稳序列是宽平稳序列的特例。我们在系统工程中所称的平稳序列，通常是指宽平稳随机序列。

应用时间序列分析的基本前提是，首先承认事物的发展具有时间维的延续性，根据事物的历史数据，即可推知其未来发展趋势。其次是认识到事物的发展具有随机不确定性，即所有事物的发展均可能受偶然因素影响。由此，可以通过对系统运行的有限观测(表现为有限长度的运行记录序列数据)，构建较精确地反映该序列数据所内含的动态依存关系的数学模型，并借助该模型来预测系统的未来趋势。具体的时序分析包括：自相关分析、谱分析等一般统计分析；构建统计模型与推断；时间序列最优预测、控制与滤波等。与经典统计分析假定数据序列具有独立性不同，时间序列分析重在揭示数据序列的相互依赖关系。本质上，时间序列分析是对离散指标的随机过程进行的统计分析，因此又可将其视为随机过程统计。

根据上面的时间序列分类，可将时间序列分析相应分为确定性变化分析和随机性变化分析。确定性变化分析采用一个确定的时间函数来实现时间序列拟合，不同的变化描述为不同的函数形式，不同变化的叠加描述为不同的函数叠加。该方法适用于长期趋势变化、周期性变化和循环变化分析，具体方法有趋势预测法、平滑预测法、分解分析法等。随机性变化分析则是对不同时刻变量的相关关系进行分析，揭示其相关结构，并通过该结构来预测时间序列的未来情况。

时间序列分析主要用于系统描述、系统分析、预测以及决策和控制。系统描述是采用历史观测数据序列，用曲线拟合方式来客观描述系统；系统分析是根据观测值不同变量，以一个时间序列中的变化来说明另一个时间序列中的变化，以揭示给定时间序列的产生机理。预测常通过 ARMA 模型来拟合时间序列，并对未来值做出预测；决策和控制则是调整输入变量使系统跟随并保持给定目标值，偏离目标时施加必要控制。

时间序列分析常采用自回归(AR)、滑动平均(MA)、ARMA 以及 ARIMA、ARCH、GARCH 等模型，上述模型适用条件各异，且呈层层递进关系，即后一个模型解决了前一个模型的某个固有问题。

2. 时间序列建模基本步骤

时间序列建模的基本步骤如下。

(1)获取被观测系统时间序列动态数据，具体可采用观测、调查、统计、抽样等方法。

(2)获取到时间序列后，需要进行预处理：平稳性和纯随机性检验。

平稳性的检验有两种方法：时序图和自相关图检验；构造检验统计量进行假设检验。由于平稳时间序列的均值、方差均为常数，因此其时序图应该表明该序列始终在一个常数附近随机波动，且波动范围有界。一旦发现序列时序图呈现出明显的趋势性或周期性，即可判定其为非平稳序列。自相关图检验则是利用平稳序列通常具有短期相关性的特点，也就是说，自相关系数会随延迟期数的递增而快速向零衰减，而非平稳序列的自相关系数的衰减速度相对较慢。图检验法简便易用，但存在判别结论主观性强的缺点。此时，可以辅以统计检验方法，即构造检验统计量进行假设检验，目前常用方法为单位根检验(Unit Root Test)法。时间序列单位根检验就是对其平稳性的检验，非平稳时间序列如有单位根，常表现出明显的记忆性和波动的持续性，可通过差分方法来消除单位根，转化为平稳序列。

相距 k 期的两个序列之间相减称为 k 阶差分运算。差分运算本质是使用自回归的方式提取确定性信息。先通过原始数据序列时序图来判断非平稳序列的趋势，线性趋势的非平稳序列可直接进行差分运算，化为平稳时间序列。线性趋势显著者可采用 1 阶差分，序列蕴含曲线趋势可采用 2 阶或 3 阶差分，序列蕴含固定周期可选择步长为周期长度的差分运算来提取周期信息；而指数趋势的非平稳序列则需先取对数再差分化。

(3)基于动态序列数据，绘制相关图，并进行相关分析，求取自相关函数。相关图可反映序列变化的周期与趋势。如果在相关图中出现了跳点，即与其他数据明显不一致的观测值，如果跳点为正确值，则应在建模时予以考虑；如果跳点为反常值，则应将其调整为期望值。如果在相关图中出现了拐点，即变化趋势出现反向的临界点，则应在建模时采用分段模型来拟合。

(4)采用合适的通用随机模型来拟合时间序列的观测数据。短时间序列或简单时间序列可采用趋势模型加上误差来拟合；平稳时间序列可采用传统 ARMA 模型、自回归模型、滑动平均模型或组合-ARMA 模型等来拟合；非平稳时间序列需先对所观测时间序列进行差分转化为平稳时间序列。此阶段应确定最佳的自回归模型阶层 p 和滑动平均模型阶数 q。

3. ARMA 类预测模型

时间序列预测是指通过观测样本值对序列未来某时刻取值进行估计。在预测之前，需要进行时间序列数据的平稳性判断、白噪声判别、模型选择、参数估计及模型检验。平稳序列的常用预测方法为线性最小方差预测，其中线性是指预测值为观测样本序列值的线性函数，并实现预测值方差最小化。

ARMA 预测模型是最常用的平稳序列拟合预测模型。不失一般性，我们给出 ARMA 类预测模型的建模预测过程(图 5.1)，步骤如下。

(1) 首先对观测值序列进行预处理，得到平稳非白噪声序列。

(2) 计算处理后样本值序列的自相关系数(ACF)值与偏自相关系数(PACF)值。

(3) 根据 ACF 与 PACF 的性质，选择合适的自回归模型阶数 p 和滑动平均模型 q，利用 ARMA(p,q) 模型进行拟合。

(4) 对 ARMA(p,q) 模型中的未知参数值进行估计。

(5) 对 ARMA(p,q) 模型有效性进行检验。若拟合模型未通过检验，则重复执行步骤(3)重选模型。

(6) 对 ARMA(p,q) 模型进行优化。若拟合模型通过检验，仍重复执行步骤(3)，综合考虑多种因素，构建若干可通过检验的拟合模型，并从中选取最优模型。

(7) 利用最终选取的最优拟合模型，对时间序列进行趋势预测。

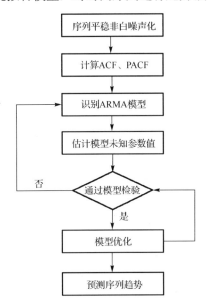

图 5.1　ARMA 建模步骤示意图

ARMA(p,q) 过程达到了一种特定的统计均衡状态，其特征不随时间而变。AR 的参数 p，表明跟 p 个历史时刻的数据自相关，MA 的参数 q，表明跟 q 个历史时刻的残差有关。记自回归滑动平均序列为 $\{X_t\}$，p 阶自回归、q 阶滑动平均模型为 ARMA(p,q) 为

$$X_t = \sum_{j=1}^{p} a_j X_{t-j} + \sum_{j=1}^{q} b_j \varepsilon_{t-j}$$

其中，$\{\varepsilon_t\}$ 为 $N(0,\sigma^2)$，实系数多项式 $\phi(z)$ 和 $\theta(z)$ 无公共根，且有 $b_0=1, a_p b_q \neq 0$；$\phi(z)=1-\sum_{j=1}^{p} a_j z^j \neq 0, |z| \leqslant 1$；$\theta(z)=\sum_{j=1}^{q} b_j z^j \neq 0, |z| < 1$，$\{X_t\}$ 为 ARMA(p,q) 模型的平稳解，可称为 ARMA(p,q) 序列。

根据时间 t 的向后推移算子 B 可得：

$$\phi(B)X_t = \theta(B)\varepsilon_t$$

接下来，进行 ARMA(p,q) 序列预测：

$$\hat{x}_t(l) = E(\phi_1 x_{t+l-1} + \cdots + \phi_p x_{t+l-p} + \varepsilon_{t+l} - \theta_1 \varepsilon_{t+l-1} - \cdots - \theta_q \varepsilon_{t+l-q} \big| x_t, x_{t-1,}\cdots)$$

$$= \begin{cases} \phi_1 \hat{x}(l-1) + \cdots + \phi_p \hat{x}(l-p) - \sum_{i=l}^{q} \theta_1 \varepsilon_{t+l-i}, l \leqslant q \\ \phi_1 \hat{x}(l-1) + \cdots + \phi_p \hat{x}(l-p), \quad l > q \end{cases}$$

其中，$\hat{x}_t(k) = \begin{cases} \hat{x}_t(k), k \geqslant 1 \\ x_{t+k}, k \leqslant 0 \end{cases}$。

ARMA(p,q) 的预测方差为：$\mathrm{Var}[e_t(l)] = (G_0^1 + G_1^2 + \cdots + G_{l-1}^2)\sigma_\varepsilon^2$。

事实上，ARMA 预测模型还可以退化为 AR 模型与 MA 模型。若平稳化序列的偏自相关函数为截尾型，而自相关函数为拖尾型，适用 AR 模型；若偏自相关函数为拖尾型，而自相关函数为截尾型，适用 MA 模型；若偏自相关函数与自相关函数均为拖尾型，则适用 ARMA 模型。

5.3.5　回归分析法

很多客观事物内部规律复杂，而人们的认识程度又不足以直接分析其内在因果关系，无法建立基于机理规律的数学模型，只能通过观测搜集大量数据并对其进行统计分析来建立模型、实现预测，回归分析法即属此类。该方法用于揭示预测目标(因变量)与预测系统(自变量)之间的关系，主要涉及三个度量：自变量个数、因变量类型以及回归线形状。

1. 回归分析法的基本思想

回归分析法基于大量观测数据，预测目标变量随其影响因素变量(自变量)而变，此时根据自变量的变化，通过数理统计方法，构建因变量与自变量之间的回归关系模型，用以定量描述其数量平均变化的相关关系，并加以外推，实现因变量变动的方向和程度趋势预测。若该关系模型以函数表达式方式体现，则称为回归方程式。

根据因变量和自变量的个数，如因果关系仅涉及因变量与一个自变量，称为一元回归分析；如因果关系涉及因变量与两个(及以上)自变量，则称为多元回归分析。根据因变量和自变量之间因果关系的函数表达式，表达式为线性时称为线性回归分析；表达式为非线性时称为非线性回归分析。

在科学和工程问题中，因变量和自变量之间的关系通常难以确定，需要通过大量的统计观测才能找出其中的规律。回归分析可以通俗地理解为统计数据(信息)的分析处理与外推预测。外推预测本质上是适度拓展已有自变量的取值范围，并假设该回归方程在拓展定义域内仍然成立，将在该拓展定义域上的外推视为对未来取值及趋势的预测。

回归分析需要判别变量之间是否存在相关关系。这种相关关系可分为确定关系(函数关系)和不确定关系两种，这两种关系均可以选择适当的数学关系式来表征，说明某一个或若干个变量变化时，另一变量或若干变量的平均变化情况。预测则是依据某个或若干个变量值来外推或控制另一个或若干个变量值,并保证这种控制或预测处于可接受的精确度范围之内。

机器学习中通常使用线性回归、多项式回归(Polynomial Regression)、岭回归(Ridge Regression)、Lasso回归和弹性回归网络(Elastic Net Regression)等模型。各种回归模型的步骤和思想具有共性,限于篇幅,此处重点讨论最为典型的线性回归分析方法。线性回归中的"线性"并非指因变量与自变量为线性关系,而是指因变量或因变量的对数等是待定系数的线性函数。非线性回归问题可通过数学手段化为线性回归问题。例如,可采用多项式回归或取对数等方法来转化。

2. 回归分析法的基本步骤

在工程问题的数据分析中,通常要对观测数据设置若干假定条件:观测独立、变量服从多元正态分布、变量无测量误差、线性关系、效应累加、方差齐性、模型完整(无无关变量、无相关变量遗漏)、误差项独立且服从$(0,1)$正态分布等。但实际工程场景得到的现实数据,通常无法完全满足上述假定条件,因此,需要通过多种回归模型来解决回归模型假定约束。

采用回归分析法首先需要对各自变量做出预测。如果各自变量易于预测甚至可由人工控制,且回归方程也较符合实际情况,则应用回归模型进行预测效果较好。为使回归方程与实际符合程度较高,应尽量对自变量的可能种类与个数进行定性判断,并基于对事物发展规律的观测,对回归方程的可能类型进行定性判断。这一切的前提都是要考虑数据维数及其他基本特征,尽可能保证观测统计数据的充分性和高质量。

下面讨论回归分析的基本步骤。

(1)确定变量并建立预测模型。变量确定分为因变量的确定和自变量的确定。因变量就是需要预测的具体目标,而影响预测目标的主要相关因素,即可确定为自变量。然后对其观测,取得观测数据。从观测数据出发,确定变量之间的定量关系,建立回归分析预测数学模型(即回归分析方程)。

(2)参数估计。估计回归分析预测数学模型中的未知参数,即求取合理的回归系数。常用的参数估计方法为最小二乘法,使从曲线或线到数据点的距离差异最小。通过最小化每个观测数据点到拟合回归线的垂直偏差平方和来计算最佳拟合线,由于在相加时进行的是偏差平方运算,因此正值和负值未相互抵消。

(3)模型检验。模型检验是指对各种关系式的可信程度进行检验。步骤(1)中确定的自变量因素与因变量预测对象相关与否、相关程度如何、相关程度判定的可信性等,是回归分析必须解决的问题,此时需要进行相关性检验来确定相关系数,并以相关系数的大小来判定自变量与因变量之间的相关程度。

(4)方差分析。方差分析的主要目的就是对预测误差进行计算。回归预测模型的可用性与预测误差的大小,决定了该回归预测模型是否可用于实际预测。只有通过模型检验且预测误差处于可接受范围(即可接受的置信区间)内,才能实现较好的实际预测效果。

(5)模型优化与预测。在步骤(3)和步骤(4)中,可能会发现所选取的变量、模型、参数及误差离理想目标尚有差距,此时应对模型进行优化,如调整变量选取、修改模型、调节参数、修正误差等,以得到最优的回归预测模型。

接下来，就可以利用所得到的最优回归预测模型，结合具体的工程条件，计算预测值，并对预测值进行综合分析，确定最后的预测值，实现对实际问题的预测和控制。

3. 一元线性回归分析

一元线性回归的基本前提是分析某一因素(自变量)对另一事物(因变量)的影响过程，在这个过程中进行了理想化假设，即只涉及了一个自变量，而假定其他影响因素确定或排除了其他影响因素。一元线性回归模型可表示为方程式：

$$y = \beta_0 + \beta_1 x + \varepsilon, \qquad \varepsilon \sim N(0, \sigma^2)$$

其中，y 是因变量；x 是自变量，对于不同的 x，y 是相互独立的随机变量；ε 是误差项；β_0、β_1 为模型参数，即待定回归系数。

1) 求取回归系数

求解回归系数需要使用一定的方法，使该系数应用于回归方程具有"合理性"，通常采用最小二乘估计法。最小二乘估计法的基本原理是，根据观测到的自变量 $x(n$ 个值 $x_i)$ 与因变量 $y(n$ 个相应值 $y_i)$ 之间的对应关系，找出特定类型的函数 $y = f(x)$，使该函数取值 $f(x_1), f(x_2), \cdots, f(x_n)$ 与观测值 $y_1, y_2, \cdots, y_n$ 在某种尺度下最接近，即在各点处的偏差平方和最小，需使：

$$Q(\beta_0, \beta_1) = \sum_{i=1}^{n} \varepsilon_i^2 = \sum_{i=1}^{n} [y_i - (\beta_0 + \beta_1 x_i)]^2$$

取最小值。

根据极值必要条件，有 $\dfrac{\partial Q}{\partial \beta_0} = 0, \dfrac{\partial Q}{\partial \beta_1} = 0$，可得 β_0、β_1 的估计值 $\hat{\beta}_0$、$\hat{\beta}_1$：

$$\begin{cases} \hat{\beta}_1 = \dfrac{n \sum\limits_{i=1}^{n} x_i y_i - \left(\sum\limits_{i=1}^{n} x_i \right) \left(\sum\limits_{i=1}^{n} y_i \right)}{n \sum\limits_{i=1}^{n} x_i^2 - \left(\sum\limits_{i=1}^{n} x_i \right)^2} \\[4mm] \hat{\beta}_0 = \bar{y} - \hat{\beta}_1 \bar{x} \end{cases}$$

其中，$\bar{x} = \dfrac{1}{n} \sum\limits_{i=1}^{n} x_i$；$\bar{y} = \dfrac{1}{n} \sum\limits_{i=1}^{n} y_i$。

因此，一元线性回归方程为直线：

$$y = \hat{\beta}_0 + \hat{\beta}_1 x$$

采用最小二乘估计法求得的 $\hat{\beta}_0$ 和 $\hat{\beta}_1$ 可使拟合回归直线 $y = \hat{\beta}_0 + \hat{\beta}_1 x$ 中的 y 和 x 之间的关系与实际数据的误差小于其他任何直线。

2) 相关性检验

若干组不同的具体数据 (x_i, y_i) 均可求出 $\hat{\beta}_0$、$\hat{\beta}_1$，但所得的回归模型是否能够真正描述 y 与 x 之间的真实关系，需要对回归模型所描述实际数据的近似程度(所得回归模型的可信程度)进行检验，即相关性检验。相关系数用于测量数据 x_i, y_i 线性相关程度，定义如下：

$$R = \frac{n\sum x_i y_i - \sum x_i \sum y_i}{\sqrt{\left[n\sum_{i=1}^{n} x_i^2 - \sum_{i=1}^{n} x_i^2\right]\left[n\sum_{i=1}^{n} y_i^2 - \sum_{i=1}^{n} y_i^2\right]}}, \quad 即\ R = \frac{\overline{xy} - \overline{x}\,\overline{y}}{\sqrt{(\overline{x^2} - \overline{x}^2)(\overline{y^2} - \overline{y}^2)}}$$

一元线性回归模型是否具有良好的线性关系可通过相关系数 R 的值及 F 值来观测。R 值域为[0, 1]，R^2 越接近 1，变量 y 与 x 的线性相关性越强，说明模型有效；R 为正，说明拟合直线斜率为正，即正相关；R 为负，说明拟合直线斜率为负，即负相关。若 R^2 接近于 0，说明测量数据点较为分散或 x_i、y_i 之间为非线性。

3) 方差分析

步骤 1) 求取的 $\hat{\beta}_0$，$\hat{\beta}_1$ 仍为随机变量，步骤 2) 进行了相关性分析。接下来需要进行置信区间估计和误差方差估计。回归分析是为了预测，而预测是否准确，则需要通过置信区间来衡量。从另外一个角度来理解，回归方程由数理统计而得，反映了实际数据的统计规律，因此，依据回归方程求得的预测值 y_0，仅仅是对应于 x_0 的单点预估值，该值的可信度如何，就需要通过置信区间来说明。如果 $\hat{\beta}_0$、$\hat{\beta}_1$ 取值区间较短，则说明回归模型精度较高。

设 $\hat{y}_i$ 为回归函数的值，y_i 为测量值，则其残差平方和为 $Q = \sum_{i=1}^{n}(y_i - \hat{y}_i)^2$，剩余方差为

$$S^2 = \frac{Q}{n-2} = \frac{\sum_{i=1}^{n}(y_i - \hat{y}_i)^2}{n-2}$$，其中，S 为剩余标准差，S^2 为 σ^2 的无偏估计量，即置信区间。S^2 值主要用于比较模型的精度，该值越小说明回归模型的精度越高。

4. 多元线性回归分析

前面分析的一元线性回归只涉及了一个自变量，但在实际的工程问题中，影响和制约因变量的通常有多个因素，仅考虑单个变量明显不够，必须考察多个因素之间的相关关系。在线性相关条件下，考察多因素的相关关系，需要采用多元线性回归方法。

多元线性回归分析就是要在线性相关的前提条件下，研究两个以上(含)自变量对某一个因变量的数量变化关系，并采用多元线性回归模型来表征。然后，根据其中一个或多个变量值来预测或控制另一个变量取值，并确定预测或控制的精确度。此外，还需要进行因素分析，判断若干因素的重要程度及其关系等。

建立多元线性回归模型，主要步骤为：采集观测数据并进行预分析(工程上，采集样本量应为可能自变量数量的 6～10 倍)；绘制散点图并据此判断是否具有线性关系，然后在建立基本回归模型的基础上，进行模型的精细分析、确认以及应用等。

设影响一个可观测随机因变量 y 的自变量(主要因素)有 m 个，记为 $x = (x_1, \cdots, x_m)$，y 受到非随机因素 $x_1, x_2, \cdots, x_m$ 和不可测随机因素 ε 的影响，其线性关系如下：

$$y = \beta_0 + \beta_1 x_1 + \cdots + \beta_m x_m + \varepsilon, \qquad \varepsilon \sim N(0, \sigma^2)$$

其中，$\beta_0, \beta_1, \cdots, \beta_m$ 是 $m+1$ 个未知参数。上式即为多元线性回归模型，y 为被解释变量(因变量)，$x_i(i=1,2,\cdots,m)$ 为解释变量(自变量)。对应的理论回归方程为

$$E(y) = \beta_0 + \beta_1 x_1 + \cdots + \beta_m x_m$$

对变量 y 与自变量 $x_1, x_2, \cdots, x_m$ 同时进行 $n\,(n>m)$ 次观测，可得 n 组观测值，采用最小二乘估计法求得回归方程为

$$\hat{y} = \hat{\beta}_0 + \hat{\beta}_1 x_1 + \cdots + \hat{\beta}_k x_m$$

1）求取回归系数

构建实际问题的多元回归方程，应对未知参数 $\beta_0, \beta_1, \cdots, \beta_m$ 进行估计，为此需进行 n 次独立观测，得到 n 组样本数据 $(x_{i1}, x_{i2}, \cdots, x_{im}; y_i)$，$i = 1, 2, \cdots, n$，满足前述多元线性回归模型：

$$\begin{cases} y_1 = \beta_0 + \beta_1 x_{11} + \beta_2 x_{12} + \cdots + \beta_m x_{1m} + \varepsilon_1 \\ y_2 = \beta_0 + \beta_1 x_{21} + \beta_2 x_{22} + \cdots + \beta_m x_{2m} + \varepsilon_2 \\ \qquad\qquad\qquad\qquad \vdots \\ y_n = \beta_0 + \beta_1 x_{n1} + \beta_2 x_{n2} + \cdots + \beta_m x_{nm} + \varepsilon_n \end{cases}$$

其中，$\varepsilon_1, \varepsilon_2, \cdots, \varepsilon_n$ 为相互独立的不可测随机误差。上式可表示为矩阵形式：$Y = X\beta + \varepsilon$，其中 $Y = (y_1, y_2, \cdots, y_n)^{\mathrm{T}}$，$\beta = (\beta_0, \beta_1, \cdots, \beta_m)^{\mathrm{T}}$，$\varepsilon = (\varepsilon_1, \varepsilon_2, \cdots, \varepsilon_n)^{\mathrm{T}}$，$\varepsilon \sim N_n(0, \sigma^2 I_n)$，$I_n$ 为 n 阶单位矩阵。

构造 $n \times (m+1)$ 阶矩阵 X 如下：

$$X = \begin{bmatrix} 1 & x_{11} & x_{12} & \cdots & x_{1m} \\ 1 & x_{21} & x_{22} & \cdots & x_{2m} \\ \vdots & \vdots & \vdots & & \vdots \\ 1 & x_{n1} & x_{n2} & \cdots & x_{nm} \end{bmatrix}$$

称 X 为设计矩阵，并假设其列满秩，即 $\mathrm{Rank}(X) = m+1$。不难看出，矩阵 Y 服从 n 维正态分布，其数学期望向量为 $X\beta$，方差和协方差阵为 $\sigma^2 I_n$，因此有 $Y \sim N_n(X\beta, \sigma^2 I_n)$。

仍采用最小二乘估计法来进行未知参数 $\beta_0, \beta_1, \cdots, \beta_m$ 的估计，即选择合适的 $\beta = (\beta_0, \beta_1, \cdots, \beta_m)^{\mathrm{T}}$，使得误差平方和：

$$Q(\beta) \hat{=} \sum_{i=1}^{n} \varepsilon_i^2 = \varepsilon^{\mathrm{T}} \varepsilon = (Y - X\beta)^{\mathrm{T}} (Y - X\beta)$$

$$= \sum_{i=1}^{n} (y_i - \beta_0 - \beta_1 x_{i1} - \beta_2 x_{i2} - \cdots - \beta_m x_{im})^2$$

最小。

因 $Q(\beta)$ 为非负二次函数，必存在最小值，记 $\hat{\beta}_i (i = 0, 1, \cdots, m)$ 为 $\beta_i (i = 0, 1, \cdots, m)$ 的最小二乘估计，分别对 $\beta_0, \beta_1, \cdots, \beta_m$ 求偏微分：

$$\begin{cases} \dfrac{\partial Q(\hat{\beta})}{\partial \beta_0} = -2 \sum_{i=1}^{n} (y_i - \hat{\beta}_0 - \hat{\beta}_1 x_{i1} - \hat{\beta}_2 x_{i2} - \cdots - \hat{\beta}_m x_{im}) = 0 \\ \dfrac{\partial Q(\hat{\beta})}{\partial \beta_1} = -2 \sum_{i=1}^{n} (y_i - \hat{\beta}_0 - \hat{\beta}_1 x_{i1} - \hat{\beta}_2 x_{i2} - \cdots - \hat{\beta}_m x_{im}) x_{i1} = 0 \\ \qquad\qquad\qquad\qquad\qquad\qquad \vdots \\ \dfrac{\partial Q(\hat{\beta})}{\partial \beta_p} = -2 \sum_{i=1}^{n} (y_i - \hat{\beta}_0 - \hat{\beta}_1 x_{i1} - \hat{\beta}_2 x_{i2} - \cdots - \hat{\beta}_m x_{im}) x_{im} = 0 \end{cases}$$

采用矩阵代数运算求取正规方程组的矩阵为

$$X^T(Y - X\hat{\beta}) = 0，即 X^T X\hat{\beta} = X^T Y$$

因 $\text{Rank}(X) = m + 1$，可得 $R(X^T X) = R(X) = m + 1$，即存在 $(X^T X)^{-1}$。解 $X^T X\hat{\beta} = X^T Y$ 可得 $\hat{\beta} = (X^T X)^{-1} X^T Y$，得出经验回归方程为

$$\hat{y} = \hat{\beta}_0 + \hat{\beta}_1 x_1 + \hat{\beta}_2 x_2 + \cdots + \hat{\beta}_m x_m$$

2) 误差方差分析

残差 $e_i = y_i - \hat{y}_i$ $(i = 1, 2, \cdots, n)$ 为各观测值 y_i 与利用回归方程求得拟合值 $\hat{y}_i$ 之差，该值其实是线性回归模型中误差 ε 的估计值 $\hat{\varepsilon}$。前面假设 $\varepsilon \sim N(0, \sigma^2)$，即 ε 均值为零、方差为常值 σ^2，因此，可利用这种残差特性来考察原假设回归模型的合理性。

为此，在回归方程中代入自变量 $x_1, x_2, \cdots, x_m$ 的各组观测值，求取因变量 Y 的拟合估计量：

$$\hat{Y} = (\hat{y}_1, \hat{y}_2, \cdots, \hat{y}_m)^2 = X\hat{\beta}$$

残差向量为

$$e = Y - \hat{Y} = Y - X\hat{\beta} = [I_n - X(X^T X)^{-1} X^T]Y = (I_n - H)Y$$

其中，$H = X(X^T X)^{-1} X^T$ 为 n 阶对称幂等矩阵。残差平方和 (SSE) 为

$$e^T e = Y^T(I_n - H)Y = Y^T Y - \hat{\beta}^T X^T Y$$

由于 $E(Y) = X\beta$ 且 $(I_n - H)X = 0$，则有

$$\begin{aligned}
E(e^T e) &= E\{\text{tr}[\varepsilon^T(I_n - H)\varepsilon]\} = \text{tr}[(I_n - H)E(\varepsilon\varepsilon^T)] \\
&= \sigma^2 \text{tr}[I_n - X(X^T X)^{-1} X^T] \\
&= \sigma^2\{n - \text{tr}[(X^T X)^{-1} X^T X]\} \\
&= \sigma^2(n - m - 1)
\end{aligned}$$

因此，$\hat{\sigma}^2 = \dfrac{1}{n - m - 1} e^T e$ 为 σ^2 的一个无偏估计，由此可得回归系数的置信区间。

3) 模型检验

回归系数置信区间不含零点，残差在零点附近表示模型精度较高。判断模型是否可用，需要利用检验统计量 R、F、p 值检验。

(1) 相关系数 R 检验法：相关系数的绝对值取值通常为 [0.8, 1]，若可回归自变量与因变量的相关系数的绝对值落入此区间，则认为二者线性相关性较强。

(2) F 检验法：因变量 y 与自变量 $x_1, x_2, \cdots, x_m$ 之间具有显著线性相关关系的条件为 $F > F_{1-\alpha}(m, n - m - 1)$。

(3) p 值检验：因变量 y 与自变量 $x_1, x_2, \cdots, x_m$ 之间具有显著线性相关关系的条件为 $p < \alpha$（α 为预定显著水平）。

如果利用上述检验统计量判断结果一致，则表明因变量 y 与自变量 $x_1, x_2, \cdots, x_m$ 之间具有显著线性相关关系，求取的线性回归模型精度较高。

5. 非线性回归分析

在前面讨论的线性回归的基础上，我们来简要分析非线性回归问题。设已知模型

$$y = f(x, \beta) + \varepsilon, \quad x = (x_1, \cdots, x_m), \quad \beta = (\beta_0, \beta_1, \cdots, \beta_k)$$

其中，$\varepsilon \sim N(0, \sigma^2)$。此处的非线性，指的是因变量对于待定参数是非线性的，即 f 对 β 是非线性的。

接下来需要估计待定参数 β，为此，首先采集 n 个独立观测数据：

$$(x_i, y_i), \quad x_i = (x_{i1}, \cdots, x_{im}) \ i = 1, 2, \cdots, n, \quad n > m$$

再记拟合误差为 $\varepsilon_i(\beta) = y_i - f(x_i, \beta)$，采用最小二乘法估计回归系数 β，将非线性回归问题转化为 β 的求取问题，且使其误差平方和：

$$Q(\beta) = \sum_{i=1}^{n} \varepsilon_i^2(\beta) = \sum_{i=1}^{n} [y_i - f(x_i, \beta)]^2$$

达到最小。

5.3.6　决策树分析法

决策树(Decision Tree)分析法，又称为分类树(Classification Tree)分析法，是一种直观运用概率分析的图解法。决策树可用于处理连续型变量或类别型的分类预测问题，本质上是博弈论、决策论中应用最广的归纳推理算法之一，也是网络空间安全当中常用的风险分析决策方法。

1. 决策树分析的基本思想

决策问题的未来可能会有多种情况，未来出现何种情况人们无法确知，因此决策者只能通过期望值进行决策,但这种推断决策只是对未来结果出现概率的期望值(即各种状态下的加权平均值)，无法考虑到所有的不确定因素，因此，该期望值与未来的实际结果并不完全等同，存在一定的决策风险。此时，可以采用决策树分析法，根据历史信息来对各种自然状态出现的概率进行推断。决策树分析法基于概率论的原理，采用树形图作为工具来描述和分析各方案在未来收益的计算过程，并以期望值为标准，进行比较与选择。决策树是一种常用的有监督学习分类方法，通过给定若干样本，各个样本均有一组属性和一个事先确定的类别，通过学习可得一个分类器，使用该分类器即可对新出现的事物进行正确分类。

具体来说，决策树的树形图以决策点来表示决策问题，以方案分枝来表示可供选择的方案，以概率分枝来表示方案可能出现的各种结果，然后对各种方案在各种结果条件下的损益值进行计算对比，供决策者决策参考，以选出具有成本效益的最优决策。若一个决策树仅有树根部一个决策点，称为单级决策；若一个决策树在树根部与树中间同时存在决策点，则称为多级决策。

不难看出，决策树法属于风险型决策方法。因此，应用决策树方法需具备一定条件，即存在决策者期望达到的明确目标；存在决策可选择的两个以上(含)的可行备选方案；存在决策者无法控制的两种以上(含)的自然状态；不同的可行备选方案在不同的自然状态下的损益

值(损失或收益值)可计算；决策者可以对不同的自然状态发生概率给出估计值。

采用决策树形式，从根节点到叶子节点的路径寻求过程即为决策过程。这种决策的本质思想就是采用超平面对数据进行递归化划分。在博弈论中常采用决策树方法来寻求最优决策，而这些决策树通常是由人工生成的。而在机器学习和数据挖掘过程中，通常是利用数据拟合、学习，从数据集中抽取出相应的决策规则。从这个意义上来说，决策树的生成过程，实际上就是对数据集进行反复切割的过程，直至实现所有的决策类别区分为止。

2. 决策树方法涉及的基本概念

决策树方法涉及的基本概念主要有决策树、特征及其选择、信息增益、信息熵等。

1) 决策树及其递归方式

决策树模型对实例进行分类，采用树形结构进行知识表示。决策树的主要构成元素为节点(Node)和有向边(Directed Edge)。决策树与自然树具有直观的对应关系，该对应关系以及在分类问题中的代表含义如表 5.4 所示。

表 5.4 决策树与自然树的对应关系以及在分类问题中的代表含义

自然树元素	对应决策树元素	分类问题中的表示意义
树根	根节点	训练实例整个数据集空间
权	内部(非叶)节点、决策节点	待分类对象的属性(集合)
树枝	分枝	属性的一个可能取值
叶子	叶节点、状态节点	数据分割(分类结果)

决策树的根节点可视为整个数据集合空间，各分节点均为一个分裂问题，旨在对一个单一变量进行测试，通过该测试将数据集合空间分割成两个(含)以上的块，各叶节点则是带有分类的数据分割。分类结果既可能是两类也可能是多类。内部节点为属性或属性集合，叶节点则是为需要学习划分的类，内部节点的属性称为测试属性。每个属性既可能为值类型，也可能为枚举类型。内部节点的测试属性既可为单变量的(即各个内节点只包含一个属性)，也可为多变量的(即存在包含若干属性的内节点)。

决策节点(常以矩形框"□"来表示)是指几种可能方案的选择，即最终选择的最优方案。多级决策的决策树中间可以存在若干个决策点，取根部决策点为最终决策方案。状态节点(常以圆圈"○"来表示)代表备选方案的期望值，按照给定的决策准则对各状态节点进行决策效果对比，选取最优方案。从状态节点可以引出若干分枝，这种分枝称为概率枝，其数目为可能出现的自然状态数，各分枝应标明该状态的出现概率。在结果节点(常以三角形"△"来表示)处，需在其右端标明每个方案在各种自然状态下取得的损益值。

测试属性的不同属性值的个数，可能会导致每个内部节点存在两个(含)以上分枝。每个内节点有且仅有两个分枝的决策树，称为二叉决策树。如果二叉决策树的结果只能有两类，则称为布尔决策树，布尔决策树易以析取范式的方法来表示。

决策树学习是指从数据集合中产生决策树的机器学习，决策树可以对数据集合进行自动分类，并能够直接转换为决策规则，可视为基于树的预测模型。该预测模型代表的是对象属性与对象值之间的映射关系。树中各节点表示相应的对象，而各个分枝路径代表的则是某个可能的属性值，各个叶节点则对应从根节点到该叶节点的路径所表示的对象的值。决策树通常只有一个输出，若想进行多个输出，则需要构建多个独立决策树来处理不同输出。

当使用一批训练实例集训练生成一棵决策树时，该决策树就能够实现基于属性取值对未知实例集的分类。决策树学习采用自顶向下的递归方式，在其内部节点对属性值进行比较，依照属性值的不同决定该节点的下行分枝，最终在决策树的叶节点得到结论。也就是说，使用决策树进行实例分类时，从树根起逐渐测试该对象的属性值，并依照分枝下行，直至到达某个叶节点，此叶节点代表的类即该对象所处的类。因此，也可将决策树视为一种特殊形式的规则集，其特征是规则的层次组织关系，从根节点到叶节点的一条路径对应着一条合取规则，而整棵决策树则对应着一组析取表达式规则。

综上，决策树以图形方式，列出了待决策问题的所有可行方案、可能出现的各种自然状态、各种可行方案在各种不同自然状态下的期望值，并能够对决策时间、决策顺序等决策过程进行直观显示。该方法因具有阶段分明、层次清晰等特点，适用于复杂的多阶段决策。

2）决策树的特征及其选择

通常，用于决策的样本数目有限，此时如果采用大量的特征则容易导致计算资源消耗太大，而且分类性能也较差。因此，需要适当选择有用特征。可以通过映射或者变换将高维空间的样本数据转换至低维空间，以实现降维。然后，再通过特征选取，去除冗余特征及不相关特征，此时，数据维度将得到进一步降低。

在选取特征时，应尽量获取尽可能小的特征子集，同时不会对分类精度、类分布产生较大的影响。生成特征子集有穷举法(Exhaustion)、启发法(Heuristic)与随机法(Random)等方法。穷举法需要枚举全部特征组合，复杂度高、实用性差。启发法利用期望的人工调度，重复迭代产生递增的特征子集，仅可获得近似最优解。随机法严重依赖于参数设置，可采用完全随机或概率随机方法。特征获取应同时考虑处理的数据类型、问题规模、分类数量、抗噪声能力、无噪声时产生最优特征子集的能力等。特征选择算法，应在允许的时间内以最小成本找出最小的、最能描述类别的特征组合，并确定合理的评价标准，以评判所得的特征组合是否最佳。首先应从特征全集中生成一个初始特征子集，并通过给定的评价函数对其进行评价，将评价结果与停止准则(Stopping Criterion)进行比较，如果该结果优于停止准则，即获得最佳特征子集。如果不满足停止准则，则继续生成一组新的特征子集，直至选择出来的特征子集满足停止准则并通过有效性验证为止。停止准则通常是与评价函数相关的一个阈值，评价函数值达到该值后即可搜索。验证过程需要在验证数据集上来验证所得到的特征子集的有效性。

3）信息熵

考虑离散型随机变量的信息熵，设离散型随机变量 X 的概率空间为

$$\begin{bmatrix} X \\ P \end{bmatrix} = \begin{bmatrix} x_1 & x_2 & ... & x_n \\ p_1 & p_2 & ... & p_n \end{bmatrix}$$

其中，p 为随机变量 x 对应的概率，$p(x) = P(X = x)$，表示相应的概率分布函数。

决策树中，需要关注 H(结果|属性) 的关系，即在已知某属性的情况下，结果的不确定性有多大，进而判断出哪个属性可使结果的不确定性减少最多。

4）信息增益

信息增益(Information Gain)，又称为信息散度(Information Divergence，Kullback–Leibler Divergence)或相对熵(Relative Entropy)。概率论与信息论中的信息增益是非对称的，用于两

种概率分布 p、q 的差异描述。一般而言，p 多代表样本或观察值的固有分布，也可能是精确计算的理论分布。q 代表一种理论、模型、描述或对 p 的估计或近似。但该差异描述并非是一种度量或距离，因为其不满足对称性，也就是说，p 到 q 的信息增益往往不等于 q 到 p 的信息增益。信息增益是决策树学习中特征选择的重要指标，定义为一个特征可为分类系统提供的信息量越多，表明该特征越重要，相应的信息增益也越大。

除了具有不对称性之外，信息增益还具有非负性，即其始终大于等于零，当且仅当两个分布相同时，信息增益为零。

信息增益反映的是一个变量因取值概率的差异而导致的信息量变化情况。若将 $p(x)$ 视为系统自身固有概率分布，而将 $q(x)$ 视为系统估计而得的经验概率分布，信息增益即为因逼近误差而导致的信息量的丢失量。

5）信息增益率

信息增益率定义为：

$$\text{GainRatio}(p\|q) = \frac{D(p\|q)}{SI(p\|q)}$$

其中，$\text{SI}(p\|q) = -\sum \frac{|p_i|}{|p|}\log_2\frac{|p_i|}{|p|}$ 称为分裂信息，表示按照属性 q 来分割测试样本集 p 的广度与均匀性。

3. 决策树生成步骤

决策树是基于实例的归纳学习方法，从一组无序、无规则元组中推理出以决策树为表示形式的分类规则。澳大利亚悉尼大学学者罗斯·昆（J.Ross Quinlan）在 20 世纪七八十年代提出并实现了迭代二叉树 3 代（Iterative Dichotomiser 3，ID3）算法，该算法是哈特（E.B.Hunt）马恩（J.Marn）与斯通（P.T.Stone）提出的概念学习系统的延伸。ID3 算法引入了信息论的思想，根据最大信息增益原则来选取划分当前数据集的最优特征。1993 年罗斯·昆又对 ID3 进行了改进，提出了 C4.5 算法。后来，为了满足大规模数据集处理需求，又出现了探索性有监督学习（Super- vised Learning in Quest，SLIQ）和可扩展并行归纳决策树（Scalable Parallelizable Induction of Decision Trees，SPRINT）等代表性算法。

生成决策树的算法主要有两步：一是决策树的递归分割（Recursive Partitioning），选择适当的算法训练样本来构建决策树。先将全部数据均放入根节点，随后对数据进行递归分片。该算法主要用来处理以离散型变量作为属性类型的问题，连续型变量需经离散化才能处理；二是决策树的剪枝，旨在去除可能的噪声或异常数据。决策树的分割停止条件为：每个节点上的数据均属于同一类别；无属性可继续用于数据分割。

1）决策树的递归分割

决策树分类正确与否大多依赖于数据源的多寡，通常的情形是，数据量越大，决策树的分类和预测结果越符合预期。递归分割是将数据分割为若干不同的小部分的迭代过程，其操作步骤如下：首先将训练样本的原始数据放入决策树的树根节点。将原始数据分成训练组和测试组两组。利用训练样本来构建决策树，在各个内部节点采用信息论方法来判别选取哪个属性为下一步分割的依据，此过程称为节点分割（Splitting Node）。

　　具体构建决策树时，需要利用信息增益来发现数据集中信息量最大的变量，据此建立一个数据节点，根据变量的不同值来分割，从而建立树的分枝，然后反复重复上述步骤，得到各下层结果和分枝，构建出完整的决策树。

　　给定数据集 S，并设类别变量 A 有不同类别为 $c_1,\cdots,c_i,\cdots,c_m$。需要利用 A 将 S 划分为 m 个子集 $s_1,s_2,\cdots,s_m$，s_i 为 S 中属于 c_i 的样本。相应的 m 种可能发生的概率为 $p_1,\cdots,p_i,\cdots,p_m$，任意样本属于 c_i 的概率为 p_i，即第 i 种结果的信息量为 $-\log p_i$，给定样本分类所得的平均信息量则为信息熵（因信息采用二进制编码，因此其对数函数的底为 2）：

$$I(s_1,s_2,\cdots,s_m) = -\sum_{i=1}^{m} p_i \log_2 p_i$$

　　接下来需要利用此前介绍的信息增益来衡量变量对训练数据集的分类能力。对每个测试变量的信息增益进行计算并比较，选取信息增益最大的变量作为 S 的分割变量，该变量具有最强的训练样本区分能力，将此变量作为当前节点的分割变量，该变量可使需要分类的样本信息量总体最小，而且反映了最小随机性或不纯性(Impurity)。继续生成每个变量值的分枝，以此划分样本。形成的每一条路径均代表一个分类规则，采用图形化模型，易于模型理解和解释。

　　2) 决策树的剪枝

　　在决策树学习和构建过程中，有可能会出现模型过拟合(Overfitting)现象。过拟合产生的原因是模型被过度训练，导致学习模型反映的并非训练(测试)数据集的全局特性，而是数据集的局部特性。具体到决策树中，一旦测试数据中的噪声或离群值导致有分枝反映该异常情形，得出的决策树模型的预测能力将不准确。为此，需要通过决策树剪枝(Tree Pruning)来解决和避免过拟合问题。

　　决策树剪枝的目标是剪除最不可靠的分枝，使决策树的每个分类均只有一个节点，即判断经过节点分割后的若干内部节点是否为树叶节点，若不是，则以新的内部节点为分枝根来生成新的次分枝。重复递归上述步骤，直至所有内部节点均为树叶节点为止。剪枝常用信息增益或卡方值等统计测量值来评判。有效剪枝后能够提升分类预测速度，也能够提升基于测试数据的正确分类能力。具体的剪枝可采用先剪枝(Prepruning)和后剪枝(Postpruning)方法。

　　先剪枝是在决策树的生成过程中设定适当的阈值指标(如采用信息增益或卡方值等)，一旦达到该阈值即停止分枝生长，即停止分类操作。如果继续进行分割，将导致低于该阈值的情况出现。停止分类的节点将成为树叶节点，并排斥了其后继节点实现"好"的分枝操作的所有可能性。不过，合理的阈值选取非常困难，阈值较高易导致决策树过分简化，阈值较低则易导致决策树简化欠充分，这就是所谓的决策树剪枝的"视界局限"问题。

　　为了克服"视界局限"问题，可以采用后剪枝方法，让决策树充分生长，直至所有的叶节点的不纯度值均最小为止。然后，对树节点进行分枝剪除，最底下未被剪除的节点将成为叶节点，并使用先前划分次数最多的类别作为标记。每个非树叶节点，需计算剪去该节点上的子树的可能错误率期望。再利用各分枝的错误率，辅以分枝评估权值，计算不对该节点剪枝的可能错误率期望。比较这两种错误率期望，并决定是否剪除该子树。这种方法可以克服"视界局限"，产生较为平衡的决策树，同时利用了所有的样本数据，不需要保留部分样本进行交叉验证。后剪枝产生的决策树通常较为可靠，但其计算量远大于先剪枝，特别是在大样本集中时更是如此。此外，还可以将先剪枝和后剪枝两种方法交叉组合使用。

4. 决策树生成算法 CART、ID3 和 C4.5

常用的决策树生成算法有分类与回归树(CART)、ID3、C4.5 和 C5.0 等。

1) CART 算法

美国加州大学伯克利分校学者布莱曼(Breiman)等提出的 CART 是一种有效的非参数分类和回归方法，通过构建二叉树达到预测目的，广泛应用于树结构产生分类和回归模型的过程。CART 算法基于自顶至下的贪心算法(Greedy Algorithm)，即对所有可能的决策树空间进行搜索，自顶至下实现决策树结构扩展，再逐步对决策树进行剪枝。CART 决策树由数据而得，并非预先确定，各个节点均采用二选一的方式进行测试，使用信息熵作为选择最优分割变量的衡量准则。如果出现过拟合现象，可通过剪枝来解决。

CART 模型以二叉树的形式给出，便于理解、使用和解释，而且具有较高的准确度。由于 CART 每次仅使用一个变量来构建决策树，所以该算法能够处理大量的变量。而且其测试数据越复杂、变量类型越多，其优越性就越显著。更为重要的是，CART 算法除了能够处理离散型数据，还可以处理连续型数据。

CART 算法首先利用已知的多变量数据来构建预测准则，然后依据其他变量值对某一个变量进行预测。用于分类时，通常先对某一被考察事物进行各种测量，如果目标变量是类别型变量，则采用给定的分类准则来确定该事物归属哪一类，即使用分类树。回归则是用于预测被考察事物的某一连续型数值，而不是该事物的归类，即使用回归树。

2) ID3 算法

ID3 的算法基础是自顶至下的贪心算法。与 CART 算法不同，ID3 算法只能处理离散型数据。ID3 算法实现的是自顶至下、分而治之的归纳过程，其核心思想是以信息熵的下降速度作为选取测试属性的标准。在决策树各级节点处选择分割属性时，选择信息增益最高的属性变量作为分割变量(Splitting Variable)，使每一处非叶节点的测试均可获得关于被测试样本最大的类别信息，由此产生决策树节点，并通过该属性的不同取值来构建分枝，然后对各分枝的子集递归调用该方法来构建决策树节点的分枝，直至所有子集仅包括同一类别的数据，如果所有数据均属于同一类别，此时熵为 0，即不存在不确定性，由此完成分割。最终得到一棵可用于新样本分类的决策树。

ID3 算法的具体步骤如下。

(1) 在整个训练样本集 S 中，选取规模为 W 的随机样本子集 S_1。由 S_1 开始，如 S_1 中样本属于同一类别，则该节点成为树叶节点，并对其进行类别标记。

(2) 若 S_1 中样本不属于同一类别，则使用信息增益选择将样本最佳分类的变量，即使得系统的信息熵值最小，以该变量作为该节点的分割变量。以该变量的各个值来产生对应的分枝，实现样本分割。这种方法的本质是期望该非叶节点到达各后代叶节点的平均路径最短，决策树平均深度较小。

(3) 逐次形成各个分割的样本决策树。若某个变量出现在一个节点上，则在后续分割时不必考虑该变量。

(4) 一旦给定节点的所有样本均属于同一类别，或无剩余变量可用于样本分割，则停止分割，完成决策树的构建。

　　ID3 算法的决策树构建速度较快，其计算时间仅随问题难度线性增加，适用于大批量数据集的处理。不过，ID3 算法对测试样本质量的依赖度较高，样本质量是指是否存在噪声和是否存在足够的样本。而且，ID3 算法仅可处理分类属性(离散属性)，无法处理连续属性(数值属性)。因此，需要将连续属性划分为若干区间转化为分类属性，而区间端点的选取则需要结合主观经验和大量计算。此外，ID3 算法生成的是多叉树，分枝数量取决于分裂属性存在的不同取值的个数，如果分裂属性取值数目较多，则难以处理。再者，该算法本身并不进行决策树剪枝，无法实现决策树优化。

　　3) C4.5 与 C5.0 算法

　　C4.5/C5.0 算法与 CART 的最大不同是，C4.5/ C5.0 在每一个节点上可以产生不同数量的分枝，而 CART 在各个节点处均采用二分法，即一个节点只能有两个子节点。实际上，C4.5/C5.0 算法是 ID3 算法的修订版，其算法基础也是自顶至下的贪心算法。

　　根据训练样本来估计每个规则的准确率，可能会造成对规则准确率的乐观估计，C4.5 采用悲观估计来补偿偏差，也可以使用独立于训练样本的一组测试样本来评估准确性。C4.5 算法继承了 ID3 算法的优点，并进行了如下改进。

　　(1) 选取信息增益率最大者而不是信息增益最大者来选择属性(即分割变量)，这样就避免了采用信息增益选择属性时偏向于选择取值多的属性的缺点(即避免过拟合问题)。

　　(2) 构建决策树时，针对各个内部节点按照用户自定义的错误预估率(Predicted Error Rate)来实现决策树后剪枝。

　　(3) 可以实现连续属性的离散化处理。在某节点上的分枝属性选取时，C4.5 对离散型描述属性的处理方法与 ID3 相同，即基于该属性的取值个数来计算；对于连续型描述属性，设在某节点上的数据集样本总量为 T，C4.5 将该节点上的全部数据样本根据连续型描述属性的具体数值，从小到大排序得到属性值的取值序列，并在该序列中生成 $T-1$ 个分割点。设置第 $i(0<i<T)$ 个分割点的取值，令其可将该节点上的数据集划分为两个子集。C4.5 将计算上述 $T-1$ 个分割点划分数据集的信息增益率，选取信息增益率最大者作为最优分割点来划分数据集。

　　(4) 可以对不完整数据(缺失值)进行处理。某些工程应用中，可能存在数据缺少某些属性值的情况。C4.5 可以为节点所对应的训练样本中该属性的最常见值，或为每个可能值赋予一个概率。

　　C4.5 算法生成的分类规则准确率较高且易于理解。不过，这些改进操作需要对数据集进行多次扫描与排序，算法效率不高。

　　为了解决 C4.5 算法的低效问题，C5.0 算法采用提升(Boosting)对其进行了改进，以提高模型准确率、提升计算速度、减少内存占用，以适用于大规模数据集的处理。因此，C5.0 算法又称为提升树(Boosting Trees)算法。C5.0 算法还支持错误分类成本的设定，按照分类错误的不同为其设定不同的成本，因此，它能够选取错误成本最小而不是错误率最小的模型。

5.4　定性与定量相结合的分析、评估与决策方法

　　在实际研究中，定性研究与定量研究常配合使用。在进行定量研究之前，研究者需借助定性研究确定所要研究的现象的性质；在进行定量研究的过程中，研究者又需借助定性研究确定现象发生质变的数量界限和引起质变的原因。

5.4.1　层次分析法

1. 层次分析法的基本思想

层次分析法(Analytic Hierarchy Process，AHP)是一种适用于多方案决策的定性与定量相结合的多准则分析决策方法,该方法自 20 世纪 70 年代由美国匹兹堡大学萨蒂(Saaty)提出后,获得了飞速发展和广泛应用。

该方法的基本思想是将决策问题转化为决策总目标进行逐层分解，将决策总目标分解成若干准则、方案等层，然后对定性指标进行量化，求取层次单排序(权重)与总排序，对各种关联因素的重要性进行逐层比较，最后进行定性与定量相结合的分析决策。该方法的特点是深入分析复杂决策问题的本质、影响因素及其内在关系，通过模拟人类思维的层次化和数量化过程，构建多准则、多方案的层次结构模型，适用于目标结构复杂或无结构特性且定量信息较少的复杂决策问题。

图 5.2 给出了典型的层次分析法递阶层次结构。

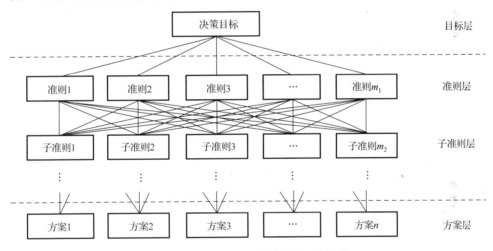

图 5.2　典型的层次分析法递阶层次结构

2. 层次分析法的步骤

层次分析法的基本步骤可分为 6 步：明确决策问题并给出决策总目标；构建递阶层次结构模型；基于比较构建判断矩阵；层次单排序及其一致性检验；层次总排序及其一致性检验；分析并得出决策结果。

1)明确决策问题并给出决策总目标

要对复杂问题进行分析决策，首先要明确其决策总目标，并将其作为递阶层次结构模型的唯一的最高层元素。

2)构建递阶层次结构模型

构建递阶层次结构模型的本质，是建立从实际要分析决策的问题到条理化、层次化递阶层次结构之间的映射关系。从层次分类上来说，AHP 递阶层次结构一般分成三层，自上而下分别如下。

最上层(目标层):该层只包含一个元素,即待分析决策问题的预定总目标。

中间层(准则层):该层可包含若干层元素(至少为1层),表示影响总目标实现的各级子准则、约束、策略等。影响复杂问题目标实现的准则、约束、策略等因素会有很多,各因素之间的相互关系也很复杂,分属不同的层次和群组,也就是说,部分元素是主要的,部分元素则是隶属于主要元素的次级元素。不同层次(及其元素)之间通常存在隶属关系,即上层元素由其所支配的下层元素构成,同层元素又分成不同群组:同群组内的元素性质相近且隶属并受支配于同一个上层元素;而不同群组内的元素性质各不相同,通常由不同的上层元素所支配。不过,有时会存在组间关系不分明的情况,例如,多个上层元素可同时对多个下层元素起支配作用,此时的层次关系呈现出相互交叉的特点,但上下层的隶属关系总体上是分明的,且整个结构不受准则层数量限制。

最下层(方案层):该层包括促使各决策目标实现的可行方案、措施等。方案层是为解决决策问题、实现决策目标、在准则层框架下提供的各种方案集合。

明确了AHP各层次因素及其位置,就可以自上而下将各元素的支配关系用直线段(作用线)连接起来,构建递阶层次结构模型,并保证同一层次及不相邻元素之间不存在支配关系。需要指出的是,每个因素所支配的下级元素通常为9个以内,如果元素过多,可采取进一步分层的方式解决;为构造典型的递阶层次结构,还可以对某些具体子层次结构引入虚元素。

3)基于比较构建判断矩阵

上面构建了递阶层次结构,接下来需要对多因素进行综合比较。因素综合比较,需要根据其相对优劣,给出多因素优劣次序。可以通过两两比较的方法,将复杂的多因素综合比较问题转化为简单的两两因素相对比较。

设有 m 个元素(准则或方案),按照某特定准则,对该 m 个元素进行两两比较,记第 $i(i=1,2,\cdots,m)$ 个元素对第 j 个元素的相对重要性为 $a_{ij}(j=1,2,\cdots,m)$,称 m 阶矩阵 $A=(a_{ij})_{m\times m}$ 为判断矩阵,该矩阵用于各元素权重解析判断,即各个元素关于某特定准则的优先权重。而两两比较的难题在于如何量化,这个问题通常采用重要性标度赋值法来解决(如表5.5所示,称为1~9标度法),并由此构成两两比较的判断矩阵。

表5.5 两两比较的重要性标度释义

重要性标度	释义
1	表示两个元素相比,二者同等重要
3	表示两个元素相比,(由经验或判断)前者比后者略微重要
5	表示两个元素相比,(由经验或判断)前者比后者明显重要
7	表示两个元素相比,(由经验或实践)前者比后者强烈重要
9	表示两个元素相比,(由经验或实践)前者比后者绝对重要
2,4,6,8	表示上述相邻判断的中间值,可在需要折中时采用
倒数	若元素 i 与元素 j 的重要性之比为 a_{ij},则元素 j 与元素 i 的重要性之比为 $a_{ji}=1/a_{ij}$

判断矩阵 $A=(a_{ij})_{m\times m}$ 具有如下性质:$a_{ij}>0$;$a_{ji}=1/a_{ij}$;$a_{ii}=1$。我们称满足上述3个条件的判断矩阵 A 为互反正矩阵,且为对称矩阵。特殊情况下,如判断矩阵具有传递性,即满足等式 $a_{ij}\cdot a_{jk}=a_{ik}$,若此式对判断矩阵 A 中所有元素 a_{ij} 均成立,则称该判断矩阵为一致性矩阵。

对于任一 m 阶互反正矩阵 A,均有 $\lambda_{max}\geqslant m$,其中 λ_{max} 为矩阵 A 的最大特征值。m 阶互反正矩阵 A 为一致性矩阵的充要条件是 A 的最大特征根为 m。

4)层次单排序(权向量计算)与一致性检验

前面得出的比较判断矩阵是 AHP 的信息基础。由于每一个准则元素均对下一层的若干元素起到支配作用，因此每一个准则元素及其所支配元素均可构造出一个比较判断矩阵。所以，应根据比较判断矩阵，来求取各因素 $w_1, w_2, \cdots, w_m$ 对于准则 A 的相对排序权重，即单准则下的排序。这种排序的本质是权重向量的计算，具体可采用特征根法、根法、和法、幂法等。特征根法具有严格的数学基础，较为精确，但计算复杂。而判断矩阵本身是决策者主观判断的定量描述，过于追求精度并无太大意义，因此，可以采用根法、和法及幂法等近似计算方法来求解判断矩阵。

特征根法是利用 $AW = \lambda W$ 求出所有 λ 的值，其中 $\lambda_{\max}$ 为 λ 的最大值，求出 $\lambda_{\max}$ 对应的特征向量 W^*，然后把特征向量 W^* 规一化为向量 W，则 $W = (w_1, w_2, \cdots, w_m)^T$ 为各元素的权重。

根法是将判断矩阵 A 中每行元素连乘并开 m 次方，得到向量 $W^* = (w_1^*, w_2^*, \cdots, w_m^*)^T$，$w_i^* = \sqrt[m]{\prod_{j=1}^{m} a_{ij}}$。对 W^* 进行归一化处理，得权重向量 $W = (w_1, w_2, \cdots, w_m)^T$，$w_i = w_i^* / \sum_{i=1}^{m} w_i^*$。对 A 中每列元素求和，得到向量 $S = (s_1, s_2, \cdots, s_m)$，$s_j = \sum_{i=1}^{m} a_{ij}$。然后，求取 $\lambda_{\max} = \sum_{i=1}^{m} s_i w_i = SW = \frac{1}{m} \sum_{i=1}^{m} \frac{(AW)_i}{w_i}$。

和法的原理是：对于一致性判断矩阵，其每列归一化即为相应权重。对于非一致性判断矩阵，其每列归一化近似其相应权重，对该 m 个列向量求取算术平均值，作为最后权重。具体计算方法是：将 A 的元素按列归一化，得矩阵 $Q = (q_{ij})_{m \times m}$，$q_{ij} = a_{ij} / \sum_{k=1}^{m} a_{kj}$；将 Q 的元素按行相加得向量 $\alpha = (\alpha_1, \alpha_2, \cdots, \alpha_m)^T$，$\alpha_i = \sum_{j=1}^{m} q_{ij}$；向量 α 归一化可得权重向量 $W = (w_1, w_2, \cdots, w_m)^T$，$w_i = \alpha_i / \sum_{k=1}^{m} \alpha_k$；最后计算最大特征值 $\lambda_{\max} = \frac{1}{m} \sum_{i=1}^{m} \frac{(AW)_i}{w_i}$。

由于专家对于复杂的待决策问题的判断通常具有主观性与片面性，无法苛求每次比较判断的标准及得出的判断矩阵均具有传递性和一致性，而一个正确的判断矩阵，其重要性排序必然受一定逻辑规律制约，因此要求专家给出的判断矩阵重要性排序应大体一致。为了使判断矩阵满足大体上的一致性，需要进行一致性检验，以保证判断矩阵的逻辑合理性和进一步分析的可靠性。

一致性检验涉及一致性指标、随机指标以及一致性比率，定义如下。

一致性指标（Consistency Index，CI）：$CI = \dfrac{\lambda_{\max} - m}{m - 1}$。

随机指标（Random Index，RI）。常选用平均随机一致性指标，可以根据判断矩阵的阶数 m，查表 5.6 确定。因为 1、2 阶判断矩阵总是一致的，所以表中 $m=1$、2 时，RI=0。

表 5.6　平均随机一致性指标 RI 参考取值表（千次正互反矩阵计算结果）

矩阵阶数 m	1	2	3	4	5	6	7	8	9
RI	0	0	0.55	0.90	1.12	1.26	1.36	1.41	1.45
$\lambda'_{\max}$	—	—	3.116	4.27	5.45	6.62	7.79	8.99	10.16

一致性比率（Consistency Rate，CR）：CR=CI/RI。

若 CR<0.1，即 $\lambda_{\max} < \lambda'_{\max}$，表明该比较判断矩阵的一致性可以接受；若 CR>0.1，即 $\lambda_{\max} > \lambda'_{\max}$，表明比较判断矩阵不符合一致性要求，需要重新修正直至通过一致性检验，此时求取的 W 才有效。

5) 层次总排序与一致性检验

层次总排序是指多层次模型中的同一层次中所有元素对最上层（总目标）的相对权重（重要性标度），具体计算方法是自上而下逐层合成。层次总排序基本步骤如下。

(1) 自上而下逐层计算同一层次所有因素对最上层相对重要性的权重向量。

(2) 设已求解出第 $k-1$ 层上有 m_{k-1} 个元素相对总目标的权重向量为 $W^{(k-1)}=(w_1^{(k-1)}, w_2^{(k-1)}, \cdots, w_{m(k-1)}^{(k-1)})^{\mathrm{T}}$。

(3) 第 k 层有 n_k 个元素，它们对于上一层次（第 $k-1$ 层）的某个元素 j 的单准则权重向量为 $p_j^{(k)}=(w_{1j}^{(k)}, w_{2j}^{(k)}, \cdots, w_{nkj}^{(k)})^{\mathrm{T}}$（与 $k-1$ 层第 j 个元素无支配关系的元素，其对应权重取 0）。

(4) 第 k 层相对总目标的权重向量为 $W^{(k)}=(p_1^{(k)}, p_2^{(k)}, \cdots, p_{k-1}^{(k)})W^{(k-1)}$。

同理，层次总排序也需要进行一致性检验，以消除专家对各层之间的判断差异性。而这种差异将随着层次总排序的逐渐计算而累加起来，因此需要从模型的总体上来检验这种差异尺度的累积是否显著，检验的过程称为层次总排序的一致性检验。

记第 k 层的一致性检验指标为

$$\mathrm{CI}^k=(\mathrm{CI}_1^{(k-1)},\mathrm{CI}_2^{(k-1)},\cdots,\mathrm{CI}_{nk}^{(k-1)})\,W^{(k-1)}$$

第 k 层的平均随机一致性指标为

$$\mathrm{RI}^k=(\mathrm{RI}_1^{(k-1)},\mathrm{RI}_2^{(k-1)},\cdots,\mathrm{RI}_{nk}^{(k-1)})\,W^{(k-1)}$$

第 k 层的一致性比率为

$$\mathrm{CR}^k=\mathrm{CR}^{(k-1)}+\mathrm{CI}^k/\mathrm{RI}^k, \qquad 3\leqslant k\leqslant m$$

若 CR^k <0.1，即表明该 AHP 模型在第 k 层的一致性可以接受。

6) 分析并得出决策结果

根据各种方案对实现决策问题总目标的权重向量，权重向量最大的方案对总目标实现的作用最大，因此为最优方案。

5.4.2　网络分析法

1996 年，萨蒂（Saaty）在层次分析法的基础上，提出了一种适应非独立的递阶层次结构的决策方法，即网络分析法（Analytic Network Process，ANP）。

1. 网络分析法的基本思想

层次分析法采用的递阶层次结构一方面便于系统问题的处理，为复杂系统问题决策提供了有效方法，另一方面也使其在复杂决策应用中受限。具体来说，AHP 的不足是其仅强调了各指标层之间的单向层次关系，即下层对其上层的影响，并未考虑不同指标层或同一指标层之间的相互影响，即无法处理各层因素的交叉作用的情况。但在许多实际系统中，各层次内部元素大多具有依赖关系，而且低层元素也可影响、支配高层元素，存在反馈关系。此时，系统的结构与网络结构类似，网络分析法受此启发，将 AHP 扩展为 ANP，用以解决决策问题结构具有依赖性与反馈性的系统分析。

　　网络分析法在层次分析法的基础上，考虑相邻层次或同层次之间的相互影响，综合分析各相互作用并影响的因素，求取其混合权重。ANP 模型并不要求严格的层次关系，各决策层或相同层次之间均可存在相互作用。根据网络分析法的基本思想，可以给出典型 ANP 模型，如图 5.3 所示。

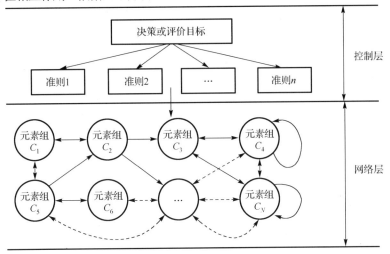

图 5.3　ANP 模型架构示意图

　　图中，单箭头是指箭头因素可影响箭尾因素决策，而双箭头则表示层次间相互作用，循环箭头则是指同层次中相互作用。ANP 首先将系统元素划分为控制因素层与网络层两部分。控制因素层主要是给出问题目标及决策准则。决策准则被认为彼此独立，且仅受目标元素支配。控制因素中可无决策准则，但必须有目标。控制层中每个准则的相对重要性（标度或权重）均可用 AHP 方法获得。网络层包括所有受控制层支配的元素，其内部为互相影响的网络结构，元素之间互相依存、互相支配，元素与层次间内部并不独立，递阶层次结构中各准则支配的不再是简单的内部独立元素，而是互相依存、反馈的网络结构。

　　2. 网络分析法的步骤

　　ANP 决策中，系统元素更多的是以网络结构而非递阶层次结构形式呈现，网络中各节点为一个元素或元素集，各元素均可能会影响和支配其他元素，同时也可能会受其他元素的影响和支配。ANP 模型恰可以对这种特征决策层次结构进行合理描述。

　　较之 AHP 的递阶层次结构，ANP 的网络层次结构相对复杂，不仅有递阶层次结构，也有相互支配的内部循环层次结构，同时，该层次结构内部还具有依赖与反馈关联。与此相对应，ANP 决策流程也与 AHP 不同。ANP 决策基本步骤如下。

　　1）采用 AHP 构建层次结构模型

　　首先界定复杂问题的决策目标，给出决策准则。各决策准则的权重采用 AHP 进行层次排序计算而得。

　　2）构建各因素的网络层

　　归类确定每个元素的网络结构及其相互影响关系。各元素之间的关系可以为递阶层次结构内部独立，即各层次之间相互独立，但元素间存在循环。在实际的复杂问题决策中，元素间通常不存在内部独立的情况，大多既有内部依存又有循环。

3) 构造 ANP 的超矩阵计算权重

首先构建权矩阵。不失一般性，设控制层中相对目标层有准则元素为 $P=(p_1,p_2,\cdots,p_n)$，网络层有元素集 $C_1,C_2,\cdots,C_N$，C_i 有元素 $e_{i1},\cdots,e_{in}$，其中 $i=1,2,\cdots,n$。以控制层元素 $P_s(s=1,2,\cdots,m)$ 为准则，以网络层中的元素集 C_j 中元素 e_{jl} 为次准则，构建判断矩阵，即元素集 C_j 中元素按照对 e_{jl} 的影响力大小进行比较。在 P_s 准则下，有

e_{jl}	$e_{i1},e_{i2},\cdots,e_{iN_i}$	归一化特征向量
e_{i1}		$w_{i1}^{(jl)}$
e_{i2}		$w_{i2}^{(jl)}$
$\vdots$		$\vdots$
e_{iN_i}		$w_{iN_i}^{(jl)}$

并由特征根法得出排序向量：$(w_{i1}^{(jl)},\cdots,w_{i1}^{(jl)})'$。记 W_{ij} 为

$$W_{ij}=\begin{bmatrix} w_{i1}^{(j1)} & w_{i1}^{(j2)} & \cdots & w_{i1}^{(jN_j)} \\ w_{i2}^{(j1)} & w_{i2}^{(j2)} & \cdots & w_{i2}^{(jN_j)} \\ \vdots & \vdots & & \vdots \\ w_{iN_i}^{(j1)} & w_{iN_i}^{(j2)} & \cdots & w_{iN_i}^{(jN_j)} \end{bmatrix}$$

其中，W_{ij} 的列向量即为 C_i 中元素 $e_{i1},\cdots,e_{in}$ 对 C_j 中元素 $e_{j1},\cdots,e_{jn}$ 的影响程度的排序向量。若 C_i 中元素对 C_j 中元素无影响，则 $W_{ij}=0$。由此可得 P_s 准则下，C_i 中元素所有对 C_j 中元素的影响作用矩阵，即超矩阵为

$$W=\begin{matrix}1\\\vdots\\n_1\\1\\\vdots\\n_2\\\vdots\\1\\\vdots\\n_N\end{matrix}\begin{bmatrix} W_{11} & W_{12} & \cdots & W_{1N} \\ & & & \\ W_{21} & W_{22} & \cdots & W_{2N} \\ & & \vdots & \\ W_{N1} & W_{N2} & & W_{NN} \end{bmatrix}$$

上述超矩阵共有 m 个非负矩阵，超矩阵的子块 W_{ij} 为列归一化，而 W 并非归一化。因此，对 P_s 准则下各组元素对准则 $C_j(j=1,2,\cdots,N)$ 的重要程度进行比较。与 C_j 无关的元素组对应的排序向量分量为零。

C_j	C_1	$\cdots$	C_N	归一化特征向量(排序向量)
C_1				a_{1j}
$\vdots$	$\vdots$	$j=1,2,\cdots,N$		
C_N				a_{Nj}

由此可得加权矩阵为

$$A = \begin{bmatrix} a_{11} & a_{12} & \cdots & a_{1N} \\ a_{21} & a_{22} & \cdots & a_{2N} \\ \vdots & \vdots & & \vdots \\ a_{N1} & a_{N2} & \cdots & a_{NN} \end{bmatrix}$$

对超矩阵 W 的元素加权，得 $\bar{W} = (\bar{W}_{ij})$，其中：

$$\bar{W}_{ij} = a_{ij} W_{ij} (i, j = 1, 2, \cdots, N)$$

$\bar{W}$ 即为加权超矩阵，其列之和为 1，称为列随机矩阵。

4）计算极限相对排序向量

设加权超矩阵 $\bar{W}$ 的元素为 w_{ij}，w_{ij} 反映了元素 i 对元素 j 的优势之一，而元素 i 对元素 j 的优势还可以体现为 $\sum_{k=1}^{N} w_{ik} w_{kj}$，即列归一化矩阵 W^2 的元素。当 $W^\infty = \lim_{t \to \infty} W^t$ 存在时，W^∞ 的第 j 列即为 P_s 准则下网络层中各元素对于元素 j 的极限相对排序向量。

简而言之，ANP 超矩阵 W 的每一列均为两两比较而得到的排序向量，即以某个元素为准则的排序权重。为方便计算，可将超矩阵的各列归一化，进而采用加权矩阵来实现。

5.4.3　模糊综合评价法

1. 模糊综合评价法的基本思想

模糊综合评价法是运用模糊数学理论与方法，对具有"模糊性"的事物进行模糊推理进而实现综合分析评价的方法。该方法的特点是基于模糊数学的隶属度理论，应用模糊关系合成与模糊推理，实现定性与定量相结合、确定性与非确定性相统一，在处理难以采用精确数学方法来描述的复杂系统问题方面具有独特优越性。

模糊性，是指事物的边界不清晰、内涵和外延均不确定的性质，即事物性质或类属具有不分明性，其根源在于事物之间存在过渡性状态，无明确的分界线，客观事物处于共同维度条件下的差异在中介过渡阶段呈现出亦此亦彼性。传统的信息处理基于概率假设和二态假设，概率假设用于处理随机性这种不确定性，而二态假设则对应于人类的精确思维、方式。但自然界客观存在的事物还存在着大量的模糊现象，如网络速度快、响应实时性强等，此时的"快"与"强"，即为模糊的概念。模糊性是不确定性的一种重要形式。模糊性的描述，并不是排斥精确性，相反，采用模糊性来描述事物，恰恰是为了更为合理、更为精确地表征事物的性质或类属。1965 年，美国加州大学伯克利分校的控制论专家扎德(Zadeh)提出了模糊集合(Fuzzy Set)的概念，将德国数学家康托尔(Cantor)建立的一般集合概念以隶属函数的概念推广至模糊集。可以说，模糊集合是客观存在的模糊概念的必然反映。模糊集合的相关概念如下。

设给定论域 U 到[0,1]闭区间的任一映射

$$\mu_A: \quad U \to [0,1], \qquad u \to \mu_A(u)$$

都确定了 U 的一个模糊子集 A，μ_A 称为模糊子集的隶属函数，$\mu_A(u)$ 称为 u 对于 A 的隶属度，

反映了 u 对于模糊子集 A 的从属程度，值越高说明 u 从属于 A 的程度越高。隶属度也可记为 $A(u)$。当 $\mu_A(u)$ 值取 0 或 1 时，$\mu_A(u)$ 退化为一个经典子集的特征函数，相应地，模糊子集 A 退化为经典子集。

论域 U 上的模糊集合记法如表 5.7 所示。

表 5.7　论域 U 上的模糊集合记法

论域 U 性质	名称	表示形式	相关说明
有限集 $\{u_1, u_2, \cdots, u_n\}$	Zadeh 法	$$A = \frac{A(u_1)}{u_1} + \frac{A(u_2)}{u_2} + \cdots + \frac{A(u_n)}{u_n}$$ $\dfrac{A(u_i)}{u_i}$ 表示论域中的元素 u_i 与其隶属度 $A(u_i)$ 之间的对应关系，"+" 表示模糊集合在论域 U 上的整体	$\dfrac{A(u_i)}{u_i}$ 并非求商，"+" 并非求和
	序偶法	$$\underset{\sim}{A} = \{(A(u_1), u_1), (A(u_2), u_2), \cdots, (A(u_n), u_n)\}$$	枚举各元素及其隶属度组成的有序对
	向量法	$$\underset{\sim}{A} = (A(u_1), A(u_2), \cdots, A(u_n))$$ 借助于 n 维数组来实现，按照论域 U 中的元素先后次序直接记载其对应的隶属度	$\underset{\sim}{A}$ 称为模糊向量
有限连续域	Zadeh 法	$$A = \int_u \frac{\mu_A(u)}{u}$$ $\dfrac{\mu_A(u)}{u}$ 表示论域上元素 u 与隶属度 $\mu_A(u)$ 之间的对应关系；"$\displaystyle\int$" 表示论域 U 上的元素 u 与隶属度 $\mu_A(u)$ 对应关系的一个总括	$\dfrac{\mu_A(u)}{u}$ 并非求商；$\displaystyle\int$ 并非积分或求和

2. 模糊综合评价法的基本步骤

模糊综合评价法通过构造等级模糊子集，对反映被评事物的模糊指标进行量化，确定其隶属度，然后进行模糊综合评价。其基本步骤如下。

1）确定评价对象的因素论域 U

设 p 个评价指标，因素集 $U = \{u_1, u_2, \cdots, u_p\}$，$U$ 代表所有的评判因素所组成的集合。

2）确定评语等级论域 V

评价集 $V = \{v_1, v_2, \cdots, v_m\}$，代表所有的评语等级所组成的集合，每个等级均对应一个模糊子集。

3）建立模糊关系矩阵 R

接下来，通过模糊向量 $(R \mid u_i) = (r_{i1}, r_{i2}, \cdots, r_{im})$ 来刻画被评事物在因素 $u_i (i = 1, 2, \cdots, p)$ 方面的表现，$(R \mid u_i)$ 为从单因素 u_i 来看，被评事物对于等级模糊子集的隶属度。由此可给出模糊关系矩阵，即综合评价矩阵 R：

$$R = \begin{bmatrix} R \mid u_1 \\ R \mid u_2 \\ \vdots \\ R \mid u_p \end{bmatrix} = \begin{bmatrix} r_{11} & r_{12} & \cdots & r_{1m} \\ r_{21} & r_{22} & \cdots & r_{2m} \\ \vdots & \vdots & & \vdots \\ r_{p1} & r_{p2} & \cdots & r_{pm} \end{bmatrix}$$

矩阵元素 r_{ij} 表示某个被评事物从因素 u_i 来看对 v_j 等级模糊子集的隶属度。由此构建了从评价对象论域 U 到评语等级论域 V 的一个模糊关系。

4)确定评价因素的权向量 A

求取权重是综合评价的关键所在。确定各评价因素的权向量：$A=(a_1,a_2,\cdots,a_p)$，A 为论域 U 上的一个模糊子集，其中元素 a_i 本质上为因素 u_i 对模糊子集{对被评事物重要的因素}的隶属度。可采用层次分析法等多种方式来确定评价指标间的相对重要性次序，并通过归一化得到最终的权系数，即

$$\sum_{i=1}^{p} a_i = 1, \qquad a_i \geq 0$$

5)合成模糊综合评价结果向量 B

采用合适的模糊变换算子。对评价因素的权向量 A 和各被评事物的模糊关系矩阵 R 进行合成运算，可以得到评语等级论域 V 上的一个模糊子集，即各被评事物的模糊综合评价结果向量 B，计算过程为

$$A \circ R = (a_1,a_2,\cdots,a_p)\begin{bmatrix} r_{11} & r_{12} & \cdots & r_{1m} \\ r_{21} & r_{22} & \cdots & r_{2m} \\ \vdots & \vdots & & \vdots \\ r_{p1} & r_{p2} & \cdots & r_{pm} \end{bmatrix} = (b_1,b_2,\cdots,b_m) = B$$

其中，b_j 为 A 与 R 的第 j 列运算而得，表示被评事物对 v_j 等级模糊子集的总体隶属程度。

具体综合评价时，因模糊运算算子。不同，可得如下不同模型。

(1)主因素决定型：$M(\wedge,\vee)$。

运算法则为 $b_j = \max\{(a_i \wedge r_{ij}),i=1,2,\cdots,p\}$ $(j=1,2,\cdots,m)$。评判结果仅由总评判中主要作用因素来决定，其余因素均不对评判结果产生影响，适用于以单项评判最优即可认为综合评价最优的情形。

(2)主因素突出型：$M(\bullet,\vee)$。

运算法则为 $b_j = \max\{(a_i \bullet r_{ij}),i=1,2,\cdots,p\}$ $(j=1,2,\cdots,m)$。此模型既突出了主要因素，也兼顾了次要因素。

(3)加权平均型：$M(\bullet,+)$。

运算法则为 $b_j = \sum_{i=1}^{p} a_i \bullet r_{ij}$ $(j=1,2,\cdots,m)$。此模型按照权重值，均衡兼顾全部因素，适用于要求总和最大的情形。

(4)取小上界和型：$M(\wedge,\oplus)$。

运算法则为 $b_j = \min\left\{1,\sum_{i=1}^{p}(a_i \wedge r_{ij})\right\}$ $(j=1,2,\cdots,m)$。此模型中 a_i 不宜偏大，否则可能导致 $b_j \equiv 1$；a_i 也不能太小，否则可能导致 b_j 均等于各 a_i 之和，使单因素评判的有关信息丢失。

(5)均衡平均型：$M(\wedge,+)$。

运算法则为 $b_j = \sum_{i=1}^{p}\left(a_i \wedge \dfrac{r_{ij}}{r_0}\right)$ $(j=1,2,\cdots,m)$，$r_0 = \sum_{k=1}^{p} r_{kj}$。此模型适用于综合评价矩阵 R 中元素偏大或偏小的情形。

6) 分析模糊综合评价结果向量

最后是进行模糊综合评价结果向量的分析，可以使用最大隶属度原则、加权平均求隶属等级等方法，按照多个被评事物的等级位置实现优劣排序。

5.4.4　灰色综合分析法

灰色综合分析法的对象是灰色系统。灰色系统理论是由中国学者邓聚龙于 20 世纪 80 年代初首先提出的。灰色系统的概念源自"灰箱"，是指部分信息明确，部分不明确的系统，即信息不完全。信息不完全的情况包括元素（参数）信息不完全、结构信息不完全、关系信息（特指"内""外"关系）不完全以及运行行为信息不完全等。灰色综合分析法以信息"部分已知、部分未知"的"小样本""贫信息"不确定性系统为研究对象，主要用于灰色系统建模与控制、灰色关联分析、灰色预测、灰色决策等。

1. 灰色理论中的基本概念

客观世界既是物质的世界，也是信息的世界。在客观世界当中，既存在大量的已知信息，也存在大量的未知信息或非确定信息。灰色理论将已知信息称为白色信息，未知的或非确定的信息则称为黑色信息。既存在白色信息（已知信息）又存在黑色信息（未知信息或非确定信息）的系统，则称为灰色系统。处理灰色系统的专门理论则称为灰色理论。

系统有确定性与不确定性之分。拉普拉斯决定论框架内的数学采用确定性微分方程，认为事物可采用微分方程来描述，并确定其初值，即可确知该事物任何时刻的运动规律。在不确定性系统中，随机性问题采用基于概率论与数理统计的随机变量和随机过程来描述事物状态及其运动；模糊性问题则是基于模糊数学，利用隶属函数来量化模糊集合概念；灰色系统是采用灰色数学理论来处理不确定量的量化问题，通过对贫信息系统的已知信息的充分利用，来寻求系统的运行规律。研究灰色系统的关键是其白化、模型化以及优化问题。

灰色系统理论将系统中的不确定量视为灰色量。灰色系统建模时，根据时间序列来确定微分方程参数。灰色预测并不是将已观测数据序列视为随机过程，而是将其视为随时间而变的灰色过程，利用累加和累减生成，逐步实现灰色量的白化，并据此构建相应微分方程的解模型，并用于大系统、贫信息系统的预测。

2. 灰色关联分析

在网络空间安全等许多工程系统当中，存在着若干影响因素，但是人们通常难以确定哪些是主导因素，哪些是非主导因素，也就是说各因素之间的关系是灰色的。对于因素之间的相互关系的分析，存在着许多定量分析方法。例如，回归分析法、因子分析法等统计分析方法，但是这些方法都有着一定的应用前提和局限。因为受到工程系统自身的复杂性以及人们认识水平所限，采用传统的相关系数和相似系数难以精确地度量各因素相关程度的大小。以回归分析为例，回归分析通常要求数据量较大，以利于找出其统计规律，而且其统计规律往往是线性、指数或对数等典型分布，对于非线性、多因素问题则难以处理。灰色关联分析为解决灰色系统的因素关系问题提供了一种切实可行的方法。

本质上，灰色关联分析实现的是多因素统计分析，该方法基于各因素的样本数据，采用灰色关联度来描述因素之间关系的大小、强弱和次序，即求取系统中各子系统（或因素）之间的数值关系。灰色关联分析实现了系统发展变化态势的量化度量，适用于系统动态历程分析。灰色关联度分析的核心思想是利用被分析系统的各特征参量序列曲线间的几何相似或变化态势的接近程度，来判别其关联程度的大小。如果样本数据反映出因素间变化趋势较为一致，则可认为其关联度较大，否则认为其关联度较小。因此，可以将关联度定义为两个系统间的因素随时间或不同对象而变化的关联性大小（即相似或相异程度）。

关联分析是一种源自几何直观思想的相对性排序分析。如图 5.4 所示的 4 个时间序列（折线）A、B、C、D 中，以 A 为参考数列，B、C、D 为比较数列。A 与 B 二者相对最为类似，直观上显示其关联程度最大。D 与 A 随时间变化的趋势相差最大，因此直观上二者关联程度最小。显然，C 与 A 的关联程度居中。分别记 A 与 B、C、D 的关联程度为 r_{AB}、r_{AC}、r_{AD}，显然有 $r_{AB}>r_{AC}>r_{AD}$，相应的序列 $\{r_{AB}, r_{AC}, r_{AD}\}$ 则称为关联序。

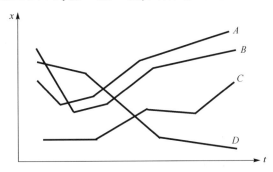

图 5.4　关联分析（相对性排序分析）的几何直观解释示意图

灰色关联分析可以借助这种曲线间几何形状分析比较的思想，即序列（曲线）的几何形状越接近，则发展变化趋势越接近，关联程度越大。由此，可以将若干因素的灰色关联问题，转化为相应变量序列的关联程度的计算及排序问题。

灰色关联分析的具体计算步骤如下。

1）确定分析需用的参考数列和比较数列

参考数列反映了系统行为特征，记为 x_0，而比较数列则是影响系统行为的因素所组成的数据序列，记为 $x_1,x_2,\cdots,x_n$。

2）变量数列的无量纲化处理

对参考数列和比较数列进行无量纲化。由于系统中各因素的物理意义各异，因此参考数列和比较数列的量纲也不一定一致。为了保证比较的方便性和结论的正确性，在进行灰色关联分析时，需要对上述变量数列进行无量纲化处理。

3）计算关联系数

本质上，关联程度是不同曲线之间的几何形状差别程度，因此关联程度可采用曲线之间的差值大小来衡量。比较数列 $x_1,x_2,\cdots,x_n$ 与参考数列 x_0 在各时刻的差值，记 x_i 对 x_0 在 k 时刻的关联系数为

$$\xi_i(k) = \frac{\min\limits_{i}\min\limits_{k}\left|x_0(k)-x_i(k)\right| + \rho\max\limits_{i}\max\limits_{k}\left|x_0(k)-x_i(k)\right|}{\left|x_0(k)-x_i(k)\right| + \rho\max\limits_{i}\max\limits_{k}\left|x_0(k)-x_i(k)\right|}$$

其中，k 为某一时刻；$\rho\in[0,1]$ 为分辨系数，常取 0.5；$\min\limits_{i}\min\limits_{k}\left|x_0(k)-x_i(k)\right|$ 为二级最小差，一

级最小差为 $\Delta_i(\min) = \min_k |x_0(k) - x_i(k)|$，二级最小差为 $\min_i \Delta_i(\min) = \min_i (\min_k |x_0(k) - x_i(k)|)$；
$\max_i (\max_k |x_0(k) - x_i(k)|)$ 为二级最大差。

4) 计算关联度

由于关联系数体现的是比较数列与参考数列在各时刻(即曲线各点)的关联程度值，因此，存在多个关联系数值，为方便进行整体性比较，取其平均值作为比较数列(曲线)x_i 对参考数列(曲线)x_0 的灰关联度，公式如下：

$$r_i = \frac{1}{n} \sum_{k=1}^{n} \xi_i(k)$$

r_i 也称为序列关联度、平均关联度或线性关联度。该值越接近于 1，说明相关性越好。

5) 关联度排序

考察若干因素之间的关联程度，就可以用其关联度的大小及次序进行描述。关联度按大小次序排列称为关联序 $\{x\}$，用以反映各子数列对于母数列的"优劣"关系，即若 $r_i(0) > r_j(0)$，则称 $\{x_i\}$ 对于同一母数列 $\{x_0\}$ 优于 $\{x_j\}$，记为 $\{x_i\} > \{x_j\}$；$r_i(0)$ 表示第 i 个子数列对母数列的特征值。

综上，灰色关联分析是将研究对象及其影响因素的因子值看作某条线上的点，同时将待识别对象及其影响因素的因子值看作另一条线上的点，对两条线的相近程度(即关联度)进行量化比较，根据各关联度的大小排序来判别待识别对象对研究对象的影响程度。

3. 灰色预测

前已述及，灰色系统分析法是根据对系统影响因素之间的相似或相异程度的判断，也就是通过关联度分析，并利用对原始数据的生成处理来揭示系统的变化规律。据此生成的数据序列体现出强烈的趋势性和规律性，通过该数据序列来构建对应的微分方程模型，就可以对事物的未来状态和发展趋势进行定量性质的预测。

1) 灰色预测的特点及建模流程

灰色时间序列预测采用等时距观测法，采集可反映预测对象特征的一系列数量信息来构造灰色预测模型，进而预测未来特定时刻的特征量或达到某特定特征量的时刻。针对异常值，还可以通过模型来预测其出现的时刻，即畸变预测(也称为灾变预测)。拓扑预测(波形预测)则是利用灰色模型来预测事物的未来发展轨迹。系统预测则是针对系统行为特征指标，构建相互关联的灰色预测理论模型组，既可以实现系统整体变化，也可以预测该系统的各环节变化。

灰色预测法具有鲜明的共同特点。一是灰色预测允许根据少量样本数据进行预测。二是可实现灰因果律事件预测。例如，在网络空间安全的流量预测中，影响网络流量的因子很多，而且无法精确枚举(故为灰色因素)，而具体的流量却是可测的特定数值(故为白色结果)，因此网络流量预测即可视为灰因白果律事件预测；又如，在网络安全体系设计时，所采用的安全技术和成本投入是具体的(故为白色因素)，但是所取得的安全保障能力和收益暂时并不清晰(故为灰色结果)，因此网络安全保障能力预测则可视为白因灰果律事件预测。三是灰色预测具备可检验性，包括事前检验(即针对建模可行性的级比检验)、模型检验(即针对建模精度的检验)以及预测检验等。

灰色系统建模的基本流程为：从科学实验数据、经验数据、生产数据或决策数据中得出原始序列生成数据；对该原始序列数据进行累加生成，得到准平稳随机序列，构建灰色微分模型；灰色模型精度可用残差大小、关联度以及后验差等检验方法来检验和判断；模型精度可通过不同的灰数生成方式、数据取舍、序列调整以及不同的残差修正来提升。

灰色预测通常采用 GM(1,1) 和 GM(1,N) 来进行定量预测，G 是指 Grey(灰色)，M 为 Model(模型)，(1,1) 表示 1 阶方程和 1 个变量，(1,N) 则表示 1 阶方程和 N 个变量。

2) GM(1,1) 灰色预测模型

GM(1,1) 灰色预测模型基于累加生成数列。

设 $X^{(0)} = (x^{(0)}(1), x^{(0)}(2), \cdots, x^{(0)}(n))$ 为建模需用的原始数据序列，该序列为非平稳随机数列，若该序列波动太大，则不适用于回归预测，因此选用 GM(1,1) 灰色预测。

对 $\{x^{(0)}(t)\}_{t=1}^{n}$ 进行 1-AGO(一阶累加生成算子)处理，可得 $X^{(0)}$ 的 1-AGO 序列 $X^{(1)}$：

$$X^{(0)} = (x^{(0)}(1), x^{(0)}(2), \cdots, x^{(0)}(n))$$

其中，$x^{(1)}(k) = \sum_{t=1}^{k} x^{(0)}(t), k=1,2,\cdots,n$，显然有 $x^{(1)}(n) = \sum_{t=1}^{n} x^{(0)}(t)$。

由此生成一个新的数列 $\{x^{(1)}(t)\}_{t=1}^{n}$，此新数列的随机性大幅度弱化，平稳度显著提升，其变化趋势可用下列灰色微分方程来近似描述：

$$\frac{\mathrm{d}x^{(1)}(t)}{\mathrm{d}t} + ax^{(1)}(t) = u$$

该方程为一阶单变量微分方程模型，式中 a 称为发展系数，u 称为灰色作用量，a 和 u 可采用最小二乘法拟合求取：

$$\begin{bmatrix} a \\ u \end{bmatrix} = (B^{\mathrm{T}}B)^{-1} B^{\mathrm{T}} Y_n$$

其中，$Y_n = [x^{(0)}(2), x^{(0)}(3), \cdots, x^{(0)}(n)]^{\mathrm{T}}$

$$B = \begin{bmatrix} -\dfrac{1}{2}[x^{(1)}(1) + x^{(1)}(2)] & 1 \\ -\dfrac{1}{2}[x^{(1)}(2) + x^{(1)}(3)] & 1 \\ \vdots & \vdots \\ -\dfrac{1}{2}[x^{(1)}(n-1) + x^{(1)}(n)] & 1 \end{bmatrix}$$

微分方程 $\dfrac{\mathrm{d}x^{(1)}(t)}{\mathrm{d}t} + ax^{(1)}(t) = u$ 的解(即时间响应序列)为

$$\hat{x}^{(1)}(t+1) = \left[x^{(0)}(1) - \frac{u}{a} \right] \mathrm{e}^{-at} + \frac{u}{a}$$

由 $\hat{x}^{(1)}(t)$ 可以求出原始数的还原值：

$$\hat{x}^{(0)}(t) = \hat{x}^{(1)}(t) - \hat{x}^{(1)}(t-1) \quad (规定 \hat{x}^{(1)}(0) = 0)$$

上式即为灰色预测方程。

需要指出，建模时未必采用给定原始序列 $X^{(0)}$ 中的全部数据，可以按照等时距、相连原则来取舍数据序列，而建模数据序列的取舍不同，可得的模型也不同，即各模型参数 a 和 u 不同。同时，建模数据序列应取自最新数据及其相邻数据，一旦出现新数据，可将新数据加入原始序列中来重新估计参数，也可将原始序列的最老数据剔除，添加最新数据形成与原序列维数相等的新序列，然后重新估计参数。

GM$(1,1)$ 模型检验可分别采用残差、关联度以及后验差来进行模型精度检验。

残差检验是对模型值和实际值的残差进行逐点检验。首先按灰色预测模型计算 $\hat{x}^{(1)}(t+1)$ ，将 $\hat{x}^{(1)}(t+1)$ 累减生成 $\hat{x}^{(0)}(t)$ ，最后计算原始序列 $x^{(0)}(t)$ 与 $\hat{x}^{(0)}(t)$ 的绝对残差序列

$$\Delta^{(0)}=\{\Delta^{(0)}(t),\ t=1,2,\cdots,n\},\ \ \Delta^{(0)}(t)=\left|x^{(0)}(t)-\hat{x}^{(0)}(t)\right|$$

相对残差序列：

$$\phi=\{\phi_t,\ t=1,2,\cdots,n\},\ \ \phi_t=\left[\frac{\Delta^{(0)}(t)}{\hat{x}^{(0)}(t)}\right]\times100\%$$

并计算平均相对残差：

$$\bar{\phi}=\frac{1}{n}\sum_{t=1}^{n}\phi_t$$

对于给定的相对残差水平 α ，当 $\bar{\phi}<\alpha$ ，且 $\phi_n<\alpha$ 成立时，表明该模型残差合格。

关联度检验是检验模型曲线与建模序列曲线的相似程度。关联度计算采用前面给出的方法，计算预测序列 $\hat{x}^{(0)}(t)$ 与原始序列 $x^{(0)}(t)$ 的关联系数与关联度，一般要求关联度不小于 0.6。

后验差检验是检验残差分布的统计特性，包括原始序列均值、均方差，然后计算残差均值、均方差、方差比，最后计算小残差概率。计算公式如下。

原始序列均值：

$$\bar{x}^{(0)}=\frac{1}{n}\sum_{t=1}^{n}x^{(0)}(t)$$

原始序列均方差：

$$S_1=\left(\sum_{t=1}^{n}\left[x^{(0)}(t)-\bar{x}^{(0)}\right]^2\bigg/n-1\right)^{1/2}$$

残差均值：

$$\bar{\Delta}^{(0)}=\frac{1}{n}\sum_{t=1}^{n}\Delta^{(0)}(t)$$

残差均方差：

$$S_2=\left(\sum_{t=1}^{n}\left[\Delta^{(0)}(t)-\bar{\Delta}\right]^2\bigg/n-1\right)^{1/2}$$

方差比：

$$C=S_1/S_2$$

小残差概率：$P = P\{|\Delta^{(0)}(t) - \bar{\Delta}| < 0.6745S_1\}$

令 $S_0 = 0.6745S_1$，$e_t = |\Delta^{(0)}(t) - \bar{\Delta}|$，$P = P\{e_t < S_0\}$。若 $C < C_0$（$C_0 > 0$），则判定该模型的均方差比合格；若 $P > P_0$（$P_0 > 0$），则判定该模型的小残差概率合格。表 5.8 为灰色预测模型的后验差检验判别参照值。

表 5.8　灰色预测模型的后验差检验判别参照值

P	C	模型精度
>0.95	<0.35	完全合格
>0.80	<0.5	合格
>0.70	<0.65	基本合格
<0.70	>0.65	不合格

对灰色预测模型的相对残差、关联度以及后验差进行检验，若上述三个值均处于允许范围内，则判定该模型有效，可用于灰色预测。否则，应进行下述残差修正以提高其精度。

基于原始序列 $X^{(0)}$ 构建的 GM(1,1) 模型为 $\hat{x}^{(1)}(t+1) = \left[x^{(0)}(1) - \dfrac{u}{a}\right]\mathrm{e}^{-at} + \dfrac{u}{a}$，据此可生成序列 $X^{(1)}$ 的预测值。因此，可定义残差序列为：$e^{(0)}(j) = x^{(1)}(j) - \hat{x}^{(1)}(j)$。若取 $j = i, i+1, \cdots, n$，则对应的残差序列为

$$e^{(0)}(k) = \{e^{(0)}(1), e^{(0)}(2), \cdots, e^{(0)}(n)\}$$

计算其生成序列 $e^{(1)}(k)$，并据此建立相应的 GM(1,1) 模型：

$$\hat{e}^{(1)}(t+1) = \left[\hat{e}^{(0)}(1) - \dfrac{u_e}{a_e}\right]\mathrm{e}^{-a_e k} + \dfrac{u_e}{a_e}$$

因此，可得灰色预测模型的修正模型：

$$x^{(1)}(k+1) = \left[x^{(0)}(1) - \dfrac{u}{a}\right]\mathrm{e}^{-ak} + \dfrac{u}{a} + \delta(k-t)(-a_e)\left[e^{(0)}(1) - \dfrac{u_e}{a_e}\right]\mathrm{e}^{-a_e k}$$

其中，修正系数为 $\delta(k-t) = \begin{cases} 1, & k \geq t \\ 0, & k < t \end{cases}$。

具体应用时，通常选取部分残差来进行修正，而该修正模型代表的是差分方程，修正效果与修正系数中的 t 取值有关。

3）GM(1, N) 灰色预测模型

如待预测系统具有多个相互影响因素，设 $X_1^{(0)} = \{x_1^{(0)}(1), x_1^{(0)}(2), \cdots, x_1^{(0)}(n)\}$ 为系统特征数据序列，而相关因素序列则可记为

$$X_2^{(0)} = \{x_2^{(0)}(1), x_2^{(0)}(2), \cdots, x_2^{(0)}(n)\}$$
$$\vdots$$
$$X_N^{(0)} = \{x_N^{(0)}(1), x_N^{(0)}(2), \cdots, x_N^{(0)}(n)\}$$

记 $X_i^{(0)}$ 的 1-AGO 序列（$i = 1, 2, \cdots, N$）为 $X_i^{(1)}$，为灰色微分方程 GM(1,N) 的参数列，其变化趋势可用下列灰色微分方程来近似描述：

$$\frac{\mathrm{d}x_1^{(1)}(t)}{\mathrm{d}t} + ax_1^{(1)}(t) = u_2 x_2^{(1)}(t) + u_3 x_3^{(1)}(t) + \cdots + u_N x_N^{(1)}(t)$$

该方程为一阶多变量微分方程模型，式中 a 称为发展系数，u 称为灰色作用量，a 和 u 可采用最小二乘法拟合求取：

$$[a, u_2, \cdots, u_N]^\mathrm{T} = (B^\mathrm{T} B)^{-1} B^\mathrm{T} Y$$

其中，$Y = [x_1^{(0)}(2) \quad x_1^{(0)}(3) \quad \cdots \quad x_1^{(0)}(n)]^\mathrm{T}$

$$B = \begin{bmatrix} -z_1^{(1)}(2) & x_2^{(1)}(2) & \cdots & x_N^{(1)}(2) \\ -z_1^{(1)}(3) & x_2^{(1)}(3) & \cdots & x_2^{(1)}(3) \\ \vdots & \vdots & & \vdots \\ -z_1^{(1)}(n) & x_2^{(1)}(n) & \cdots & x_N^{(1)}(N) \end{bmatrix}$$

微分方程 $\dfrac{\mathrm{d}x_1^{(1)}(t)}{\mathrm{d}t} + ax_1^{(1)}(t) = u_2 x_2^{(1)}(t) + u_3 x_3^{(1)}(t) + \cdots + u_N x_N^{(1)}(t)$ 的解（即时间响应序列）为

$$x_1^{(1)}(t) = \mathrm{e}^{-at} \left[\sum_{i=2}^{N} \int u_i x_i^{(1)}(t) \mathrm{e}^{at} \mathrm{d}t + x_1^{(1)}(0) - \sum_{i=2}^{N} \int u_i x_i^{(1)}(0) \mathrm{d}t \right]$$

$$= \mathrm{e}^{-at} \left[x_1^{(1)}(0) - t \sum_{i=2}^{N} u_i x_i^{(1)}(0) + \sum_{i=2}^{N} \int u_i x_i^{(1)}(t) \mathrm{e}^{at} \mathrm{d}t \right]$$

若 $X_i^{(1)}(i = 1, 2, \cdots, N)$ 变化幅度很小，则可将 $\displaystyle\sum_{i=2}^{N} \int u_i x_i^{(1)}(k)$ 视作灰色常量，因此灰色微分方程 GM（1,N）的近似时间响应式为

$$x_1^{(1)}(k+1) = \mathrm{e}^{-ak} \left[x_1^{(1)}(0) - \frac{1}{a} \sum_{i=2}^{N} u_i x_i^{(1)}(k+1) \right] + \frac{1}{a} \sum_{i=2}^{N} u_i x_i^{(1)}(k+1)$$

其中，令 $x_1^{(1)}(0) = x_1^{(0)}(1)$。因此，可得灰色预测方程累减还原式为

$$\hat{x}_1^{(0)}(k) = \hat{x}_1^{(1)}(k) - \hat{x}_1^{(1)}(k-1)$$

4. 灰色评价与决策

灰色评价与决策是基于预定目标，综合考虑事件、对策、效果、目标等决策要素，对评价对象在某一阶段的状态进行评价，并基于此评价做出综合决策。灰色评价与决策以灰色关联分析为理论指导，结合 AHP 与专家评判方法，实现综合性评估。本方法适用于含有灰色信息（即信息不完备）的问题决策，是网络空间安全领域常用的决策分析方法。

灰色评价与决策的基本流程如下。

1）根据待决策问题特征，进行灰色决策建模

记事件集 $A = \{a_1, a_2, \cdots, a_m\}$，$a_i$ 为具体事件；对策集 $B = \{b_1, b_2, \cdots, b_n\}$，$b_j$ 为具体对策；记事件 a_i 和对策 b_j 构成的有序对 (a_i, b_j) 为态势 S_{ij}，意为采用第 j 个对策 b_j 来应对第 i 个事件 a_i 的态势，全部态势构成的态势集合矩阵 $S = (S_{ij})_{m \times n}$；记决策目标集 $O = \{O_1, O_2, \cdots, O_p\}$，$O_k$ 为具体目标。

2) 态势效果标准化处理

记第 k 个目标下采取态势 S_{ij} 所取得的效果为 $u_{ij}^{(k)}$。应用灰色态势决策需要将态势效果 $u_{ij}^{(k)}$ 进行标准化处理,具体分为量化与无量纲归一化两步。因不同态势在不同目标下的效果 $r_{ij}^{(k)}$ 的单位或数量级不同,需要采用上限效果测度、下限效果测度与适中效果测度等方法统一转化为[0, 1]区间上的无量纲效果测度。在网络空间安全的工程应用中,应根据目标的性质来确定无量纲化类型。例如,网络流量、可检测攻击数等正向指标取值越大越好,宜采用上限效果测度;安全事件危害、响应时间等负向指标取值越小越好,宜采用下限效果测度;而密码加密强度等则是适中为好,宜采用适中效果测度。各类态势效果无量纲化公式具体为:上限效果测度为 $r_{ij}^{(k)} = u_{ij}^{(k)} / \max_i \max_j u_{ij}^k$,下限效果测度为 $r_{ij}^{(k)} = \min_i \min_j u_{ij}^k / u_{ij}^{(k)}$,适中效果测度为 $r_{ij}^{(k)} = \min\{u_{ij}^k, u_0\} / \max\{u_{ij}^k, u_0\}$($u_0$ 为适中值)。

3) 将多因素综合分析评估决策

根据相应的指标体系,结合 AHP,选择各种评价因素权重,实现多层次灰色评价。具体综合时,可考虑线性加权、乘积运算、取大取小等,综合的方式取决于运算的性质和目标间的相互关系。

5.4.5　数据包络分析法

1. 数据包络分析法的思想和基本概念

1978 年,美国得克萨斯大学运筹学家查恩斯(A.Charnes)、库珀(W. Cooper)和罗兹(E. Rhodes)首先提出了一种基于相对效率的多投入产出分析法——数据包络分析(Data Envelopment Analysis,DEA)法。数据包络分析法以凸分析和线性规划为工具,根据多项投入指标与多项产出指标,并对模型权重指标动态调整,实现具有可比性的同类型决策单元的相对有效性动态评价。

1) 决策单元(Decision Making Unit,DMU)

一个工程系统或生产过程均可抽象视为一个单位或部门(称为决策单元)通过投入一定数量的生产要素并产出一定数量的"产品"的活动。该活动的具体表现内容各异,但其目的均为尽可能获得最大收益。从"投入"到"产出"需要经过一系列决策,决策结果即"产出"。换言之,决策单元是效率评价的对象,可以理解为一个将一定"投入"转化为一定"产出"的实体。这种对决策单元的评价,输入数据为决策单元在上述活动中的投入资源消耗量,而输出数据则是决策单元经过一定的输入之后,产生的表明该活动成效的信息量。因此,各 DMU 均表现出一定的经济意义,在将投入转化成产出的过程中,努力实现其自身决策目标。待评价的多个同质性(可通俗理解为同类型)DMU,通常具有相同的目标和任务、相同的外部环境以及相同的投入/产出指标。该同质性保证了决策单元之间的可比性和评价结果的公平性。

2) 生产可能集(Production Possibility Set,PPS)

多个同类型的多输入、多输出 DMU 的相对有效性,体现为所对应的点是否位于生产前沿面上。所谓生产前沿面,是指由观测到的 DMU 输入数据和输出数据所形成的包络面的有效部分,DEA 由此得名。图 5.5 给出了数据包络面的有效部分(生产前沿面)示意图。

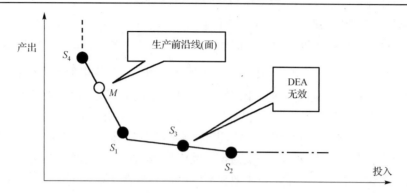

图 5.5　数据包络面的有效部分(生产前沿面)示意图

以多目标规划的视角来看,若以输入最小、输出最大为目标,数据包络面的有效部分即是以生产可能集为约束集合的线性多目标规划的帕累托(Pareto)前沿面,即生产前沿面,这是由帕累托最优集在空间(平面)上形成的曲面(曲线)。数据包络分析的目标是基于已有数据寻找到一个有效生产前沿,只有位于此前沿面上的 DMU 方为具有效率。图 5.5 中 S_4S_1 的数据包络线构成了生产前沿面,S_3 不位于该线上,因此是没有效率的。

下面给出生产可能集和生产前沿面的数学定义。

设某个 DMU 在一项工程(生产)活动中有 m 项投入 $x=(x_1,\cdots,x_m)^{\mathrm{T}}$、$s$ 项产出 $y=(y_1,\cdots,y_s)^{\mathrm{T}}$,则该 DMU 的整个生产活动可用 (x,y) 来表示。设输入数据和输出数据对应的参考集为

$$T=\{(x_1,y_1),(x_2,y_2),\cdots,(x_n,y_n)\}$$

所有可能的生产活动构成的生产可能集为 $T=\{(x,y)\mid y\text{ 可由投入 }x\text{ 产出}\}$。生产可能集 T 需要满足四个公理性假设。

假设 1(凸性):设集合 T 为凸集,若 $(x_j,y_j)\in T, j=1,2,\cdots,n$,且存在 $\lambda_j\geqslant 0$ 使得 $\sum\limits_{j=1}^{n}\lambda_j=1$,则 $\left(\sum\limits_{j=1}^{n}\lambda_j y_j,\sum\limits_{j=1}^{n}\lambda_j y_j\right)\in T$;若 $(x,y)\in T, x\geqslant\hat{x}, y\leqslant\hat{y}$,则 $(\hat{x},\hat{y})\in T$。

假设 2(锥性):设集合 T 为锥,若 $(x,y)\in T$,则对于任意的 $k>0$,均有 $(kx,ky)\in T$。由集合 T 生成的凸锥为

$$C(T)=\left\{\sum_{j=1}^{n}(x_j,y_j)\lambda_j\ \middle|\ \lambda_j\geqslant 0, j=1,2,\cdots,n\right\}$$

假设 3(无效性):定义 $(x,y)\in T$,若 $x'\geqslant x$,则 $(x',y)\in T$;若 $y'\leqslant y$,则 $(x,y)\in T$。

假设 4(最小性):生产可能集 T 为满足假设 1、2、3 的所有集合的交集。

集合 $C(T)$ 具有有限多个面,是一个多面凸锥。它是参考集 T 中的 n 个点 $(x_j,y_j), j=1,2,\cdots,n$ 的数据包络。生产可能集为

$$T=\left\{(x,y)\ \middle|\ \sum_{j=1}^{n}x_j\lambda_j\leqslant x,\sum_{j=1}^{n}y_j\lambda_j\leqslant y,\lambda_j\geqslant 0, j=1,2,\cdots,n\right\}$$

若存在 $\omega^0 \in E_m, \mu^0 \in E_s$ 满足 $\omega^0 > 0, \mu^0 > 0, (\omega^0 - \mu^0)$ 是多面锥的某个法向量，且多面锥在该面的法向量 $(\omega^0 - \mu^0)$ 的同侧，则称该面为有效生产前沿面，或称为 DEA 相对有效面。在 DEA 理论中，判断一个 DMU 是否为 DEA 有效，实质上就是判断该 DMU 是否落在生产可能集的生产前沿面上。

3）技术效率与规模效率

任取 $(x, y) \in T$，若不存在 $y' > y$ 且 $(x, y') \in T$，则称 $(x, y) \in T$ 为具有技术效率（Technical Efficiency）的生产活动。具有技术效率是指"生产"达到最理想状态，现有输入量可获得最大输出量。

记产出和投入的同期相对变化比 $k = \dfrac{\Delta y}{y} \Big/ \dfrac{\Delta x}{x}$，称其为规模效率（Scale Efficiency），也称为规模收益。$k > 1$ 表明规模效率递增，宜增大投入；$k < 1$ 表明规模效率递减，宜减小投入；$k = 1$ 则表明规模效率恒定，称为规模有效。规模有效是指"生产"处于规模效率恒定不变的阶段，输出量的扩大倍数与输入量的扩大倍数相同，规模效率不变时的投入产出将达到最优。

DEA 的基本思想是将各被评价单位视为一个决策单元，多个决策单元构成被评价群体，对投入产出比进行综合分析，以决策单元的各个投入和产出指标的权重为变量进行评价运算，确定有效生产前沿面，并根据各决策单元与该前沿面的"距离"，来判别各决策单元是否为数据包络分析有效，并可采用投影方法来分析无效或弱效的原因以及应改进的方向和程度。DEA 方法对多输入多输出复杂系统特别有效，一是该方法以决策单元各输入输出的权重为变量，从最有利于决策单元的角度进行评价，不需要确定各指标在优先意义下的权重；二是该方法假定各输入均与一个或多个输出相关联，而且输入和输出之间确实存在某种关系，采用 DEA 方法不需要给出该关系的显示表达式。所以，这种方法规避了很多主观因素，客观性较强。

2. 数据包络分析法评价步骤

数据包络分析法通常分为六步，具体如下。

1）明确评价目的

数据包络分析适用于决策单元的效率评价，因此需要明确：可一起评价的决策单元；决策单元评价所需的输入/输出指标体系；包络分析模型评价的数据选取等。

2）选取决策单元

选取决策单元常用两种途径：一是基于物理背景或活动空间，选取具有相同的外部环境、目标任务与输入/输出指标的决策单元；二是根据决策单元活动的时间间隔来构造。

3）构建输入/输出指标体系

建立一套合理的评价指标体系，是采用 DEA 方法进行一组决策单元效率评价的基本前提。评价目的不同，应选取不同的评价指标。即便是针对同样的目的，选取的评价指标不同，得到的结果也各不相同。数据包络分析的评价指标需要考虑输入向量与输出向量之间的联系，选用可全面反映评价目的的指标体系。一是要选择合适的指标个数，决策单元个数通常应为评价指标个数的两倍以上；二是选取的指标应能够真实反映工程过程；三是所选择的指标应易于获取数据。直观上,可选取成本型指标作为输入指标,相应地,可将效用型指标作为输出指标。输入(投入)、输出(产出)项的选取,首先要反映出分析者和管理者的关注要素,同时要求对所有决策单元,投入和产出值均为可得的正数,而且投入值越小越好、产出值越大越好。此外,不同的投入和产出数据单位不必一致,因为 DEA 方法具有单位不变性(Unit Invariant)的特点,DMU 的结果度量不受投入、产出数据单位的影响。常用的指标选取方法有德尔菲法、主成分分析法、因子分析法等。

4) 数据收集与预处理

数据包络分析属于实证分析,需要合适的数据资料。评价指标中所涉非结构化因素,还需量化赋值。

5) 模型选择

数据包络分析法有多种模型,具体评价时,需要选用适用模型。具体模型包括基于不同生产可能集假定的模型、基于不同测度的模型、蕴含不同偏好的模型、基于不同变量类型的模型、多层次模型以及超效率模型等。各个模型均有投入导向(Input-oriented,输入导向)和产出导向(Output-oriented,输出导向)两种形式,投入导向模型是指给定产出水平下使投入成本最小,而产出导向模型则是在给定投入水平下使产出最大。DEA 模型可设定为规模效率不变(CRS)和规模效率可变(VRS),CCR 模型为规模效率不变模型,BCC 模型为规模效率可变模型。此外,还有超效率模型、交叉效率模型、双前沿面模型、FG 模型(适用于规模收益非递增情况下的决策单元效率评价)、ST 模型(适用于规模收益非递减情况下的决策单元的效率评价)、ADD 加性模型(Additive Model,将投入导向和产出导向融于一个模型之中)、SBM 模型(Slacks-based Measure,基于松弛变量的模型,具有单位不变性)等。

6) 分析评价得出结果

根据 DEA 规划模型,求解并判定各决策单元的 DEA 有效性,还可以进行目标值与实际值的比较分析、敏感度分析和效率分析,找出无效或弱效决策单元的原因及其改进措施,形成评价结果以供决策参考。具体分析时,DEA 模型中的权重基于数据由数学规划生成,不需要预先设定投入与产出的权重,不受主观因素影响。

需要指出的是,DEA 方法的生产函数边界是确定性的,易将随机干扰项视为效率因素,而且评价时容易受极值的影响。

3. CCR 模型

CCR 模型是首个 DEA 模型,也是最基本的 DEA 模型。该模型由查恩斯、库珀和罗兹 1978 年提出 DEA 方法时首次使用,并因此得名。该模型用于研究具有多输入多输出的部门同时实现"规模有效"与"具有技术效率"的方法,即在评价多投入多产出 DMU 的规模有效性和具有技术效率性方面均十分有效。该模型以规模效率不变为前提,对决策单元进行效率评价,其数学描述如下。

设有 n 个同具可比性的决策单元 $\mathrm{DMU}_j(j=1,2,\cdots,n)$,每个决策单元均有 m 类资源消耗(即输入)$X_j=(x_{1j},x_{2j},\cdots,x_{mj})^\mathrm{T}$ 与 s 类成果产出(即输出)$Y_j=(y_{1j},y_{2j},\cdots,y_{sj})^\mathrm{T}$,$x_{ij}$、$y_{ij}>0$;$v_i(i=1,2,\cdots,m)$ 为对第 i 类输入的权重度量;$u_r(r=1,2,\cdots,s)$ 为第 r 种输出的权重度量。各决策单元的输入数据和输出数据如表 5.9 所示。

表 5.9　各决策单元的输入数据和输出数据表

	序号	权重	决策单元					
			1	2	...	j	...	n
输入数据	1	v_1	x_{11}	x_{12}	...	x_{1j}	...	x_{1n}
	2	v_2	x_{21}	x_{22}	...	x_{2j}	...	x_{2n}
	$\vdots$	$\vdots$	$\vdots$	$\vdots$		$\vdots$		$\vdots$
	m	v_m	x_{m1}	x_{m1}	...	x_{mj}	...	x_{mn}
输出数据	1	u_1	y_{11}	y_{12}	...	y_{1j}	...	y_{1n}
	2	u_2	y_{21}	y_{22}	...	y_{2j}	...	y_{2n}
	$\vdots$	$\vdots$	$\vdots$	$\vdots$		$\vdots$		$\vdots$
	s	u_s	y_{s1}	y_{s2}	...	y_{sj}	...	y_{sn}

对第 j_0 $(1 \leqslant j_0 \leqslant n)$ 个 DMU 进行效率评价：以权重系数 v、u 为变量，以第 j_0 个 DMU 的效率指数为目标，以所有 DMU（含 j_0）的效率指数为约束，构建最优化模型：

$$(P)\begin{cases} \max \dfrac{u^{\mathrm{T}} y_0}{v^{\mathrm{T}} x_0} = V_p \\ \text{s.t.} \ \dfrac{u^{\mathrm{T}} y_j}{v^{\mathrm{T}} x_j} \leqslant 1, \ j = 1, 2, \cdots, n \\ x \geqslant 0 \\ \mu \geqslant 0 \end{cases}$$

其中，$v \geqslant 0$ 表示 v 的每个分量 $v_i \geqslant 0$，但至少有一个分量为正值。

采用 Charnes -Cooper 变换，令 $t = (v^t x_0)^{-1}$，$\omega = tv$，$\mu = tu$，将上述分式规划等价转化成线性规划问题：

$$(P_{\mathrm{CCR}})\begin{cases} \max \mu^{\mathrm{T}} y_0 = V_P \\ \text{s.t.} \ \omega^{\mathrm{T}} x_j - \mu^{\mathrm{T}} y_j \geqslant 0, \ j = 1, 2, \cdots, n \\ \omega^{\mathrm{T}} x_0 = 1 \\ \omega \geqslant 0, \ \mu \geqslant 0 \end{cases}$$

利用 P_{CCR} 线性规划求解来评价 DMU 是否 DEA 有效，需判断是否存在最优解 ω^0，μ^0，使得 $\omega^0 > 0$，$\mu^0 > 0$，$V_P = \mu^{\mathrm{T}} y_0 = 1$。

4. BCC 模型

CCR 模型假设生产过程规模效率恒定不变，即投入量与产出量等比例增减。但是，实际生产过程的规模效率可能是递增或递减状态。为了反映 DMU 规模效率变化的情况，20 世纪 80 年代中期，班克、查恩斯与库伯基于 CCR 模型以及 Shepard 距离函数，提出了一个规模效率可变模型，BCC 模型因此得名。在 BCC 模型中，考虑到生产可能集的锥性假设有时并不现实或并不合理，因此去除了锥性假设。即当生产可能集 T 仅满足凸性（加入条件）、无效性和最小性时，可得满足规模效率可变的 BCC 线性规划模型：

$$(P_{\text{BCC}})\begin{cases} \max \mu^{\mathrm{T}} y_0 + \mu_0 = V_P \\ \text{s.t. } \omega^{\mathrm{T}} x_j - \mu^{\mathrm{T}} y_j - \mu_0 \geqslant 0, \ j=1,2,\cdots,n \\ \omega^{\mathrm{T}} x_0 = 1 \\ \omega \geqslant 0, \ \mu \geqslant 0 \end{cases}$$

该模型带有非阿基米德无穷小 ε(non-Archimedean，一个小于任何正数且大于零的数)参数的对偶规划为

$$(D_{\text{BCC}} - \varepsilon)\begin{cases} \max[\theta - \varepsilon(\hat{e}^{\mathrm{T}} s^- + e^{\mathrm{T}} s^+)] = V_D(\varepsilon) \\ \text{s.t. } \sum_{j=1}^{n} x_j \lambda_j + s^- = \theta x_{j0} \\ \sum_{j=1}^{n} y_j \lambda_j - s^+ = y_{j0} \\ \sum_{j=1}^{n} \lambda_j = 1 \\ \lambda_j \geqslant 0, \ j=1,2,\cdots,n \\ s^- \geqslant 0, s^+ \geqslant 0 \end{cases}$$

其中，e 为元素为 1 的向量，其中 θ 表示投入缩小比率，λ 表示决策单元线性组合的系数。$\sum_{j=1}^{n} \lambda_j = 1$ 是 BCC 模型比规模效率不可变的 CCR 模型多出的约束条件，引入变量 λ 实现了模型的规模效率可变，用于 DMU 间相对具有技术效率性的比较。S^0 和 S^{+0} 为松弛变量。若 $(D_{\text{BCC}} - \varepsilon)$ 的最优解 λ^0, s^{-0}, s^{+0}, θ^0 满足 $\theta^0 = 1$ 且有 $S^0 = S^{+0} = 0$ 时，判定 MDU j_0 为具有技术效率，否则判定其为非具有技术效率。

如果在实际工程问题中，决策者仅关注最优方案或最优决策单元，而对各决策单元排序并不关注，此时，需要通过 DEA 模型来直接求取最优决策单元。解决这个问题，通常采用三种混合整数线性规划模型来进行最优决策单元选取，这三种模型分别基于规模效率不变的 BBC 模型、基于投入导向的 BBC 模型以及基于产出导向的 BCC 模型的改进。

5. 其他 DEA 模型

利用 CCR 或 BCC 模型计算而得的效率或收益可能存在多个 DMU 有效性同时为 1 的情形(即出现多个有效的 DMU)，为了实现对这些 DMU 有效性的进一步区分，可采用超效率、交叉效率以及双前沿 DEA 等模型。下面简要介绍这些模型的基本思想。

1)超效率模型

为了实现多个有效 DMU 的完全排序和比较，1993 年，安德森(Andersen)和彼得森(Petersen)在 CCR 模型的基础上提出了超效率模型。该模型从效率边界中将待评价 DMU 剔

除，基于剩余 DMU 形成新的效率边界，然后再求取待评价 DMU 到新边界的"距离"。由于新的效率边界并未包围待评价 DMU，此时有效 DMU 的新效率值大于 1，超效率（Super-Efficiency）由此得名。而无效 DMU 的新效率值则保持不变，仍有效率值小于 1。至此，所有的 DMU 均能够实现完全排序。

基于 CCR 模型的超效率 DEA 模型为

$$
(P)\begin{cases}
\min \quad \theta \\
\text{s.t.} \quad \sum\limits_{\substack{j=1 \\ j\neq k}}^{n} x_{ij}\lambda_j \leqslant \theta\, x_{ik}, i=1,2,\cdots,m \\
\quad \sum\limits_{\substack{j=1 \\ j\neq k}}^{n} y_{rj}\lambda_j \geqslant y_{rk}, r=1,2,\cdots,s \\
\quad \lambda_j \geqslant 0, j\neq k
\end{cases}
$$

其中，下标 k 表示该量的最优值标识。

后经证实，该模型计算出的超效率极易受离群值（Outliers）的影响，因此可用于判断数据集中存在的离群值。

2）交叉效率模型

同样是为了实现多个有效 DMU 的完全排序和比较，1986 年，塞克斯顿（Sexton）等提出了交叉效率模型。使用交叉效率模型评价时，既有自我效率评价，又有同行进行的交叉效率评价。此时，需分别为各 DMU 确定一组输入/输出权重，供全部的决策单元评价使用。自我效率评价采用自身确定的权重来自我评价，得出自我评价效率；交叉效率评价采用其他 DMU 确定的权重来评价自己，得出交叉效率。该模型将各个 DMU 的自评相对最好效率与同行给出的交叉效率通过算术平均值进行综合，既能够较好地解决决策单元之间的完全排序和比较问题，同时解决了 CCR 模型因输入/输出权重不一致而带来的不可比较问题。表 5.10 为交叉效率模型中的交叉效率评价示意。

表 5.10　交叉效率模型中的交叉效率评价示意

决策单元	交叉效率				算术平均值
	1	2	…	n	
1	θ_{11}	θ_{12}	…	θ_{1n}	$\dfrac{1}{n}\sum\limits_{j=1}^{n}\theta_{1j}$
2	θ_{21}	θ_{22}	…	θ_{2n}	$\dfrac{1}{n}\sum\limits_{j=1}^{n}\theta_{2j}$
⋮	⋮	⋮	⋮	⋮	⋮
n	θ_{n1}	θ_{n2}	…	θ_{nn}	$\dfrac{1}{n}\sum\limits_{j=1}^{n}\theta_{nj}$

塞克斯顿等采用二级目标来确定输入/输出权重并保证了权重的唯一性。后来又出现了攻击型与仁慈型两种二级目标函数的计算方式。但是，在具体评价时，攻击型和仁慈型二级目标函数难以选择，为此，又出现了中性交叉效率模型：

$$(P)\begin{cases} \max \quad \delta = \min_{r\in\{1,\cdots,s\}} \left\{ \dfrac{u_{rk}y_{rk}}{\displaystyle\sum_{i=1}^{m} v_{ik}x_{ik}} \right\} \\[2em] \text{s.t.} \quad \theta_{kk}^{*} = \dfrac{\displaystyle\sum_{r=1}^{s} u_{rk}y_{rk}}{\displaystyle\sum_{i=1}^{m} v_{ik}x_{ik}} \\[2em] \qquad \theta_{jk} = \dfrac{\displaystyle\sum_{r=1}^{s} u_{rk}y_{rj}}{\displaystyle\sum_{i=1}^{m} v_{ik}x_{ij}} \leqslant 1, \ j=1,2,\cdots,n; j\neq k \\[2em] \qquad u_{rk} \geqslant 0, r=1,2,\cdots,s \\ \qquad v_{ik} \geqslant 0, i=1,2,\cdots,m \end{cases}$$

采用 Charnes -Cooper 变换，将上式等价转化成线性规划问题：

$$(P)\begin{cases} \max \quad \delta \\[1em] \text{s.t.} \quad \displaystyle\sum_{i=1}^{m} v_{ik}x_{ik} = 1 \\[1.5em] \qquad \displaystyle\sum_{r=1}^{s} u_{rk}y_{rk} = \theta_{kk}^{*} \\[1.5em] \qquad \displaystyle\sum_{r=1}^{s} u_{rk}y_{rj} \leqslant \displaystyle\sum_{i=1}^{m} v_{ik}x_{ij}, \ j=1,2,\cdots,n; j\neq k \\[1.5em] \qquad u_{rk}y_{rk} \geqslant \delta, \quad r=1,2,\cdots,s \\ \qquad v_{ik} \geqslant 0, \quad i=1,2,\cdots,m \\ \qquad \delta \geqslant 0 \end{cases}$$

值得注意的是，使用交叉效率模型，还可以将非合作博弈与交叉效率相结合，实现博弈交叉效率评价，而且该博弈交叉效率值恰为纳什均衡点。此外，还可以在交叉效率评价模型中引入有序加权平均算子(OWA)，以体现决策者的偏好，特别是可对不合理的交叉效率评价值赋予较小权重，使评价结果更具合理性。

3) 双前沿 DEA 模型

所谓双前沿，是指乐观前沿面与悲观前沿面。双前沿 DEA 模型就是将乐观前沿面模型(即 CCR 模型)得出的效率与悲观前沿面模型得出的效率，通过几何平均的方式对二者进行综合，用以解决有效决策单元的完全排序和比较问题。所谓乐观前沿面模型，即所求得的效率值均不小于 1，而悲观前沿面模型所求得的效率值均不大于 1。

基于悲观前沿面的 DEA 模型为

$$(P)\begin{cases} \min \quad \phi = \sum_{r=1}^{s} \mu_r y_{rk} \\ \text{s.t.} \quad \sum_{i=1}^{m} v_i x_{ik} = 1 \\ \quad\quad \sum_{r=1}^{s} \mu_r y_{rj} - \sum_{i=1}^{m} v_i x_{ij} \geq 0, j = 1, 2, \cdots, n \\ \quad\quad \mu_r, v_i \geq 0, r = 1, 2, \cdots, s; i = 1, 2, \cdots, m \end{cases}$$

其中，μ_r、v_i 分别为非负权重。对乐观前沿面模型求得的效率值与悲观前沿面模型求得的效率值进行几何平均运算：

$$\varphi_k^* = \sqrt{\phi_k^* \cdot \theta_k^*}$$

其中，φ_k^* 为几何平均后的 DMU$_k$ $(k \in \{1, 2, \cdots, n\})$ 的效率值；θ_k^* 和 ϕ_k^* 则分别为对应的 DMU 在乐观前沿面模型与悲观前沿面模型下的最优效率值。

在应用数据包络分析法时，还应该对非期望产出进行合理处理。具体处理方法有简单忽略、期望产出和非期望产出以同比例增减、方向距离函数、视为投入、单调递减转换等方法。实际上，这些非期望产出的处理无外乎直接处理和间接处理两大类方法。直接处理方法是通过修改生产可能集的假设条件而不是改变数据值，通过对联合产出(期望产出和非期望产出)建模、减少非期望产出等来处理非期望产出。间接处理方法则是通过单调递减函数对原始数据进行转换处理后，将其视为期望产出。此外，还应注意非期望产出与期望产出之间的内在特定关联，如空连接性(Null-Joint)、弱可处置性(Weak Disposability)，最终实现期望产出与非期望产出之间的折中平衡(Trade-off)。

5.4.6 神经网络分析法

神经网络分析(Neural Network Analysis)法是以神经心理学和认知科学为基础，结合应用数学方法形成的一种具有高度并行计算、自学及容错等能力的处理方法。神经网络分析法在网络空间安全中的模式识别与分类、态势感知、预测等方面具有广泛应用。

1. 生物神经元与人工神经元模型

20 世纪 40 年代，美国心理学家故麦卡洛克(McCulloch)和数理逻辑学家皮茨(Pitts)提出了人工神经网络(Artificial Neural Network，ANN)的理论及 MP 神经元模型。美国心理学家 Hebb 在 1949 年基于心理学中的条件反射机理，提出了神经元间连接变化的赫布(Hebb)规则。随后，美国心理学家罗森布拉特(Rosenblatt)提出了感知器模型，到 20 世纪 60 年代，美国斯坦福大学教授维德罗(Widrow)又提出了自适应线性神经网络，80 年代，美国加州理工学院教授霍普菲尔德(Hopfield)、美国认知心理学家鲁梅尔哈特(Rumelharth)等又进一步给出了开创性的研究成果，使人工神经网络研究与应用进入了快车道。

简而言之，人工神经网络是以工程技术手段来模拟生物(人脑)神经系统的结构和功能特征。人脑由海量神经细胞与神经元所组成，每个神经元均可视为一个单独的小型信息处理单元，所有神经元按照特定方式连接构成复杂的大脑神经网络。人工神经网络就是试图对人类的形象直觉思维进行模拟，以简单模拟神经元作为非线性处理器，构建一种非线性网络，模拟人脑中众多的神经元之间的突触行为，采用神经网络自身结构来表达输入与输出关联知识的隐函数编码，再利用自适应或学习来使该网络具有通过非线性映射来并行处理信息的能力，在一定程度上实现人脑的形象思维、分布式记忆、自学习以及自组织等高级功能与智能。

生物(人脑)神经元的结构由细胞体、树突、轴突、突触等组成。细胞体由细胞核、细胞质和细胞膜等组成，这些均为细胞体的功能基础。树突和轴突均为细胞体上的突起，树突短而多支，起到神经元的输入端的作用，用于接收传入的神经冲动，而轴突则是最长的突起(又称为神经纤维)，纤维端部神经末梢众多，用于传出神经冲动。突触则是神经元之间的连接接口，用于信息传递。每个神经元的突触数为 100 余个，前一个神经元的轴突末梢称为突触前膜，后一个神经元的树突则称为突触后膜。一个神经元利用其轴突的神经末梢，通过突触与另一个神经元的树突相连接，从而传递信息，并使神经细胞总体上呈现分层结构。突触信息传递是特性可变的，神经冲动传递方式变化时将导致突触的传递作用强弱变化，从而使神经元连接具有柔性，因此，神经元信息传递具有结构可塑性。神经细胞在受到刺激后处于兴奋状态，导致细胞膜内外出现电位差，即膜电位(膜内为正，膜外为负)。人脑神经元功能分为兴奋与抑制、学习与遗忘等。兴奋与抑制是指传入神经元的冲动如导致细胞膜电位提高，一旦超出动作电位阈值，即进入兴奋状态并产生神经冲动，该冲动由轴突经神经末梢传出。该冲动传入神经元后导致该细胞膜电位下降并低于工作电位阈值时，即进入抑制状态，并不产生神经冲动。学习与遗忘功能则是因为神经元结构的可塑性导致突触传递作用增强或减弱。图 5.6 为生物(人脑)神经元结构及神经元之间的连接示意图。

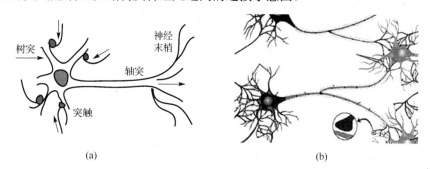

(a)　　　　　　　　　　　　　　　　　　　　(b)

图 5.6　生物(人脑)神经元结构及神经元之间的连接示意图

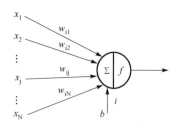

图 5.7　人工神经元模型

现在广泛应用的人工神经元模型(图 5.7)是在 MP 模型上改进而成的。人工神经元模型应具备三个要素：一组突触或连接，以 w_{ij} 表示神经元 i、j 之间的连接强度；反映生物神经元时空整合功能的输入信号累加器 Σ；限制神经元输出的激励函数 f，该函数将输出信号限制在一个允许范围内。

图 5.7 中，x_j 为神经元 j 的输入信号，w_{ij} 为连接权重，b 为外部刺激，f 为激励函数，y_i 为神经元 i 的输出，且有

$$y_i = f\left(\sum_{j=1}^{N} w_{ij} x_j + b\right)$$

2．人工神经网络模型

神经网络采用自然的非线性建模，不需要严格假设限制和厘清非线性关系，并利用其处理非线性问题的能力进行反复学习可从模式未知的大量复杂数据中发现并揭示系统规律，避免了传统分析方法选取合适的模型函数形式的难题。神经网络的结构通常由一个输入层、若干中间层(隐含层)和一个输出层组成，如图 5.8 所示。

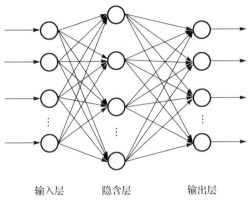

输入层　　　　隐含层　　　　输出层

图 5.8　神经网络结构示意图

输入层的神经元负责接收来自外界的输入信息，并将其传递给隐含层各神经元；隐含层是内部信息处理层，负责信息变换，可为单层或者多层结构；最后一个隐含层向输出层各神经元传递信息，由输出层向外界输出信息处理结果。隐含层节点多采用 Sigmoid 型函数，而输入和输出节点则多采用 Sigmoid 型或线性函数。各神经元(神经网络节点)的输出通过激活函数(为非线性函数)可使得整个神经网络的模型非线性化。

神经网络训练过程大致为：读取一小部分数据作为当前训练集；定义神经网络结构和优化算法；参数初始化；迭代更新参数；将所有随机数据打乱后再选取以获得更好的优化效果。

神经网络优化可使损失函数尽可能小。常用的神经网络优化算法有梯度下降(Gradient Decent)算法、随机梯度下降(Stochastic Gradient Decent)算法以及反向传播(Back Propagation，BP)算法等。梯度下降算法可实现单个参数取值的优化，在要求损失函数的值最小时，可根据损失函数的偏导(偏导值即为梯度)来判断其下降方向。随机梯度下降算法则是随机优化某一条训练数据上的损失函数，虽然可以缩短训练时间，但会导致函数无法得到全局最优。BP 算法是神经网络的核心训练算法，该算法可给出一个高效的方式在所有参数上使用梯度下降算法，可根据定义好的损失函数优化神经网络中参数的取值。

3．神经网络的评价指标、特征标准化与特征选择

受数据和学习参数等因素影响，神经网络的学习效率可能会较低下或受干扰导致分析结果不理想。可以通过指标来评价神经网络并进行改进。常用的神经网络评价指标有误差(Error)、准确率(Accuracy)等。随着训练时间增长，预测误差会不断减小，最后趋近水平。精准度反映了预测结果与真实结果的准确率。

神经网络也会出现过拟合问题。过拟合表现在神经网络模型上，由训练样本得到的输出

与期望输出基本一致，但是测试样本的输出与其期望输出差别较大。过拟合发生的根本原因是模型过度学习了训练数据中的噪声和异常数据，即模型学习了训练数据中的随机波动或噪声，问题在于上述波动或噪声表达的概念并不适用于其他数据，导致该模型在新数据上表现不佳，即学习而得的模型泛化性能变差。过拟合问题可采用正规化等方法来解决。

特征标准化(Feature Normalization)又称为正常化或归一化，其目的是让机器学习更好地消化数据，以提升机器处理效率。特征选择非常重要，以神经网络分类器为例，只有为分类器提供"好"的特征，分类器才能发挥出最好的效果，这也是机器学习表现良好的重要前提。好的特征能够轻松地辨别出相应特征所代表的类别，而不好的特征会带来无用信息，浪费计算资源。

5.4.7　深度学习分析法

1. 深度学习的基本思想和构建步骤

在网络空间安全分析、评估与决策中，需要用到大量的人工智能的方法。机器学习是人工智能的重要分支，而深度学习(Deep Learning)又是机器学习最具应用前景的领域之一。深度学习涉及概率论、统计学、算法复杂性理论等多门学科。

20 世纪 80 年代末，人们利用 BP 神经网络模型从大量训练样本中学习统计规律，从而实现了对未知事件的预测，该方法基于统计学习，较之于基于人工规则的系统体现出了较强的优越性。此时的人工神经网络虽被称为多层感知机，但实际上是仅含有一层隐含层节点的浅层(Shallow)模型。当前多数分类、回归等学习方法为浅层结构算法，如图 5.9 所示。

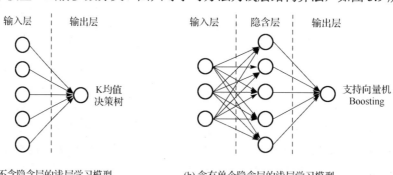

(a) 不含隐含层的浅层学习模型　　　　　　(b) 含有单个隐含层的浅层学习模型

图 5.9　不含隐含层的浅层学习模型与含有单个隐含层的浅层学习模型

事实上，浅层机器学习模型包括支撑向量机(Support Vector Machines，SVM)、提升法(Boosting)、最大熵方法(如 Logistic Regression，逻辑回归)等。这些模型大多可视为含有一层隐含层节点(如 SVM、Boosting 等)，或并无隐含层节点(如逻辑回归、K 均值、决策树等)，获得了广泛应用。浅层人工神经网络由于理论分析和训练难度较大，并未有很大的进展。

浅层人工神经网络的不足在于：在样本和计算单元有限的情况下，对复杂函数的表示能力较为有限，特别是对复杂分类问题，其泛化能力受到很大的制约。BP 算法作为传统多层网络的经典训练算法，实际上对多层网络的训练效果并不理想，其训练困难源于：在涉及多个非线性处理单元层的深度结构中，非凸目标代价函数中通常存在局部最小问题，易导致在局部最小值处收敛，而随机值初始化可能会导致从远离最优区域处开始训练；其次，BP 算法梯度稀疏程度越来越大，自顶层向下的误差校正信号越来越小；再有，这种训练算法仅可训练有标签数据，而人脑结构可以从无标签数据中学习。

解决这个问题的一个有效方法是深度学习。2006 年，加拿大多伦多大学教授、机器学习泰斗杰弗里·辛顿(Geoffrey Hinton)等在 *Science* 上发表论文，开创了深度学习的新篇。辛顿指出，多隐含层人工神经网络(图 5.10)在特征学习方面表现优异，学习而得的特征对数据有更本质的刻画，更有利于可视化或分类；而且，深度神经网络的训练困难可通过逐层初始化来有效克服。深度学习可利用对一种深层非线性网络结构的学习，来实现对复杂函数的逼近，具有从少数样本集中学习数据集本质特征的强大能力。深度学习过程使用多个处理层对数据进行高层抽象，利用较少的参数来表示复杂的函数，从而得到多重非线性变换函数，其核心是特征学习，通过自动提取分类所需的低层次或者高层次特征，对待建模数据的潜在(隐含)分布的多层(复杂)表达进行学习建模，将低层特征组合起来，形成抽象程度更高的高层表示属性类别或特征，以发现数据的分布式特征表示。所谓高层次特征，是指该特征可以分级(分层次)依赖于其他低层次特征，然后基于这些低层次表达，通过构建低层次表达的线性或非线性组合(并重复此过程)，最终形成一个高层次的表达。

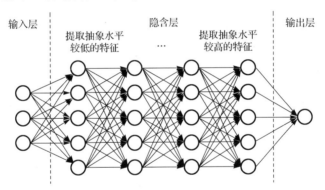

图 5.10　多隐含层深度学习模型

深度学习的本质是构建多隐含层机器学习模型和海量训练数据，来学习更有用的特征，以提升分类或预测的准确性。深度学习的重要特性是多层和非线性。如果仅有线性变换，由于线性模型的局限性，任意层与单层的神经网络模型的表达能力将无任何区别。从这个意义上来说，"深度模型"是手段、是方法，"特征学习"是目的、是结果。深度学习强调了模型结构的深度，通常为 5～10 层隐含节点；强调特征学习的重要性，通过逐层特征变换，将样本在原空间的特征表示变换到一个新的特征空间，更易于分类或预测。而且，这种特征规则并非是由人工来构造的，而是利用大数据来学习，使数据的丰富内在信息被更好地刻画出来。

2. 深度学习的构建步骤与训练过程

构建和部署深度神经网络的步骤通常为：①准备原始数据和拟用原始网络(算法)；②数据预处理，决定选用监督或无监督式学习，监督式学习需要对数据进行分类和打标签；③根据业务流在不同的框架中定义网络；④进行网络训练，实现批处理、定义优化参数等；⑤根据训练结果优化网络和数据；⑥对训练好的网络结构、网络参数等进行部署。

当前，深度学习主要基于人工神经网络来实现，深度学习算法框架也可视为深度神经网络算法框架。不过，深度学习虽然是传统神经网络的发展，但在具体实现上出现了许多变化，通过分层网络获取分层次的特征信息，不需要人工设计或提取特征，表 5.11 给出了深度学习结构与传统神经网络的异同。深度学习是一个框架结构，包含多个重要算法：卷积神经网络（Convolutional Neural Networks，CNN）、深度信任网络（Deep Belief Network，DBN）、自动编码器（Auto Encoder）、稀疏编码（Sparse Coding）、受限玻尔兹曼机（Restricted Boltzmann Machine，RBM）、多层反馈循环神经网络（Recurrent Neural Network，RNN）等。

表 5.11　深度学习结构与传统神经网络的异同

异同	具体内容	传统神经网络	深度学习结构
相同点	模拟机理	模拟生物神经系统（人脑）的工作原理	
	框架结构	均为分层结构，包括输入层、隐含层、输出层。各层均含若干神经元，各神经元均模拟人类的神经细胞，每层均可视为逻辑回归模型；只有相邻层节点之间有连接，节点之间的连接模拟神经细胞之间的连接，连接强度以权重表示。同一层以及跨层节点之间相互无连接	
不同点	训练机制	BP 训练，采用迭代算法，初值随机设定，求取当前网络的输出，根据当前输出与标签的差值来修改前面各层的参数，直到收敛。7 层以上的网络，因梯度扩散导致残差传播至最前面层变得太小	逐层初始化训练，利用多层（深度）对数据进行高层抽象，利用较少的参数来表示复杂的函数，得到多重非线性变换函数
	特征选择	最多含单个将原始信号转换到特定问题空间特征的简单结构，只学习数据的单层表示	自动提取分类所需的低或高层次特征，对待建模数据的潜在分布的多层表达进行学习建模，将低层特征组合形成抽象程度更高的高层表示属性类别或特征

深度学习训练过程具体如下。

（1）使用自下而上的非监督学习。即始于底层，逐层往顶层训练。若各层同时训练，则会导致时间复杂度大幅上升。采用无标签数据（或带标签数据）分层训练各层参数，此步骤可视为一个无监督训练过程，也可视为特征学习过程，这是与传统神经网络区别最大的部分。

（2）自顶向下的监督学习。即通过带标签的数据来训练，自顶向下传输误差，实现网络的微小调节。基于第一步得到的各层参数，进一步精确调整整个多层模型的参数，为有监督训练过程。

深度学习的发展与应用牵涉到三个重要问题：数据、算法与计算能力。合适的数据是深度学习得以实现的基本前提，而深度学习需要特定的精湛算法。除了数据和算法之外，计算能力至关重要，需要能够提供强有力运算的图形处理器（Graphic Processing Unit，GPU）以实现运算加速。

第6章　基于系统科学与工程的网络空间安全保障体系构建

本章将从系统科学与工程的角度，来分析网络空间安全面临的一系列威胁和挑战，并重重点讨论网络空间安全保障体系的构建方法。

6.1　网络空间中的信息系统安全保障系统工程

长期以来，在信息化建设过程中，"先建设、后安全""重功能、轻安全"甚至是完全忽视安全的现象普遍存在。然而，网络空间信息关键基础设施和信息系统承担着重要使命，信息系统及信息资产具有重要价值，系统中存在着诸多脆弱性，面临着极大威胁，这一切都表明网络空间中的信息系统面临着极大的安全风险挑战。因此，网络空间的安全保障体系建设，显然是一项复杂的系统工程。

6.1.1　信息系统安全保障的概念及其建设目标

1. 信息系统及其安全保障的概念

1)信息系统的概念、形态、功能与计算模式

网络空间中的信息活动不能脱离所依托的"载体"而独立存在，这种"载体"是根据特定需要来进行输入、系统控制、数据处理、数据存储与输出等活动所涉及所有因素的综合体，即信息系统。信息系统可以定义为：按一定结构组织的可以获取(收集)、存储、传输、处理和输出信息以实现其目标的相互关联的元素和子系统的集合。信息系统具有集成性，其各个组织中信息流动的总和。

传统的现代信息系统是计算机网络，当前，又出现了云计算系统、物联网、移动互联网络、工业控制网络、物理信息融合系统等各种新形态，而且，未来必将出现各种更为复杂的信息系统形态。不过，无论信息技术如何发展、信息系统的具体形态和功能如何改变，把握信息系统的关键首先是超越具体技术的核心要素及其逻辑关系，然后才是各种信息技术因素。信息系统的复杂性，决定了信息系统具有多角度、多层面和多时段的多重性特征。

信息系统的计算模式(Computing Pattern)是指为满足用户需求而采取的计算方案，它是信息系统计算要素所呈现的结构模式。通俗地说，就是信息系统完成任务的一种运行、输入/输出以及使用的方式。计算机网络信息系统中包含各种硬件、软件、网络等要素，这些要素的物理和逻辑配置的组织以及多个计算机之间的协同方式的选取依赖于计算模式的选择。常见的计算模式有集中式计算模式、分布式计算模式、云计算模式等。若以计算架构为区分特征，计算模式又经历了单机、C/S(客户机/服务器)、B/S(浏览器/服务器)、C/S 与 B/S 混合、P2P(对等)架构、多层架构、面向服务的架构(Service-Oriented Architecture，SOA)以及微服务等演变过程。

2)信息系统安全及其保障

信息系统安全是保证信息系统结构与相关要素的安全，以及与此相关联的各种安全技

术、服务与管理的总和，体现出体系性、可设计性、可实现性以及可操作性等显著特征。信息系统安全保障是在信息系统的全生命周期从技术、管理、工程和人员等方面提出安全保障要求，确保信息系统的保密性、完整性、可用性、可控性、不可否认性等，将整体安全风险降低至可接受的程度，保障信息系统实现组织机构赋予的使命。

从系统的角度看，网络安全保障系统是信息系统的一个子系统，或者是保障信息系统实现组织机构所赋予使命的安全体系。而信息系统在不断演进，因此，信息系统安全保障与信息系统生命周期中规划、设计、实现、测试以及运行等环节密切相关，信息系统安全保障活动包括覆盖系统全生命周期的管理活动、信息系统从无到有的工程活动、信息系统从概念到设计的架构活动等。

2. 信息系统网络安全保障体系的建设目标

为了实现安全保障系统建设与业务系统建设的完善与统一，信息系统在设计时应充分考虑安全的设计工作。《中华人民共和国网络安全法》明确指出，重点保护基础信息网络和关系国家安全、经济命脉、社会稳定等方面的重要信息系统，实现网络安全等级保护制度。因此，应保证国家和行业网络安全等级保护相关制度和标准的落地、信息系统业务与安全防护的有机结合，将技术、管理、运维、人员等多方面完善整合，形成符合信息系统承载业务现状与业务特点的安全保障体系。信息系统安全建设需要考虑以下问题。

(1) 信息系统承载业务一体化的环境中，需按照网络安全等级保护标准和并支撑标准规范，从系统定级、整体设计、系统建设、安全测评与运行维护等方面综合考虑，通过充分调研，实现少走弯路、节约投资、尽快成效的目标。

(2) 信息系统承载业务的全流程和安全紧密耦合、密不可分。信息系统承载并支撑全流程业务，同时需将安全防御、隐私保护等作为保障体系的核心要素，形成统一的安全运维保障体系，能够发现日常安全风险、漏洞与事件；定期实施安全规划、安全检查、安全分析、安全总结与整改；将网络安全保障作为业务稳定可靠运行的有效保证，切实满足信息系统承载的业务需求。

具体来说，需要建立信息系统整体网络安全保障体系，根据信息系统的网络现状及未来规划，为基础网络进行网络安全设计；了解信息系统未来业务系统概况，进行网络安全设计；保证业务持续性，促进业务高效稳定地运行；保证信息的保密性、完整性、可用性以及可控性、不可否认性、可追溯性等。

6.1.2　信息系统安全保障系统工程过程

1. 信息系统安全保障与网络安全系统工程

信息系统安全保障模型通常涉及保障要素、生命周期和安全特征等三个维度，具体如图 6.1 所示。

安全特征是指信息与产生、传输、存储和处理信息的信息系统需要保护的保密性、完整性、可用性、可控性、不可否认性等；生命周期则是指信息系统安全保障应贯穿信息系统的全生命周期(具体含规划设计、开发采购、实施交付、运行维护以及废弃 5 个阶段)，以获得可持续的信息系统安全保障能力；保障要素则是指信息系统安全保障的领域(包括技术、工程、管理以及人员 4 个领域)，由合格的网络安全专业人员，使用合格的网络安全技术和

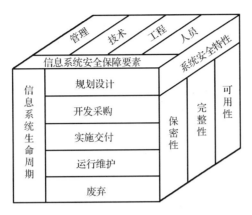

图 6.1　信息系统安全保障三维模型

产品，通过规范、可持续性改进的工程过程能力和管理能力进行建设及运行维护，保障信息系统安全。

　　信息系统安全保障模型将风险和策略作为安全保障的基础和核心。首先，从系统的动态性观点出发，强调信息系统安全保障应贯穿于信息系统全生命周期，实施持续发展的动态安全模型；其次，从系统的整体性出发，强调通过综合技术、管理、工程与人员的安全保障来实施和实现信息系统的安全保障目标，即综合保障；第三，从系统工程的角度出发，以风险和策略为基础，在信息系统全生命周期中实施技术、管理、工程和人员保障要素，实现网络安全的安全特征达到保障组织机构执行其使命的根本目的。再者，基于系统论的目的性原理，网络安全保障的安全特征保护的是信息系统产生、传输、存储和处理信息的保密性、完整性和可用性等安全特征不被破坏，保护信息和信息处理设施等资产的安全仅仅是手段，其目的是通过保障资产的安全来保障信息系统、信息系统所支撑业务的安全，并以保障组织机构能够正确行使信息系统的使命为最终目的。

　　由系统论的关联性原理可知，在信息系统安全保障中，信息系统的生命周期与保障要素不是相互孤立的，而是相互关联、密不可分的。从控制论的反馈原理来看，信息系统全生命周期可抽象为计划组织、开发采购、实施交付、运行维护以及废弃五个阶段，运行维护阶段的变更导致反馈的发生，构成信息系统全生命周期的完整闭环结构，如图 6.2 所示。而根据系统论的统一性原理，信息系统全生命周期中的任一时刻，均需要综合技术、管理、工程和人员等信息系统安全保障要素。

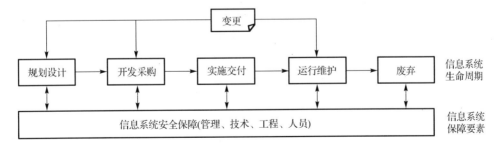

图 6.2　面向信息系统全生命周期的信息安全保障

信息安全保障在信息系统全生命周期各阶段有不同的内容和要求，如表 6.1 所示。

表 6.1　信息安全保障在信息系统全生命周期各阶段的相关内容和要求

阶段	内容	要求
计划组织阶段	结合组织机构的业务要求、法律法规的要求、系统存在的风险等因素，得出信息系统安全保障需求	信息系统建设和使用的决策中，应加入安全策略，从信息系统建设一开始就应该综合考虑系统的安全保障要求，确保信息系统建设和信息系统安全保障建设同步规划、同步实施
开发采购阶段	对规划组织阶段进行细化和具体体现，完成系统安全需求分析、系统安全体系设计以及相关预算申请和项目准备等活动	综合考虑系统的风险和安全策略，将信息系统安全保障作为一个整体进行系统设计，建立信息系统安全保障整体规划和全局视野。并通过对系统整体的技术、管理安全保障规划或设计评估，保证信息系统整体规划满足组织机构的建设要求和相关国家与行业的要求
实施交付阶段	进行系统建设，并采取监理措施	要求承建方具有信息安全服务资格，人员具有专业资格，确保施工组织的服务能力；监理并评估施工过程，以确保所交付系统的安全性
运行维护阶段	管理、运行维护和使用信息系统，保障其安全正常运行	综合保障对信息系统的管理、运行维护和使用人员的能力等方面
变更	随着业务、需求外界环境等变更，产生新的要求或增强原有的要求	重新进入信息系统组织计划阶段（即规划阶段）
废弃阶段	当信息系统不再满足业务要求时，需要废弃	需要考虑信息系统安全销毁等要素

信息系统安全保障建设与规划需要解决以下问题：在现有法律、法规以及政策的框架下，综合考虑信息系统的安全需求与长期规划，并考虑组织机构的物力、财力等因素，设计和实施信息安全保障系统工程，重点是如何在系统工程过程中设计并实施信息系统安全模块。

2. 信息系统安全保障系统工程过程描述

信息系统安全保障系统工程需要从信息系统全生命周期来考虑安全性，并需要考虑将安全保障的需要纳入整个信息系统。信息系统安全保障系统工程的过程需要挖掘安全保障需要、定义信息系统安全保障要求、对信息系统安全保障进行架构设计、对信息系统安全保障进行详细设计、实施保障工程等环节及其相应活动。在此过程中，还应评估各个环节安全保障的有效性。

实施信息系统安全保障系统工程，可参考系统安全工程能力成熟度模型（SSE-CMM），该模型对一个组织的系统安全工程过程必须包含的基本特征进行了描述，而这些特征既是确保实现完善的安全工程的基本保证，又是该工程实施的度量标准，也是工程实施的评估框架。此外，还需要采取安全工程监理措施来监督和确保信息系统安全保障工程的过程实施。

具体来说，信息系统安全保障工程过程需要完成以下工作：对安全保障需求进行描述，并生成安全保障的具体需要，确定可接受的信息安全风险，根据安全保障需求，构建安全保障所需的逻辑结构，在此基础上，根据物理结构和逻辑结构来分配安全保障的具体功能并进行实现安全保障的系统结构设计，在综合考虑系统成本、规划以及执行效率的基础上，将信息系统安全保障工程与其他系统工程相结合来实施。最后，要对系统进行测评，以保证安全保障方案及安全保障需求得到验证。

6.1.3　信息系统安全保障体系总体设计

1. 信息系统安全保障需求分析

获取信息系统安全需求，首先要搞清楚用户需求、相关政策、规则、标准以及信息所面临的威胁。然后识别信息系统中的具体用户与信息及其在信息系统中的相互关系、规则和在安全保障生命周期各阶段中承担的责任。

1) 信息系统的定义与识别

首先定义与识别信息系统的网络及设备部署，包括信息系统的物理环境、网络拓扑结构和硬件设备的部署，明确信息系统的边界。

信息系统的定义与识别总体描述文件应包括系统概述、系统边界描述、网络拓扑、设备部署、支撑的业务应用的种类和特性、处理的信息资产、用户的范围和用户类型、信息系统的管理框架等。

对于大型信息系统，应根据管理机构、业务类型、物理位置等因素以及信息系统的运营、使用单位的具体情况，对该系统进行划分。基于信息系统总体描述，增加对信息系统的划分信息描述，具体包括：相对独立的信息系统列表；每个对象的概述、边界、设备部署、支撑的业务应用及其处理的信息资产类型、服务范围和用户类型等内容。

2) 业务和资产分析、定义与识别

组织的业务是由信息系统所承载的。应分析信息系统需要处理业务的种类和数量、业务各自的社会属性、业务内容和业务流程等，各类业务中又包含哪些具体业务功能以及相关业务处理的流程。分析系统中的数据流向及其安全保证要求，就必须分析并清楚地理解各种业务功能和流程。业务处理的具体形式是数据处理和服务提供，组织的信息资产包括数据和服务。对业务进行分析后，应关注数据处理和服务提供，确定各种数据和服务对组织的重要性，以及数据和服务的保密性、完整性、可用性、抗抵赖性等安全属性。

一方面，信息系统依赖于数据和服务等信息资产，而另一方面信息资产又依赖于支撑和保障信息系统运行的硬件和软件资源，即系统平台，包括物理环境、网络、主机和应用系统等，服务器、交换机、防火墙这些基础设施就是系统单元，而操作系统、数据库、应用软件等系统组件又运行于系统单元之上。厘清了数据和服务等需求，按照业务处理流程，即可搞清楚支撑业务系统运行所需的系统平台，并了解上述软硬件资源在保密性、完整性、可用性、抗抵赖性等安全方面的要求。

3) 信息和信息系统在支持业务方面的要求

首先对信息(机密信息、隐私信息等)的记录进行观察、更新、删除、初始化或者处理。同时要根据用户或用户群的分布范围了解业务系统的服务范围、作用以及业务连续性方面的要求等，考虑对哪些用户授权其观察、更新、删除、初始化和处理信息记录，被授权用户的责任履行方式和履责所用的工具(文档、硬件、软件、固件或者规程)。

在实施信息系统安全保障工程时，设计信息系统需遵循用户的层次设置，以使整个系统的性能达到预期指标。系统工程过程需要将安全规则、技术、机制三者相结合，并考虑用户安全保障的时间需求，由此来构建安全保障系统。该系统应包含安全保障体系结构和机制，并可根据用户所允许的成本、功能和计划获得最佳的安全保障性能。

4) 威胁分析

应通过系统的组成来识别信息系统的功能及其与外界系统边界的接口。系统组成要明确信息系统的物理边界、逻辑边界以及系统输入/输出的一般特性，这些描述了系统与环境之间或者系统与其子系统之间的双向信息流。同时，还要考虑系统与环境之间或者系统与子其系统之间已设定或自行存在的接口。

对系统威胁的描述涉及信息类型、合法用户和用户信息，以及威胁者的考虑、能力、意图、自发性、动机、对任务的破坏等。

2. 制定总体安全策略

信息安全策略(Policy)是指在某个安全区域(通常来说，安全区域是指属于某个组织的一系列处理和通信资源的总和)内，用于所有与安全相关的活动的一整套规则。这些规则由此安全区域中所设立的一个安全组织机构所建立，并由安全控制机构来描述、实施或实现。

安全策略是一个组织(如一家公司、一个网站)解决网络信息安全问题最为重要的步骤之一，也是该组织构建整个信息安全保障体系的基础，在网络空间安全管理中占据重要地位。作为一个组织机构最主要的安全管理文件之一，安全策略明确规定该组织需要保护什么(What)，为什么需要保护(Why)和由谁进行保护(Who)，反映了该组织对现实安全威胁的认知以及对未来安全风险的预期，同时反映出该组织内部业务人员和技术人员对安全风险的认识与应对。

所有的安全防护、检测、响应、恢复均应依据、服从安全策略，并为策略服务。制定安全策略时，应根据安全需求来持久性和描述性地规定信息系统中需要保护的资源以及如何进行保护等。同时，还必须考虑机构需要保护的资源/资产、涉及待保护资源/资产的个人的角色和责任、授权用户使用该资源/资产的合适方法。

安全保障目标要求需具有有效性检查特性，同时，该目标对于安全保障需求应具有明确性、可测量性、可验证性、可跟踪性。

3. 信息系统安全保障总体架构

信息系统安全保障总体架构设计需要将安全保障子系统视作整个信息系统的一部分，并对整个系统起到支撑作用。此过程应从技术和管理的角度，将安全保障子系统的功能分配给各种安全保障配置项，比如相关人员、硬件、软件、固件等。

因此，信息系统安全保障体系总体框架分为两部分：信息安全技术保障体系和信息安全管理保障体系，如图6.3所示。

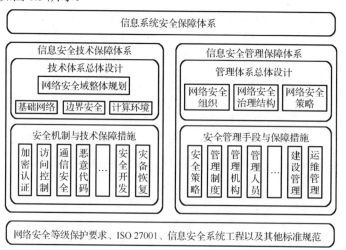

图 6.3　信息系统安全保障体系框架示意图

6.1.4　信息系统安全技术保障体系设计与实施

1. 信息安全技术保障体系的总体目标与模型

信息安全技术保障体系需要考虑物理和环境安全、网络和通信安全、设备和计算安全、应用和数据安全等方面。需要根据信息系统安全需求，明确信息系统安全保障体系建设所需的技术手段，主要涉及网络安全产品和工具。通过使用安全产品和技术，实现并支撑安全策略，保护信息系统的保密性、完整性、可用性等安全目标。

根据 P^2DR^2 模型，规划安全防护、检测、响应和恢复四方面内容。防护是通过访问控制、完整性保护、网络与通信保护、物理与环境保护等安全控制措施，为信息系统提供抗攻击破坏能力。检测是通过 IDS、漏洞扫描、安全审计等技术手段，监控并记录信息系统的运行状态和操作行为，评估信息系统的脆弱性、面临的威胁，及时发现安全隐患和攻击行为并发出警告。响应是对事件进行监控和处理，提升事件响应与应急处理能力，在发生安全事件后可及时实现分析、跟踪、定位、排除与取证等。恢复则是通过系统备份和恢复机制，保证在发生安全事件或灾难后，可及时有效地对信息系统设施、系统业务和重要数据进行恢复。

2. 主要的信息安全技术

1) 加密和认证技术

加密和认证技术的应用范围涵盖了数据处理过程的数据加密、密码分析、数字签名、身份识别和秘密共享等各个环节。这种技术主要是用来保证达到保密性、完整性、可认证性、不可否认性以及可追溯性等安全性要求。

2) 访问控制技术

作为网络安全防范和保护的核心策略之一，访问控制机制用于保障授权用户在最大限度地获取所需资源的同时，对用户的访问权进行管理，拒绝非授权用户访问、篡改和滥用，即保证网络资源不被非法使用和访问，保证用户在系统安全策略下有序工作。访问控制的目标具体来说有以下 4 个方面：保密性，防止信息被泄露给未授权的用户；完整性，防止未授权的用户对信息的任意修改；可用性，保障授权的用户对系统信息具有可访问的权限；不可否认性，防止信息系统的用户否认访问过的信息内容或已经执行的操作行为。常用的访问控制模型有自主访问控制(DAC)、强制访问控制(MAC)、基于角色的访问控制(RBAC)、基于任务的访问控制(TBAC)、基于属性的访问控制(ABAC)以及基于上下文的访问控制(CBAC)等模型。

3) 网络和通信安全技术

网络和通信安全技术包括防火墙、防病毒网关、入侵检测系统(IDS)、入侵防御系统(IPS)、网络协议安全、安全管理中心(SOC)、统一威胁管理(UTM)等，用于防范和阻止网络入侵/攻击行为。

4) 操作系统与数据库安全技术

操作系统安全技术主要包括身份鉴别、文件系统安全、安全审计等操作系统层面的安全，具体应用对象包括 Windows、Linux 以及 Android、iOS 等。数据库安全技术则涵盖数据库安全特性与功能、数据库完整性要求与备份恢复、数据库安全防护、数据库安全监控与审计等。

5) 安全漏洞与恶意代码防护技术

漏洞是指信息技术、产品和系统在需求、设计、实现、配置、运行等过程中有意或无意产生的脆弱性，这些脆弱性以不同形式存在于信息系统各个层次和环节之中，能够被恶意主体所利用，从而影响信息系统及其服务的正常运行。恶意代码的类型大致可分为病毒、蠕虫、木马、间谍软件、可执行的僵尸程序、恶意脚本、流氓软件、逻辑炸弹、后门以及网络钓鱼等。安全漏洞与恶意代码防护技术包括：减少不同成因和类型的安全漏洞、挖掘发现和修复漏洞的方法；针对采用加载、隐藏和自我保护技术的各种恶意代码的检测及清除方法等。

6) 软件安全开发技术

软件的安全性则是指软件在规定的运行时间内会对系统本身和系统外界造成危害的概率，这种危害包括人身安全、重大财产损失和人们不期望发生的事件等。软件安全开发技术包括软件安全开发各关键阶段应采取的方法和措施，减少和降低软件脆弱性以应对外部威胁，确保软件安全，具体包括安全需求、安全性设计、安全编码、安全测试等环节。

7) 隐私保护技术

随着网络攻击、数据泄露的风险加大，以及移动网络、社交网络、位置服务等新型应用的推进，越是要求提高数据共享水平，就越要加强隐私保护能力，因此隐私保护需求更加迫切。隐私保护技术主要采用 K-匿名、三一多样性匿名和 t 接近匿名及其衍生方法。

8) 系统备份和灾难恢复技术

系统备份包括关键设备的整机备份、设备主要配件备份、电源备份、重要业务信息系统备份、软件系统备份及数据备份等。一旦出现系统故障，应采用备份措施，使信息系统尽快恢复正常工作，尽量减少不必要的损失。灾难恢复是指为了将信息系统从灾难造成的故障或瘫痪状态恢复到可正常运行状态并将其支持的业务功能从灾难造成的不正常状态恢复到可接受状态而设计的活动和流程。

6.1.5　信息系统安全管理保障体系设计与实施

信息安全"三分技术，七分管理"。安全管理是指在信息系统中对需要人员参与的活动采取必要的管理控制措施，对信息系统的全生命周期实施科学管理，主要通过控制与信息系统相关各类人员的活动，采取文档化管理体系，从政策、制度、规范、流程以及记录等方面做出规定。信息系统安全技术管理保障体系设计与实施是网络安全工作开展的规范，需要明确信息系统安全策略和目标，以及完成这些目标所用的方法和体系。信息安全管理体系包括建立、实施、运作、监视、评审、保持和改进网络安全等一系列管理活动，它是组织结构、方针策略、计划活动、目标与原则、人员与责任、过程与方法、资源等诸多要素的集合。该体系具体由三部分内容组成，包括安全组织、安全治理结构以及安全策略。

1. 信息安全管理保障体系建设过程

信息安全管理保障体系是一个管理过程。PDCA（Plan，Do，Check，Action）循环是一个有效进行网络安全保障管理体系实施的方法，实现计划、实施、检查和改进的不断循环，如图 6.4 所示。

计划阶段主要是规划安全体系框架及项目，并建立安全保障管理体系文件，主要工作包括现状分析、风险评估、安全规划、文件编写；实施阶段主要是落实和实施规划出来的相关项目，主要工作包括治理与组织的落实、体系试运行、体系发布、体系推广等；监控阶段主要是对信息安全管理保障体系有效性状态进行监控，主要工作包括技术性审核、管理性审核、安全月报或季报、周期性风险评估、内部审核等；改进阶段主要是依据风险评估和审核结果落实并跟踪相关整改措施，主要工作包括落实整改措施、管理评审等。

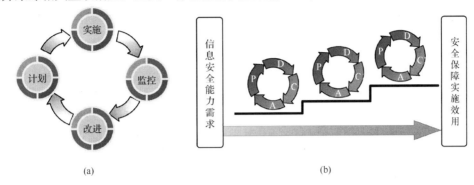

图 6.4　基于 PDCA 的信息安全管理保障体系建设过程示意图

2. 安全管理组织

建立全面、完整、有效的安全管理保障体系，必须健全、完善安全管理组织，这是构建安全管理保障体系的首要任务。

安全管理组织的健全需要明确角色模型，并基于此设计与实施网络安全岗位职责和汇报关系，充分考虑组织模式和特点，做到网络安全职责分工明确合理、责任落实到位。

同时，需要建立一支拥有各种专业技能的安全团队，提供身份认证、安全监控、威胁和弱点管理、风险评估等网络安全服务。安全团队建设的关键在于人才培养和服务团队的设立，配备安全各领域的专业技术人才，形成一支可满足网络安全需求的高素质专业安全服务团队。

3. 安全治理结构

在安全治理结构中，首先是完善网络安全制度与标准。该制度与标准是网络安全工作在管理、控制、技术等方面制度化、标准化后形成的一整套文件，需要综合考虑系统性、完整性、针对性、可用性、可操作性和执行效果，为网络安全保障工作的开展提供依据和指导。

安全风险管理需要建立完善的、规范化的流程，应建立针对安全风险的全流程管理能力和网络安全管理持续改进能力，将网络安全的管理由针对结果的管理变成针对过程的管理。安全风险管理流程需要覆盖需求分析、控制实施、运行监控、响应恢复 4 个环节，识别相应的网络安全风险管理核心流程，并进行流程设计和实施。

4. 安全管理活动

安全管理活动是按照网络安全等级保护要求，进行安全风险管理、采取安全控制措施、实施应急响应与灾难恢复等活动。

1) 安全等级保护

《中华人民共和国网络安全法》明确规定了中国网络空间安全实行网络安全等级保护(简称等保)的基本制度。等保制度是将信息系统按其重要程度以及受到破坏后对相应客体(即公民、法人和其他组织的)合法权益、社会秩序、公共利益和国家安全侵害的严重程度,由低到高分为自主保护级(第 1 级)、指导保护级(第 2 级)、监督保护级(第 3 级)、强制保护级(第 4 级)以及专有保护级(第 5 级)。各保护级别的信息系统均需满足该级的基本安全要求,落实相关安全措施,以获得相应级别的安全保护能力。等保的实施过程包括系统定级、安全建设整改、自查、等级测评、系统备案以及监督检查等。

2) 安全风险管理

根据安全标准和安全需求,对信息、信息载体和信息环境进行风险管理。风险管理贯穿于信息系统全生命周期,涉及背景建立、风险评估、风险处理、批准监督四个基本步骤,监控审查和沟通咨询则贯穿于风险管理的始终。

3) 安全控制措施

安全风险管理的具体手段和方法就是安全控制措施,目的是将风险控制在可接受的范围内。通过确定、部署和维护综合了技术、管理、物理、法律等各种方法的控制措施集,预防、检测安全事件的发生,并恢复遭受破坏的系统。具体来说,合理的控制措施涉及安全策略、组织、资产管理、人力资源安全、物理和环境安全、通信和操作管理、访问控制、信息系统开发和维护、安全事件管理、业务连续性管理以及符合性等诸多方面。

4) 应急响应与灾难恢复

为了及时有效地响应与处理网络安全事件,应尽可能降低事件损失,确保在组织能够承受的时间范围内恢复信息系统和业务的运营。应急响应工作管理过程包括准备、检测、遏制、根除、恢复和跟踪总结等阶段。信息系统灾难恢复管理过程包括灾难恢复的需求分析、策略制定、策略实现及预案制定与管理等步骤。

5. 信息安全管理保障体系实施原则

信息安全管理保障体系包括安全策略和管理制度、安全管理机构和人员、安全建设管理、安全运维管理 4 个方面。信息系统安全保障的核心是对信息系统分等级、按标准进行建设、管理和监督。信息系统安全保障实施过程要点如下。

1) 合规保护

信息系统运营、使用单位及其主管部门按照国家相关法规和标准,确定信息系统的安全保护措施和实施安全保障。

2) 重点保护

根据信息系统的业务特点及重要程度,划分出信息系统的重点,实现不同强度的安全保护,集中资源优先保护涉及核心业务或关键信息资产的信息系统。

3) 同步建设

应将安全方案与信息系统在新建、改建、扩建时同步规划和统筹设计,保障网络安全与信息化建设相适应。

4) 动态调整

在进行网络安全保障体系实施时,应进行综合权衡分析,基于操作、性能、代价、进度和风险的相互平衡,确保所采取措施能够满足系统安全要求,确保所设计的保护机制在系统实施中得以最佳实现。此外,网络安全保障措施要根据信息系统应用类型、范围等条件的变化及其他原因适时调整,重新构建、完善、改进和实施网络安全保障体系。

6.1.6　信息系统安全保障体系测评

1. 信息系统安全保障体系测试与评估概念

信息系统安全保障测评可参照国家网络安全等级保护制度规定，按照有关管理规范和技术标准，验证信息系统是否具备相应的安全能力。而信息系统是否具备这种能力，一方面要通过在安全技术和安全管理上选用适应的安全控制来实现；另一方面要求分布在信息系统中的安全技术和安全管理上不同的安全控制，通过连接、交互、依赖、协调、协同等相互关联关系，共同作用于信息系统的安全功能，使信息系统的整体安全功能与信息系统的结构以及安全控制间、层面间和区域间的相互密切协作。因此，系统安全保障测评，也包括安全控制测评和系统整体测评。安全控制测评主要是考察基本安全控制在系统中的实施配置情况；系统整体测评则主要是测评分析系统的整体安全性。图 6.5 给出了信息系统安全保障体系测评框架示意图。

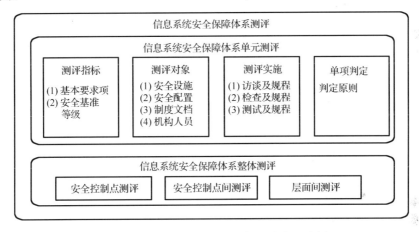

图 6.5　信息系统安全保障体系测评框架示意图

安全保障体系测评是确定信息系统安全保障能力是否达到要求的过程，具体可分为测试和评估两部分。在实施信息系统安全工程时，应开发与安全保障相关的测试计划和流程，同时应开发测试实例、工具、硬件、软件以便充分试用该系统。

1) 安全保障体系测试

安全保障体系的测试行为包括：对设计安全保障系统阶段的结果进行回顾并加以改进；检验系统和配置顶层的安全保障要求、实现方法的约束条件、相关系统的验证、有效机制和发现；跟踪和运用与系统实现和测试实践相关的安全保障机制；为所开发的生命周期安全支持计划提供输入，包括基础设施保障、维护和训练；继续风险管理行为。

2) 安全保障体系评估

安全保障体系系统工程强调安全保障系统的有效性，因此需要验证和评估为系统所处理的或任务所要求的信息提供必要的保密性、完整性、可用性和不可否认性的系统能力。评估重点包括：整体安全性评估，判断信息系统总体的安全保障能力；可用性评估，判断是否能够利用系统保护信息和信息资产；互操作性，系统能否通过外部接口正确地保护信息。

2. 安全保障体系测评方法与工具

网络安全建设涉及系统规划、安全产品选型、系统运营维护等诸多环节的安全性问题，测评技术和工具设计及选用的根本标准为是否实现了风险评估与安全测评工程的指导模型、工作流程、评估方法、文档模板、测评工具和安全数据等方面的规范化、自动化和定量化工作，不仅能有效地提高测试、评估效率，还能在很大程度上消除主观因素影响，确保测评结果的客观性、真实性和可信性。

测评辅助工具用来收集评估所需要的数据和资料，帮助完成现状分析和趋势分析。科学、可信的风险评估需要大量的实践数据和经验数据作为支撑，因此，信息系统及其安全的有关历史数据和技术数据的积累与分析必将是风险评估科学性和预见性的基石。根据各种评估过程中需要的数据和知识，可以将安全测评辅助工具分为评估指标库、知识库、漏洞库、算法库、模型库等。例如，使用入侵检测系统，可以辅助检测各种攻击试探和误操作；同时也可以作为一个警报器，提醒管理员发生的安全事件。再如，可以使用安全审计工具来记录网络行为，分析系统或网络安全现状，其审计记录所提供的安全现状数据可以辅助风险评估流程的顺利进行。

按照信息系统安全保障测评要求，安全技术测评的工具也分为物理和环境安全测评、网络和通信安全测评、设备和计算安全测评、应用和数据安全测评 4 个层面上的测评工具集。具体到特定信息系统的测评，上述层面的安全控制项通常内容复杂、关联紧密，有时使用某一种工具即可完成不同安全控制点的不同要求项的测评。因此需要在测评时根据被测信息系统的具体情况综合考虑。

目前，应用较多的安全测评工具有基于专家系统的评估工具(如 COBRA、@RISK、BDSS 等)和基于过程式算法的评估工具(如 CRAMM、RA 等)。根据量化程度还可以分为定性评估工具(如 CONTROL IT、Definitive Scenario、JANBER 等)和定性与定量相结合的评估工具(如 COBRA、@RISK、BDSS、The Buddy System、RiskCalc、CORA 等)两类。

信息系统安全测评还经常使用脆弱点评估工具和渗透测试工具，下面分别讨论。

3. 脆弱点评估方法

脆弱点评估工具也称为安全扫描器、漏洞扫描器，用于网络、主机操作系统、应用系统以及数据库系统的安全漏洞评估。通常，使用脆弱性扫描工具可发现网络、主机系统、防火墙、路由器以及应用程序中已知的软件和硬件安全漏洞，以判断信息系统是否易受已知攻击的影响，并且找出系统脆弱点。

常用的脆弱点评估工具有 Nessus、ISS Scanner、X-Scan 等。Nessus 是免费的安全漏洞远程安全扫描器，特点是功能强大、方便易用、更新及时。该工具采用 C/S 架构，服务器端负责进行安全扫描，而客户端用来配置管理服务器端。服务器端还采用了 Plug-in 体系，允许用户加入执行特定功能的插件来进行附加的安全测试，以实现更为快速和更加复杂的安全扫描。ISS Scanner 是 ISS 公司的扫描器系列产品，可以完成互联网扫描(使用 Internet Scanner)、系统扫描(使用 System Scanner)、数据库扫描(使用 Database Scanner)。X-Scan 是一款综合扫描器，包括图形界面和命令行方式，采用多线程方式检测指定 IP 地址段或单机的安全漏洞，支持插件功能。其扫描内容包括：远程服务类型、操作系统类型及版本、各种弱口令漏洞、后门、应用服务漏洞、网络设备漏洞、拒绝服务漏洞等二十多个大类。

4. 渗透测试方法

渗透测试(Penetration Test)是一种特殊的信息系统安全测试方法,需要得到信息系统所有者的测试授权,信息系统所有者应知晓渗透测试所有细节和风险,同时渗透测试所有过程都在用户的控制下进行。其核心思想是通过受信任的第三方模拟黑客攻击,以发现系统存在的各种脆弱性、技术缺陷或漏洞,但不影响信息系统正常运行,实现系统安全测试和评估,普遍用于信息系统的安全测试和评估。

根据测试范围和测试人员所处的网络位置,渗透测试可以分为内网渗透测试和外网渗透测试。内网渗透测试是从内部网络发起渗透测试,其特点和优势是可以绕过防火墙系统的保护,来模拟内部违规操作者的行为。内网渗透测试可以采用远程缓冲区溢出、口令猜测以及B/S 或 C/S 应用程序测试等。外网渗透测试是从网络外部通过网络访问信息系统,模拟对该信息系统外部攻击者的行为。外网渗透测试可以采用远程攻击网络设备、测试口令管理安全、试探和规避防火墙规则等方式,同时还可以进行 Web 及其他开放应用服务的安全性测试。无论外网渗透测试还是内网渗透测试,其涉及的对象和目标均包括操作系统、网络设备、数据库系统、应用系统、安全管理等各个方面。

渗透测试需要利用目标网络的安全弱点。测试人员模拟真正的入侵者攻击方法,以人工渗透为主,辅以攻击工具的使用,以实现整个渗透测试过程均处于可以控制和调整的范围之内,同时确保对网络没有造成破坏性的损害,在渗透测试结束后,信息系统应与其测试前状态保持基本一致。渗透测试报告的价值直接依赖于测试者的专业技能,渗透测试人员应对测透测试过程中的操作、响应、分析等数据进行完整记录,最终形成完整有效的渗透测试报告提交给被测系统所有者。

为避免对业务系统产生影响,应该采取合理授权、备份、适度攻击等措施来规避风险,实现渗透测试对系统的影响最小化。

综上,网络空间大型信息系统的安全保障是一个复杂的系统工程,需要多角度、多层次、多维度综合考虑。特别是在信息系统设计阶段,应从空间维、层次维、等级维、时间维来考虑信息系统的安全需求,并将信息系统的安全保障功能视为信息系统自身不可分割的一部分,融合为一个完整的整体。

6.2　网络空间安全技术体系与管理体系通用框架

6.2.1　网络空间通用安全保护能力、对象、等级与要求

1. 网络空间安全体系通用框架构建总体原则

为了保障网络空间基础设施与信息系统以及所涉各种信息数据的安全,需要网络空间具备相应的安全保护能力。网络空间安全保护能力是指能够抵御威胁、发现安全事件以及在遭到损害后能够恢复先前状态等的程度。

网络空间安全的保护对象,具体主要包括网络信息基础设施、信息系统、大数据、云计算环境、物联网、工控系统、移动互联网络及系统等。

根据安全保护对象在国家安全、经济建设、社会生活中的重要程度，遭到破坏后对国家安全、社会秩序、公共利益以及公民、法人和其他组织的合法权益的危害程度等，应由低到高划分等级。同时，根据保护对象的安全保护等级，要求其具有相应等级的安全保护能力，不同安全保护等级的保护对象要求具有不同的安全保护能力。

网络空间安全系统安全防护架构设计应以安全管理中心为支撑，构建安全计算环境、安全域边界、安全通信网络三重防御体系，特别注重其不同保护等级的系统安全保护环境设计及其安全互联设计，各级系统互联由安全互联部件与跨级系统安全管理中心组成。按照业务与数据的重要程度，可以将网络系统划分为不同的安全防护区域，并将所有的系统置于相应安全域内，在同一域内制定并实施统一的安全策略。安全计算环境、安全域边界、安全通信网络与安全管理中心各自拥有不同的功能设计要求。

2. 安全计算环境的功能设计要求

安全计算环境的功能设计要求主要有用户身份鉴别、自主访问控制、标记与强制访问控制、系统安全审计、用户数据完整性保护、用户数据保密性保护、客体安全重用、程序可信执行保护、网络可信连接保护、配置可信核查等。

1)用户身份鉴别的设计要求

用户身份鉴别需要支持用户标识与鉴别。当用户向系统注册时，应同时通过用户名与其标识符来标识用户身份，并保证其系统全生命周期内的唯一性。用户登录与重连时，应采用多因素组合鉴别机制，具体形式可采用受安全管理中心控制的口令、生物特征关联数据与数字证书等，并保证单因素鉴别数据具有复杂性与不可替代性，且实施保密性与完整性保护措施。

2)自主访问控制的设计要求

自主访问控制主体粒度应为用户级，客体粒度应为记录或字段级、文件级与/或数据库表级。自主访问控制包括对客体的创建、读、写、修改和删除等操作的权限控制，保证用户在安全策略范围内具有相应客体的访问操作权限，且可将此权限授予其他用户。

3)标记与强制访问控制的设计要求

强制访问控制主体粒度应为用户级，客体粒度应为数据库表级或文件级。安全管理可基于身份鉴别与权限控制，依据安全策略通过特定操作界面对所有主体和客体设置安全标记，使强制访问控制覆盖所有主、客体，且保证安全计算环境内所有主、客体标记信息一致。确定主体访问客体的操作应按安全标记与强制访问控制规则进行。

4)系统安全审计的设计要求

系统安全审计要求将系统相关安全事件记录下来，内容至少应涵盖安全事件的主体、客体、时间、类型以及结果等，可进行查询、分类、分析以及存储保护，同时为安全管理中心提供接口，并保证其不被破坏、非法访问、遭受篡改或丢失等。系统安全审计应能对特定安全事件报警并终止违例进程。

5)用户数据完整性保护的设计要求

要求采用加解密技术或校验码技术实现用户数据完整性校验机制，检验存储、处理的重要管理、业务数据的完整性，以防完整性被破坏，且在其受损时可恢复。重要业务数据传输应采用专用通信协议或安全通信协议。

6)用户数据保密性保护的设计要求

要求采用加解密技术等实现保密性保护机制,保证安全计算环境中的用户数据的保密性。重要业务数据传输应采用专用通信协议或安全通信协议。

7)客体安全复用的设计要求

要求采用的系统软件或信息技术产品具有安全客体复用功能,在重新分配用户使用的客体资源等敏感数据前,应完全清除其原用户的信息,释放用户的鉴别信息存储空间,以防其信息泄露。

8)程序可信执行保护的设计要求

要求构建从底层操作系统到上层应用的信任链,部署恶意代码防护工具,实现系统运行过程中可执行程序的完整性检验,以防恶意代码等攻击,并在其完整性受损时实施恢复。

9)网络可信连接保护的设计要求

要求采用的系统软件或信息技术产品具有网络可信连接保护功能。在设备接入网络时,对源设备与目标网络实施平台身份鉴别、平台完整性校验、数据传输机密性与完整性保护等可信验证。

10)配置可信核查的设计要求

要求采用加解密或校验码技术来保证重要配置、业务数据的存储完整性;基于系统安全配置信息构建基准库,对配置信息的修改行为进行实时监控或定期核查,并对与基准库中内容不符的配置信息进行及时修复,对完整性遭破坏的存储数据进行及时恢复。

3. 安全区域边界的功能设计要求

安全区域边界的功能设计要求主要有区域边界访问控制、区域边界包过滤、区域边界安全审计、区域边界完整性保护等。

1)区域边界访问控制的设计要求

要求在安全区域边界设置并实施自主访问控制、强制访问控制机制与策略,以控制安全区域边界数据信息进出,防范非法访问。应将"禁止所有网络通信"手工配置或设备默认为最后一条访问控制策略。

2)区域边界包过滤的设计要求

基于区域边界安全控制策略,对数据包源地址、目的地址、传输层协议、请求的服务等进行核查,并判断访问控制粒度是否为端口级,以确定该数据包是否可以进出受保护的区域边界。

3)区域边界安全审计的设计要求

要求在安全区域边界部署审计机制,开启日志记录或安全审计,核查审计记录信息是否包括事件日期、时间、用户、事件类型、事件成功与否等审计相关信息,将审计范围覆盖到每个用户的重要行为和重要安全事件,并接受安全管理中心的集中管控,对违规行为及时报警并做出相应处置。

4)区域边界完整性保护的设计要求

要求在区域边界部署探测软件等探测装置,探测入侵行为与非法外联,及时告知安全管理中心,进行有效阻断。

4. 安全通信网络的功能设计要求

安全通信网络的功能设计要求主要有通信网络安全审计、通信网络数据传输完整性保护、通信网络数据传输保密性保护、通信网络可信接入保护等。

1) 通信网络安全审计的设计要求

要求在通信网络部署审计机制，开启日志记录或安全审计，核查审计记录信息是否包括事件日期、时间、用户、事件类型、事件成功与否等审计相关信息，将审计范围覆盖到每个用户的重要行为和重要安全事件，并接受安全管理中心的集中管控，对违规行为及时报警并做出相应处置。

2) 通信网络数据传输完整性保护的设计要求

要求采用加解密技术或校验码技术实现通信网络数据完整性校验机制，检验传输的重要管理、业务数据的完整性，以防其完整性被破坏，且在其受损时可恢复。重要业务数据传输应采用专用通信协议或安全通信协议。

3) 通信网络数据传输保密性保护的设计要求

要求采用加解密技术等实现保密性保护机制，保证安全通信网络中数据的保密性。重要业务数据传输应采用专用通信协议或安全通信协议。

4) 通信网络可信接入保护的设计要求

应采用由加解密技术支持的可信网络连接机制，对连接到通信网络的设备进行可信检验，确保该设备真实可信，防范未授权接入，并对非法接入进行有效阻断。同时，应关闭所有路由器与交换机的闲置端口。

5. 安全管理中心的功能设计要求

安全管理中心的功能设计要求主要有系统管理、安全管理、审计管理等。

1) 系统管理的设计要求

要求实现系统的资源和运行的配置、控制和管理，具体包括用户身份管理、系统资源配置、系统加载和启动、系统运行异常处理、本地和异地灾难备份与恢复管理等。鉴别系统管理员身份，仅允许其通过特定命令或操作界面实施系统管理操作，并接受操作行为审计。应对网络与系统管理员用户分类赋予其相应角色、责任与权限，实现系统管理与安全审计权限分离。系统管理范围应覆盖所有系统，并对重要系统行为与安全事件实施审计。

2) 安全管理的设计要求

要求安全管理员对系统主、客体统一标记，为系统主体授权，制定并实施统一的安全策略，保证标记、授权与安全策略的数据完整性。鉴别系统管理员身份，仅允许其通过特定命令或操作界面实施系统管理操作，并接受操作行为审计。网络和系统安全管理制度应覆盖安全策略、账户管理、配置文件的生成与备份、变更审批、符合性核查、授权访问、最小服务、审计日志与口令更新周期等方面。账户管理包括用户责任、义务、风险、权限审批、权限分配以及账户注销等。安全管理范围应覆盖所有用户，并对重要用户行为与安全事件实施审计。

3) 审计管理的设计要求

要求审计员集中管理分布于系统各部分的安全审计工具，基于安全审计策略实现审计记录分类；安全审计机制支持按时间段启/闭；支持审计记录的存储、管理与查询等。分析审计记录并根据其结果及时处置。鉴别安全审计员身份,仅允许其通过特定命令或操作界面实施安全审计操作。应实现系统管理与安全审计权限严格分离。审计范围应覆盖所有系统与用户,并对重要系统行为、用户行为与安全事件实施审计。

6.2.2　云计算平台功能架构、安全威胁及安全防护架构

1. 云计算平台功能架构

云计算平台即采用云计算技术的信息系统,由设施、硬件、资源抽象控制层、虚拟化计算资源、软件平台和应用软件等组成。从逻辑分层来说,云计算平台功能框架又可分为云用户层、云访问层、云服务层、硬件设施层、云资源层和云管理层等 6 层(表 6.2)。

表 6.2　云计算平台功能框架逻辑层次划分及其说明

逻辑层次	层次功能	说明
云用户层	提供云服务与云租户或云用户的交互界面	访问云计算平台的用户包括云服务提供者和云服务使用者(即云租户)。界面包括云租户对云资源的管理、对云服务的监控,云租户对云资源订购的增减等
云访问层	为云服务提供者、云租户提供访问和管理,实现安全控制	云租户可通过访问层实现云服务自动或手动访问。云访问可基于浏览器或远程通信等方式实现,包括网络通信访问、云服务提供者和使用者的服务访问、最终用户应用访问等。安全控制包括授权、访问特定服务的请求安全加固和完整性校验、通信协议管控等
云服务层	面向用户提供虚拟机等基础服务、平台服务和应用服务	可分为网络服务、弹性计算服务、云存储服务与面向用户的应用服务等,含负载均衡、虚拟主机、对象存储服务、分布式数据库与大数据计算服务等
云资源层	实现资源和服务管理、任务调度等功能	包括网络资源池、计算资源池以及存储资源池等
硬件设施层	硬件设备及硬件设备的运行环境等	包括计算存储设备、网络设备和安全设备等
云管理层	跨层访问功能集合,包括云服务业务管理、云平台及云服务运维运营管理、云平台系统和服务安全管理等	业务管理含产品目录、账户管理、计费等,运维管理含服务策略管理、服务水平协议等,安全管理含认证管理、授权管理、审计管理等

2. 云计算服务模式及安全责任划分

云服务模式分为 IaaS、PaaS、SaaS。IaaS 模式是指云服务方为云租户提供可动态申请或释放的计算、存储、网络等基础资源设施服务;PaaS 模式是指云服务方为云租户提供应用软件所需的支撑平台服务,包括用户应用程序的运行环境和开发环境服务;SaaS 模式是指云服务方为云租户提供运行在云基础设施之上的应用软件的服务。

云服务的部署模式主要有公共云、专有云、社区云和混合云,而且 IaaS、PaaS、SaaS 三种服务模式均牵涉到云服务方和云租户两大责任主体,其安全由云服务方和云租户双方共同保障。在不同的部署及服务模式下,双方的安全责任不同,安全责任边界取决于双方对云服务各组件的管理和控制权限范围。

图 6.6 给出了云服务方和云租户两大责任主体在不同云服务模式下的安全责任划分的示意。

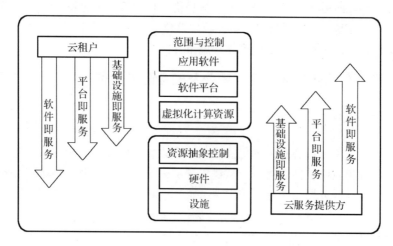

图 6.6　云服务模式与安全责任划分的关系

　　云计算保护环境包括云服务方的云计算平台、云租户基于云计算平台部署的软件及相关组件等。云服务方负责该平台的安全保护工作,大型云计算平台可将云计算基础设施平台及辅助支撑系统划分为不同的保护对象,各自采取保护措施。云租户信息系统特指云租户在云计算平台上部署的软件及相关组件,其安全保护应由云租户负责。由于云计算平台通常承载多个云租户信息系统,云计算平台的安全保护能力应不低于其承载云租户信息系统的最高安全保护能力。

　　3. **云计算平台的安全威胁分析**

　　云计算平台面临的安全威胁比较复杂,云环境可能是物理环境、虚拟环境或者平台的混合模式,这种特殊性就决定了云计算平台必将存在物理环境和虚拟环境所面临的各种潜在威胁。其中,将传统业务及数据迁移至云环境,不可避免地要面对传统环境中的各种威胁,例如,恶意代码、网络入侵与攻击、系统与应用程序漏洞等。再者,云计算平台还必须面对虚拟环境需要应对的威胁。在虚拟化环境下,一台服务器可能会虚拟承载大量的系统应用,如果其中一个系统被感染很可能会扩散至该服务器所承载的所有应用系统。此外,云平台中存储的数据也要面对各种安全威胁。

　　表 6.3 给出了云计算平台面临的主要安全威胁示例。

表 6.3　云计算平台面临的主要安全威胁示例

威胁类型	威胁子类	示例说明
攻击问题	网络攻击	应用系统置于云端,一旦攻击者通过获取用户身份验证信息来假冒合法用户,用户的云中数据可能遭受窃取、篡改等。进程、内存、硬盘空间、网络带宽等系统资源也可能会因分布式拒绝服务(DDoS)等攻击产生大量消耗,导致拒绝服务
	不安全接口攻击	非法获取接口访问密钥来直接访问用户敏感数据;通过接口实施注入攻击以篡改、破坏数据;利用接口漏洞绕过虚拟机监视器的安全控制机制,获取系统管理权限
	利用共享漏洞实施攻击	如果多租户间隔离措施失效或被恶意绕过,一个租户可能会侵入另一租户环境,干扰、破坏其他租户应用系统的正常运行

续表

威胁类型	威胁子类	示例说明
滥用与误操作安全	滥用云服务	云服务可向任何公众提供计算资源,一旦管控不严,可被攻击者利用,例如,利用所租计算资源实施拒绝服务攻击等
	越权、滥用与误操作	云计算环境中部署有云租户的应用系统及数据,云服务方的云计算平台运营与运维管理人员的恶意破坏或误操作可导致云租户应用系统运行中断、数据丢失、篡改或泄露
迁移安全问题	云服务中断	云计算平台网络中断或者平台故障,可导致迁移至该平台的云租户应用系统服务中断,影响云租户应用系统的正常运行
	过度依赖	不同云计算平台上的云租户数据和应用系统的标准与接口多不统一,相互迁移与回迁困难,而且云服务方通常不愿意为云租户应用系统与数据提供可移植能力,导致对特定云服务方的过度依赖。该依赖使得云租户的应用系统和数据面临较大的安全威胁
数据安全问题	数据丢失、篡改或泄露	云计算环境中数据物理存储通常不受云租户控制,而且云计算平台拥有大量云租户的应用系统与数据资源,更易成为攻击目标
	数据残留	云计算平台存储的大量云租户数据在存储空间再分配或云租户退出云服务时,未进行有效的剩余信息删除或清除,带来数据安全风险

4. 云计算安全防护技术框架

前面已经讨论了云计算的功能架构层次划分,云计算安全设计防护技术框架应结合该架构与云计算安全特点,对安全计算环境、安全域边界和安全通信网络进行多层防护,并通过安全管理中心来实现统一管理。

安全计算环境涵盖资源层安全和服务层安全两方面。资源层既包括物理资源,也包括虚拟资源,对于二者均需明确安全设计技术要求。顾名思义,服务层旨在提供云服务,包含实现服务所需的各软件组件。云服务方和云租户各自承担的安全责任也因云服务模式而异。服务层安全设计主要是面向云服务方控制的资源范围,并通过提供安全接口和安全服务为云租户提供安全技术和安全防护能力。

对于云服务方提供的安全计算环境,用户需要通过安全的通信网络以网络直接访问、API访问以及 Web 服务访问等方式,实现安全访问。安全管理中心则负责对云计算环境的系统管理、安全管理以及安全审计等进行统一管控。

6.2.3　移动互联网络功能架构、安全威胁及安全防护架构

1. 移动互联网络系统功能架构

移动互联网络系统中的要素有移动终端、无线通道、无线接入设备、无线接入网关以及服务器等。移动终端是指用于移动业务的智能终端设备,既包括智能手机、平板电脑(Pad)、个人计算机(Personal Computer,PC)等通用终端,也包括移动记录仪等专用终端设备。无线接入设备是指通过无线通信将移动终端接入有线网络的通信设备。无线接入网关则是部署于无线网络与有线网络之间的网络安全防护设备。移动应用软件则是运行于移动终端中的各种软件。图 6.7 给出了移动互联网络系统功能架构示例。

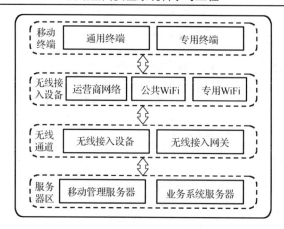

图 6.7　移动互联网络系统功能架构示例

较之传统的安全防护对象，移动互联网络系统在移动终端、移动应用和无线网络这三个关键要素方面有显著不同。因此，除了传统的基础防护之外，在移动互联网络系统安全防护中，应重点考虑移动终端、移动应用和无线网络在物理和环境安全、网络和通信安全、设备和计算安全、应用和数据安全等层面的安全扩展要求。

移动终端可以通过无线方式接入网络，既可以通过运营商基站或公共 WiFi 实现远程接入，也可以通过本地无线接入设备实现本地接入。通过移动管理系统的服务端软件，系统可以向客户端软件发送移动设备、移动应用以及移动内容的管理策略，并在客户端软件执行，以实现移动互联网络系统的安全管理。

移动应用在移动互联网络系统中的地位非常重要。移动应用基本架构分为客户端与服务端。用户是指移动应用的操作行为主体；客户端是指为用户提供本地服务的程序；服务端是指为客户端提供针对性服务的程序；边界则是各主体之间互联互通的界限划分，包括交互、网络、运行环境以及系统等边界类型。客户端又分为业务逻辑与安全两个模块，业务逻辑模块用于描述完成移动应用各项业务的特征过程，安全模块则用于敏感数据加解密、网络连接安全保障、用户个人密钥以及用户身份验证鉴权等。客户端涉及用户、系统、服务端以及其他应用等外部实体，实现交互、接口以及通信等功能。服务端则包括认证鉴权与业务逻辑等，认证鉴权是对移动应用与服务端的通信请求、答复进行鉴权，业务逻辑则是用于描述完成服务端各项业务的特征过程。服务端涉及移动应用与其他服务器等外部实体，实现服务端与客户端、与其他服务器的通信等功能。

应将采用移动互联技术的网络系统作为一个整体对象进行安全防护，移动终端、移动应用和无线网络等要素应与移动互联网络系统的应用环境和应用对象一起确定安全防护等级。

2. 移动互联网络系统的安全威胁

从技术层面来看，移动互联网络系统是互联网技术、平台、应用与移动通信技术相结合并进行实践的产物，它将移动通信、移动终端和互联网的特征融合起来，侧重于在移动中接入互联网并使用相关业务。移动互联网络业务，既有复制自传统互联网业务的移动终端业务，也有互联网化移动通信业务以及创新性移动互联网业务，日益呈现出终端移动性、个体性、基于位置服务、用户需求导向等一系列新特点，同时也使其面临着前所未有的安全威胁。

表 6.4 给出了移动互联网络面临的部分安全威胁分析。

表 6.4　移动互联网络面临的部分安全威胁分析

威胁来源	具体威胁	示例说明
人工智能技术带来的安全威胁	自动化漏洞检测和网络攻击	攻击者利用人工智能技术,可扩大攻击规模、提高攻击效率、降低攻击成本,促发更多的网络入侵与攻击行为,产生更多的网络安全事故
BYOD 移动办公带来的安全威胁	移动安全策略以及安全工具欠缺	BYOD(自带设备办公)成为主流,潜藏巨大威胁。个人移动设备漏洞较多,用户安全意识欠缺,抵触移动安全管理
勒索病毒攻击渗入移动互联网	勒索病毒类型增多,传播能力增强,潜伏和定向攻击能力突出	勒索软件攻击对象转向移动互联网,攻击成本低、范围广、回报高,但针对该攻击的安全防护机制较弱,攻击门槛较低
挖矿蠕虫入侵移动设备	以攫取虚拟货币为目的的网络攻击	挖矿程序为获取虚拟货币的主要途径之一,防范薄弱的移动设备成为恶意挖矿的新目标
移动支付安全威胁剧增	移动支付利用移动互联网实现资金账户与移动设备的连接,移动支付类病毒泛滥,系统存在高危漏洞	移动支付交易规模巨大,安全风险攀升;攻击者可通过控制用户手机来窃取隐私信息进行精准诈骗,难以拦截和追回;支付类病毒入侵窃取用户验证码操作转账;用户设备可被攻击者劫持,以篡改账户信息并非法窃取资金
移动终端安全问题突出	流氓行为类、恶意扣费类、资费消耗类病毒、恶意代码泛滥,安全防护措施缺乏	在操作系统、软件平台、硬件、应用软件等各方面均缺乏有效的防护措施,恶意链接推送、私自收集用户信息、肆意订购收费业务、占据终端内存、破坏终端系统文件、影响用户使用情况层出不穷
数据与隐私泄露问题严重	信息非法窃取、滥用	信息管控机制不健全,导致身份信息、消费信息、位置信息等敏感数据泄露现象普遍存在

3. 移动互联网络安全防护架构

移动互联网络系统采用移动互联技术,主要发布形式为移动应用,用户则是使用移动终端,以无线方式接入并访问业务系统。移动互联网络系统安全保护环境可分为安全计算环境、安全域边界以及安全通信网络。安全计算环境包含远程接入域、非军事区域和核心业务域三个安全域,相应地,安全域边界则分为:移动互联系统区域边界;核心业务区的移动终端、核心业务区计算终端、核心业务区服务器、非军事区等区域边界;安全通信网络则是由移动运营商或用户自建无线网络组成。设计移动互联网络系统安全防护体系时,根据适度安全原则,分别进行计算环境、区域边界、通信网络的安全设计。

远程接入域需要完成远程办公、应用系统管控等业务,主要包括由接入移动互联系统运营使用单位网络的移动终端组成,该终端应为移动互联系统运营使用单位可控,且利用虚拟专用网络(Virtual Private Network,VPN)等技术实现远程接入。远程接入域的安全关注重点应为远程移动终端自身运行安全、接入移动互联应用系统安全以及相应的通信网络安全等。非军事区域为移动互联网络系统提供对外服务,部署邮件服务器、Web 服务器以及数据库服务器等对外服务的服务器及应用,非军事区域直接与互联网相连,负责中转来自互联网的、针对核心业务域的访问请求。非军事区域的安全关注重点应为服务器操作系统及应用安全。核心业务域作为移动互联应用的核心区域,内有移动终端、传统计算终端与服务器等,用于移动互联网络应用业务处理与维护等。核心业务域的安全关注重点应为域内移动终端、计算终端与服务器的操作系统、应用、网络通信以及设备接入等安全问题。移动互联网络系统中的计算节点分为移动计算节点与传统计算节点两类,移动计算节点由远程接入域和核心业务域中的移动终端组成,而传统计算节点则由核心业务域中的传统计算终端和服务器等组成。

在上述安全架构中，终端安全具有特殊的重要意义。移动互联网络系统应采用终端实名认证，通过电子签名、代码加密、反跟踪调试、终端操作平台病毒与攻击防护等技术，增强其对病毒、恶意代码与攻击的防护能力。

6.2.4　物联网功能架构、安全威胁及安全防护架构

1. 物联网系统功能架构

顾名思义，物联网系统是指"物-物"相连的应用系统，它将感知设备通过互联网实现网络连接，将信息系统和物理世界实体融合在一起，实现了虚拟世界与现实世界二者的有机结合。图 6.8 所示为物联网系统功能架构示意图，自下而上分为感知层、网络层、应用层三个逻辑层。

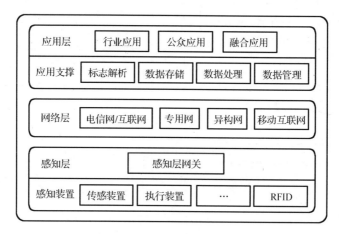

图 6.8　物联网系统功能架构示意图

感知层包括感知层网关以及传感器、射频识别（Radio Freauency Identification，RFID）等感知设备，同时包括这些感知设备与传感网网关之间、RFID 标签与阅读器等之间的短距离通信（通常为无线）；感知设备节点承担信息采集、标识读取、信息存储以及根据网络指示执行特定动作等功能。感知层网关的作用是将感知设备采集的数据上传至数据处理中心，智能型感知层网关还能够对所采集的数据进行适当的处理与融合分析等。网络层的作用是实现物联网数据信息和控制信息的双向传递，特别是将上述感知数据远距离传输至处理中心，具体可采用互联网、移动网及其融合等形式。应用层的作用是对感知数据进行集中存储与处理，并对行业应用终端提供服务，其中标识解析、数据存储、数据处理、数据管理等提供基础支撑服务。大型物联网系统的应用层通常为云计算平台和行业应用终端设备。云计算平台用于汇聚、存储并管理感知网络数据，管理终端用户对该数据的访问与使用行为，同时建立并实施审计、授权以及访问控制等机制。

2. 物联网系统的安全威胁分析

物联网系统内涵和外延丰富，其安全也属于网络空间安全范畴的子集，必将面临许多信息安全问题。与其功能架构相对应，此处分别对物联网系统各层的安全威胁进行分析。物联网感知层处于物联网系统与物理世界的交互与连接边界，该层中的各类信息通信节点的信息

处理与安全能力取决于节点类型。物联网网络层基于多种网络技术，为数据和消息提供路由寻址与传送功能，具体的消息传送方式有 IP、短消息等。某些应用场景对数据和消息传送具有特殊的安全性、可靠性、QoS 要求，需要采取相应机制来满足。网络层还可以按需为应用层提供相关能力支撑，例如，网络互联互通能力和服务开放、终端能力适配等。物联网应用层的服务范围包括行业公众服务、行业专用服务等，具体的服务类型有数据收集、信息推送、远程控制执行、监控报警等，具体实现涉及软件、通信、数据库以及管理等系统，这些系统均面临着安全威胁。

表 6.5 给出了物联网系统面临的主要安全威胁示例。

表 6.5　物联网系统面临的主要安全威胁示例

威胁层次	具体威胁分类	示例说明
感知层安全威胁	非法读取设备信息	物理俘获或逻辑攻破感知设备或感知层网关，利用专用工具破解感知设备所存机密信息
	拒绝工作	物理俘获或逻辑攻破感知设备后，可破坏或修改配置导致感知设备无法正常工作
	节点欺骗	假冒已有感知设备或感知层网关，通过注入信息来攻击感知网络，例如，监听感知网络传输信息、向感知网络发布假路由信息、重放已发送数据信息等
	恶意代码攻击	终端操作系统或应用软件的漏洞招致的木马、病毒、垃圾信息的攻击
	隐私泄露	泄露个人信息、使用习惯、位置等与用户身份有关的信息，可用于恶意目的的用户行为分析
	网络中断	恶意感知设备中断和阻塞路由发现与路由更新等路由协议分组消息
	网络拦截	拦截路由协议传输信息，并重定向到其他感知设备，扰乱正常通信
	篡改	篡改路由协议分组并破坏其信息完整性，建立错误路由，排斥合法感知设备
	伪造	内部的恶意感知设备伪造虚假路由信息，并将其插入正常协议分组以破坏网络
	拒绝服务	破坏网络可用性，如试图中断、颠覆或毁坏网络、硬件失败、软件 Bug、资源耗尽、环境条件等。包括恶意干扰网络协议传送或者物理损害感知设备，消耗设备能量
	路由攻击	恶意感知设备拒绝转发并丢弃特定消息；篡改并转发特定感知设备传送的数据包
网络层安全威胁	网络拥塞和拒绝服务攻击	大量物联网设备认证信令流量特别是短时接入，导致网络拥塞，出现拒绝服务
	中间人攻击	利用中间人攻击使物联网设备与通信网络失联，或诱使设备向通信网络发送假冒的请求或响应，导致通信网络做出错误判断
	伪造网络消息	伪造通信网络信令指示，使物联网设备断开连接或做出错误操作或响应
应用层安全威胁	隐私泄露	泄露个人信息、使用习惯、位置等与用户身份有关的信息，可用于恶意目的的用户行为分析
	恶意跟踪	隐私信息获取者可恶意跟踪用户。例如，可通过标签位置信息获取用户行踪，或通过标识信息来确定并跟踪物品数量及其位置信息等
	业务滥用	未授权用户使用未授权的业务，或授权用户使用未定制业务等
	身份冒充	无人值守设备被劫持，用于伪装成客户端或应用服务器发送数据信息、执行操作
	窃听/篡改	物联网通过安全机制相互独立的异构、多域网络通信，应用层数据易被窃听、注入和篡改
	抵赖	所有通信参与方否认或抵赖曾经完成的操作或承诺
	重放威胁	向感知设备或物联网应用服务器等目标发送已接收过的消息，以欺骗系统
	拒绝服务	大量物联网应用终端与应用服务器认证信令流量特别是短时接入，导致应用服务器过载、网络信令通道拥塞，出现拒绝服务

3. 物联网系统安全防护架构

前面分析了物联网系统特有的安全威胁，下面将根据其安全需求来设计安全防护架构。图 6.9 给出了安全管理中心支持下的物联网系统安全保护设计框架。

安全计算环境涵盖了感知层和应用层中存储、处理信息及实施安全策略的相关部件，包括安全感知计算环境与安全应用计算环境，二者均由完成计算任务的计算环境和连接网络通信域的区域边界组成。安全域边界则包括安全计算环境边界，以及连接安全计算环境与安全通信网络并实施安全策略的相关部件，例如，感知层与网络层之间、网络层与应用层之间的边界等。安全通信网络则是安全计算环境与安全域之间信息传输及实施安全策略的相关部件集合，例如，网络层通信、感知层与应用层内部安全计算环境通信等网络。安全管理中心用于统一管理整体安全策略以及安全计算环境、安全域边界与安全通信网络上的安全机制，具体分为系统管理、安全管理与审计管理三部分内容。

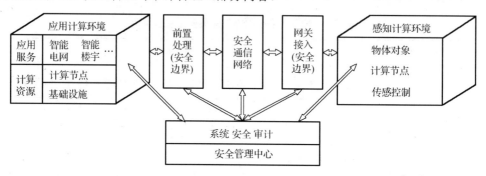

图 6.9　物联网系统安全保护设计框架

安全域边界对各安全域进行防护，不同安全域通过安全通信网络实现通信，而安全域内部的应用层与感知层则是利用网络层来完成数据与控制信息的双向传输。此时，可将网络层看作安全通信网络的逻辑划分，将感知层的采集数据向上传送给应用层，并将应用层发出的控制指令向下传送给感知层。

从物联网架构各层来看，感知层需要采取物理安全防护、访问控制、身份鉴别、数据保密性、数据完整性、可用性、隐私保护、数据源认证以及新鲜性等安全防护措施。物理安全防护主要是防范感知设备或感知层网关失窃、物理获取或复制。访问控制主要用于防范感知层末端节点被逻辑攻破，或向其他节点或设备泄露信息。感知设备身份鉴别用于保证数据采集源的合法性与有效性，防范非法感知设备接入；感知层网关身份鉴别则是为管控合法感知层网关的接入，拒绝非法感知层网关接入。数据保密性要求对感知设备存储或传输的数据进行加密。数据完整性要求则是要防范感知设备存储或传输的数据遭受篡改。可用性要求需要通过恶意代码防范、防火墙等手段来保证其免遭逻辑攻击或恶意代码攻击而停止工作。隐私保护主要用于保护感知设备所存储的用户隐私、防范用户身份相关信息泄露。数据源认证是为了确保信息源自合法设备，防范感知设备或网关被恶意注入虚假信息。新鲜性要求则是为了保证数据的时效性，防范过时消息被恶意重放。网络层需要采取组认证、身份鉴别等安全防护措施。组认证是指基于对感知设备分组的形式实现感知设备的认证，防止大量设备认证引发网络信令拥塞与拒绝服务攻击。身份鉴别则是采取多种鉴别方式，对感知设备、感知层网关与网络进行双向身份鉴别。应用层需要采取身份鉴别、组认证、隐私保护、数据完整性、数据保密性、防抵赖、数据新鲜性等安全防护措施。其中，防抵赖主要是确保通信各方对其行为与行为发生时间不可抵赖，具体可采用身份认证与数字签名、数字时间戳等措施。

6.2.5　工业控制系统及工业互联网功能架构、安全威胁及安全防护架构

1. 工业控制系统及工业互联网功能架构

工业控制系统(ICS)是工业领域各类控制系统的总称，在制造、石油、化工、能源、电力、水处理、交通、运输等行业获得广泛应用。工业控制系统主要包括数据采集与监视控制系统(SCADA)、分布式控制系统或称为集散控制系统(DCS)、可编程逻辑控制器(PLC)等，还包括远程终端单元(RTU)、智能电子设备(IED)及传感装置。此外，还有工业自动化和控制系统(IACS)、可编程自动化控制器(PAC)与工业控制服务器等。工业互联网(Industrial Internet)则是在国内外新科学技术变革与工业产业革命风起云涌、互联网创新发展与工业 4.0 持续交汇的大背景下，IT 新技术与工业尤其是智能制造业深度融合的产物，是工业领域中完成人、机与物等工业生产经营各要素全面互联的新型工业基础设施，不仅是具有典型工业特征的网络信息系统，更是网络空间的重要组成要素。工业控制系统与工业控制网络是工业互联网的重要主体之一。

参照 IEC 62264《企业控制系统综合》国际标准，结合工业企业的共性情况，可将典型的工业企业信息系统网络拓扑结构分为：现场设备层、现场控制层、过程监控层、生产管理层与企业资源层，不同层级的实时性与安全性要求不同。过程监控层、现场控制层和现场设备层属于控制网络，而企业资源层和生产管理层属于工业控制系统网络中的上层网络。各层均由不同的网络设备或现场设备所构成，以完成相应层次的功能。图 6.10 给出了工业企业信息系统重要层级的功能单元及资产组件映射示意，展示了其功能层次、功能单元映射以及资产组件映射等模型。其中，资产组件映射模型基于各层次主要资产构建，并与各层级功能单元一一映射，用于明确各层次保护对象，指导安全域划分。

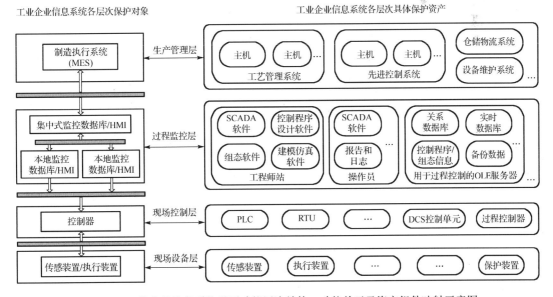

图 6.10　工业企业信息系统重要功能层次结构、功能单元及资产组件映射示意图

工控系统层次结构内部各层的网络特性均不相同。工控系统的关键网络组件包括现场总

线网络、控制网络、通信路由器、防火墙、调制解调器、远程接入点等。现场总线网络实现了传感器和其他设备与 PLC 或其他控制器的连接，各设备通过各种协议与现场总线控制器进行通信。控制网络主要负责监控级别与较低级别的控制模块连接。通信路由器主要是将局域网连接到广域网，并在二者之间传输消息。防火墙主要是实现通信数据包监控、过滤以及网络隔离。调制解调器常用于 SCADA 系统，实现串行数字数据和适用于通过电话线传输设备进行通信的信号之间的转换，建立远程 MTU 和远程现场设备之间的串行通信。远程接入点用于控制系统的远程配置以及过程数据的远程访问。

2. 工业控制系统及工业互联网的安全威胁分析

工业控制系统及工业互联网所面临的风险与其业务和资产密切相关，包括计算机系统、网络等硬件设备资产，以及工业应用等软件系统资产，而且应重点关注 DCS、SCADA、PLC以及各类监控系统。工业控制系统及工业互联网的威胁是指可能对其资产或组织造成损害的潜在因素及其可能性，可通过威胁主体、资源、动机、途径等多种属性来刻画。工业控制系统及工业互联网的威胁来源众多，大致可分为意外威胁、系统固有威胁、恶意攻击威胁及管理威胁等。

表 6.6 给出了工业控制系统及工业互联网面临的部分安全威胁分析。

表 6.6　工业控制系统及工业互联网面临的部分安全威胁分析

类型	具体示例	示例说明
意外威胁	自然灾害	可导致工业互联网组件瘫痪的水灾、地震、电力中断等
	人为灾害	战争、人为事故、纵火、盗窃、恶意物理破坏等
系统固有威胁	硬件威胁	工控现场恶劣环境，工业现场粉尘、电磁干扰、电磁辐射、UPS 供电中断，恶意破坏或无意受损等
	软件威胁	工业应用软件、工业 APP 软件缺陷及配置错误等
	网络威胁	工业控制及通信协议存在先天不足，TCP/IP 协议族缺陷众多
恶意攻击威胁	恶意代码传播	病毒、木马、僵尸程序、流氓软件、勒索软件等
	功能安全破坏	利用过程控制的特点及弱点进行攻击，非法获取访问权限，伪造合法的工控指令，导致工业过程出现故障甚至是安全事故
	非法访问	违反工业互联网的安全策略的未授权访问，以恶意操作系统、窃取或篡改工业数据
	可用性降低	通过资源消耗、拒绝服务等方式降低系统可用性，系统性能降低、停止服务甚至宕机、瘫痪
管理威胁	管理疏漏	安全机构、人员、制度、管理、法律法规建设存在不足，系统运维管理不当等

通过表 6.6 可以看出，工控系统与一般的 IT 系统所面临的威胁既有相同点，也有很大的区别，主要体现在物理安全和功能安全的区别上。信息安全的威胁主要与系统相关，威胁主要来自操作系统漏洞、工控协议漏洞等软件漏洞；物理安全和功能安全的威胁则主要与过程相关。物理安全的威胁主要体现为物理损坏或物理攻击，造成硬件组成元素的直接损坏，损坏的原因可以是外部自然力量的破坏，而物理攻击则是指人为的恶意破坏，如利用篡改环境参数或硬件自身参数实施干扰等。功能安全的威胁则多发生于工控系统在生产加工制造过程中遭受的攻击，既可能对工业现场设备产生威胁，也可能对中央控制台进行攻击。工控网络面临的威胁，大都针对的是非授权访问、数据窃取、内容篡改、逻辑错误、代码缺陷、总线异常、病毒攻击、木马潜伏、后门威胁、随机失效等安全风险点。工业云平台面临的威胁主

要有工业数据泄露和丢失，既有可能是人为错误、自然灾害、物理灾难，更可能来自因系统漏洞被利用或安全措施不当招致的恶意攻击。

以脆弱性的角度视之，工控系统与工业互联网的脆弱性，大致可分为策略与程序类、平台类和网络类等。策略与程序脆弱性主要包括：工业网络特定安全策略缺失、安全架构和设计缺失、基于安全策略的安全工作流程缺失、安全审计缺失、工控网络业务连续性计划或灾难恢复计划缺失等。平台脆弱性主要来自平台配置、平台硬件、平台软件与恶意代码保护等方面。平台配置脆弱性包括操作系统与软件补丁未测试或更新不及时、默认配置、未存储或备份关键配置、移动设备数据保护缺失、密码策略失当、不当访问控制等。平台硬件脆弱性包括关键系统物理防护缺失、设备未授权物理访问、资产未记录、备用能源缺失、环境控制缺失、电磁干扰能力差、关键组件无冗余等。平台软件脆弱性包括缓冲区溢出、安全功能未默认开启、拒绝服务攻击、针对 OPC 的 RPC/DCOM 攻击、工业通信协议不安全、明文存储、不必要的服务、配置与编程软件的访问控制失当、日志未保存、安全事件未监控等。恶意代码保护脆弱性包括无恶意代码防护、防护软件未测试或更新不及时等。网络脆弱性主要来自网络配置、网络硬件、网络边界、网络监控/日志、无线网络、通信等方面。网络配置脆弱性包括网络架构缺陷、数据流未限制、网络设备配置不当或未存储与备份、敏感信息传输未加密等。网络硬件脆弱性包括物理保护与环境控制失当、物理端口不安全、关键网络无冗余等。网络边界脆弱性包括安全边界未定义、防火墙缺失或配置不当、控制网络内部出现无关流量、控制网络依赖非控制网络的服务等。网络监控/日志脆弱性包括防火墙或路由器日志配置失当、控制网络无监控等。无线网络脆弱性包括无线客户端和接入点认证或数据传输保护不足等。通信脆弱性包括完整性校验缺失、用户与设备未认证、关键监控和控制路径未识别、采用公开明文协议等。

3. 工业控制系统及工业互联网安全防护架构

设计工业控制系统及工业互联网安全防护架构，应根据业务的对象、特点与范围等因素，综合确定安全防护对象。首先要从整体角度提出安全域保护原则，然后针对不同的安全保护等级提出技术措施与管理措施。根据工业控制系统及工业互联网的软件、硬件、网络协议等具体情况，分析待保护数据、指令、协议等要素，然后按照工业控制系统类型、配置等工程实际，确定其防护手段与具体实现方式。上述安全防护架构的构建，不具体限定安全防护技术或产品，但应特别注意拟采取的防护技术或产品应通过工业现场的工程实践验证与用户认可，确保不会导致工业控制系统异常、不对系统正常运行产生危害或灾难性的影响。具体企业应遵循安全防护架构，结合自身行业与企业特点来部署实现技术安全与管理安全要点。

然后，要考虑工业控制系统及工业互联网的区域模型。所谓区域，是指具备公有属性的独立资产、子区域或独立资产与子区域中具备公有属性的资产所构成的组群。工控企业在其工厂或站点所构建的区域模型可因生产过程的不同而异。典型的工业企业区域模型包含批量过程、连续过程与离散过程等。在进行工业控制系统及工业互联网安全防护架构设计时，应考虑其不同区域的通用风险、脆弱性及相应对策。

接下来进行安全域划分和防护设计。在工业控制系统及工业互联网中，不可能对所有组件采取相同等级的安全措施。因为，不同情况下资产的安全等级不同，因此需要进行安全域(或受保护的区域)划分。具体的安全域划分可参考 IEC 62443《工业过程测量、控制和自动化网络与系统信息安全》标准，同时需要综合考虑工业业务及其流程、资产价值与重要性、资产地理位置、系统功能、控制对象、生产厂商及破坏损失、社会影响等多种复杂因素。不同的安全域应采取不同的安全保护措施，并在各安全域边界部署不同的安全隔离装置，确保各安全域边界设定清晰，且不得影响各安全域工作。

确定安全域安全措施与系统功能层次关系时，如果一个安全域仅包含一个功能层次的设备，该域内的所有设备均应按照安全要求，采取对应功能层次的安全保护措施。如果一个安全域包含了多个功能层次的设备，应分别采取对应功能层次的安全等级保护措施。

6.3　网络空间安全的技术体系构建

6.3.1　安全技术体系架构与总体技术要求

1. 网络空间安全技术体系架构

网络空间安全技术体系架构(图 6.11)的构建是一个系统工程，需要按照"纵深防御"的思想，从系统整体的角度出发，逐层实现深度防御。首先是根据组织机构的总体安全策略，按照国际、国家相关安全标准规范、行业领域的基本要求和安全需求，由外至内逐步设计。网络空间安全技术体系架构分为物理和环境安全、通信和网络安全、设备和计算安全、应用和数据安全，从架构上来说，各网络边界也应实现防护，由此构建网络空间安全防护技术体系。

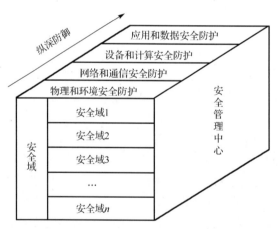

图6.11　网络空间安全技术体系架构示意图

2. 网络空间安全技术设计过程

上面讲述了网络空间安全技术体系架构，要得出安全技术总体要求，需要进行技术设计。

首先对业务流程进行梳理，以把握网络信息系统的现状、特点及其安全需求(尤其是特殊安全需求)，后续的安全设计方案将以此为基础。风险评估则是基于业务流程进行安全评估，识别业务、资产、威胁与脆弱性，综合评价安全风险，根据相关安全保护标准，提出系统的安全防护需求。接下来，需要梳理待保护系统涉及的主体、客体，并明确主体对客体的最小访问权限。随后依据安全技术设计框架完成区域划分，以明确计算环境、区域边界、通信网络与安全管理中心的位置。同时，从网络、操作系统、应用与数据库等层面来确定系统安全保护环境的关键保护点。最后，以关键保护点为重点进行安全机制及策略设计。

3. 网络空间安全技术体系的总体技术要求

首先通过"物理和环境安全防护"来保护网络空间中的服务器、网络设备等设备设施免遭地震、火灾、水灾、盗窃等事故导致的破坏。物理和环境安全防护的考虑因素包括物理位置选择、物理访问控制、防盗窃和防破坏、防雷击、防火、防水和防潮、防静电、温湿度控制以及电力供应等。不同保护级别的防护对象，其物理和环境的安全保护策略与安全技术措施也各不相同。同时，还应考虑不同保护级别的防护对象共享物理环境的情况，此时，应按各防护对象中安全保护要求级别最高的保护对象来制定物理和环境安全保护策略与安全技术措施。

接下来是"网络和通信安全防护"，这一层旨在保护对外部暴露的网络和通信设备。网络与通信安全防护的考虑因素包括网络架构、通信传输、边界防护、访问控制、入侵防范、恶意代码防范、安全审计以及集中管控等。制定通信网络的安全保护策略与安全技术措施时，应考虑网络通信线路和网络通信设备共享的情况，此时，应按各防护对象中安全保护要求级别最高的保护对象来制定通信与网络安全保护策略与安全技术措施。

利用"网络边界安全防护"来实施被保护对象网络边界的安全防护，内部不同保护级别的保护对象应尽可能分别部署于相应保护级别的内部安全域中，如果低级别保护对象处于高等级安全域内，则应按照"就高原则"来进行安全设计。对于跨局域网互联的保护对象间的信息传输，制定同级/不同级互联策略要求及具体的安全技术措施。制定网络边界的安全保护策略与安全技术措施时，应考虑边界共享的情况，此时，应按各防护对象中安全保护要求级别最高的保护对象来制定边界安全保护策略与安全技术措施。

内部安全域应实施"设备和计算安全防护"和"应用和数据安全防护"，并通过安全管理中心对整个保护网络系统实施统一的安全技术管理。设备和计算安全防护的考虑因素包括身份鉴别、访问控制、安全审计、入侵防范、恶意代码防范以及资源控制等。应用和数据安全防护的考虑因素包括身份鉴别、访问控制、安全审计、软件容错、资源控制、数据完整性、数据机密性、数据备份恢复、剩余信息保护以及个人信息保护等。此时，制定不同级保护对象内网平台、系统平台、业务应用与数据的安全保护策略和安全技术措施，出现级别要求不同的情况，也遵循"就高原则"。

对于云计算、移动互联、物联网、工控系统与工业互联网等新技术，应结合前面讨论的因素进行安全保护策略和安全技术措施的制定。

由此，可以得出整个安全保护对象的安全技术体系架构总体要求，包括安全技术体系防护模型、骨干网或城域网、通过骨干网或城域网的保护对象互联、局域网内部的保护对象互联、保护对象的边界、保护对象内部各类平台等方面的安全保护策略和安全技术措施。

6.3.2　物理和环境安全问题及技术措施

信息系统是以一定的方式运行在物理设备和环境中的，因此保障物理和环境安全是整个网络空间安全的基础,是安全系统不可缺少和忽视的组成部分。物理和环境分为 10 个安全控制点,具体为:物理位置选择、物理访问控制、防盗窃和防破坏、防雷击、防火、防水和防潮、防静电、温湿度控制、电力供应、电磁防护等,各安全控制点及具体安全保障或防护措施示例如表 6.7 所示。

表 6.7 物理与环境安全控制点及具体安全保障或防护措施示例

安全控制点	具体安全措施示例
物理位置选择	机房场地建筑应具有防震、防风与防雨等能力
	机房场地避免设在建筑物的高层或地下室,以及用水设备的下层或隔壁
物理访问控制	在机房出入口配置电子门禁系统,控制、鉴别并记录进入人员
	在重要区域应配置第二道电子门禁系统,控制、鉴别并记录进入人员
防盗窃和防破坏	对机房设备或主要部件进行固定,并设置明显的不易除去的标记
	将通信线缆铺设在隐蔽处,如铺设在地下或管道中等
	应设置机房防盗报警系统或设置有专人值守的视频监控系统
防雷击	机柜、设施与设备等应安全接地
	采取防止感应雷措施,如设置防雷保安器或过压保护装置等
防火	设置火灾自动消防系统,以自动检测火情、自动报警,并自动灭火
	机房及相关的工作房间和辅助房采用具有耐火等级的建筑材料
	机房采取划分区域管理方式,各区域间设置隔离防火措施
防水和防潮	采取措施防止雨水通过机房窗户、屋顶和墙壁渗透
	采取措施防止机房内水蒸气结露和地下积水的转移与渗透
	安装对水敏感的检测仪表或元件,对机房进行防水检测和报警
防静电	采用静电消除器、佩戴防静电手环等措施防止静电的产生
	安装防静电地板,并采取必要的接地防静电措施
温湿度控制	机房设置温湿度自动调节设施,使机房温、湿度的变化处于设备运行允许范围
电力供应	机房供电线路应配置稳压器与过电压防护设备
	提供 UPS 等短期备用电力供应设施,至少保证主要设备断电时的正常运行
	为计算机系统供电设置冗余或并行的电力电缆线路
	建立备用发电机等备用供电系统,待常用供电系统停电时启用
电磁防护	合理接地,避免外界电磁干扰与设备寄生耦合干扰
	将电源线与通信线缆相互隔离铺设,降低干扰
	对关键设备与磁介质实施电磁屏蔽

云计算、移动互联网络、物联网、工业控制系统及工业互联网在物理和环境安全方面,应采取扩展的强化措施。表 6.8 所示为物联网的物理和环境安全强化控制点及措施示例。

表 6.8 物联网的物理和环境安全强化控制点及措施示例

信息系统	安全控制点	具体安全措施示例
物联网	感知节点设备物理防护	感知节点设备所处的物理环境应不对其造成挤压、强振动等物理破坏
		感知节点设备在工作时所处物理环境应能正确反映其工作环境状态
		感知节点设备在工作时所处物理环境应不对感知节点设备的正常工作造成影响
		关键感知节点设备具有可供长时间工作的电力供应

6.3.3 网络和通信安全问题及技术措施

网络和通信安全分为 8 个安全控制点，具体为：网络架构、通信传输、边界防护、访问控制、入侵防范、恶意代码防范、安全审计、集中管控，各安全控制点及具体安全保障或防护措施示例如表 6.9 所示。

表 6.9　网络和通信安全控制点及具体安全保障或防护措施示例

安全控制点	具体安全措施示例
网络架构	保证网络设备的业务处理能力满足业务高峰期所需
	保证网络各部分的带宽满足业务高峰期所需
	将网络划分为不同区域，并基于管理和控制方便的原则，为各区域分配地址
	不将重要网络区域部署于网络边界且无边界防护措施
	为通信线路、关键网络设备部署硬件冗余，提升系统可用性
	根据业务服务重要程度分配带宽，优先保障重要业务
通信传输	采用加解密或校验码技术，保证通信数据的完整性
	采用加解密技术，保证通信过程中敏感信息字段或整个报文的保密性
	基于密码技术对通信双方进行通信前验证或认证
	基于硬件设备对重要通信过程进行加解密运算和密钥管理
边界防护	保证跨边界的访问和数据流通过边界防护设备提供的受控接口进行通信
	限制或检查非授权设备私自连接到内部网络，并有效阻断
	限制或检查内部用户非法外联，并有效阻断
	保证无线网络通过受控的边界防护设备接入内部网络
	对连接到内部网络的设备进行可信验证，确保接入网络的设备真实可信
访问控制	基于访问控制策略，在网络边界或区域之间设置访问控制规则，默认除允许通信外受控接口拒绝所有通信
	删除多余或无效的访问控制规则，优化访问控制列表(ACL)，并保证访问控制规则数最小
	应不允许数据带通用协议通过
入侵防范	在关键网络节点处检测、防止或限制来自外部的网络攻击
	在关键网络节点处检测和限制来自内部的网络攻击
	分析网络行为，实现对网络攻击(含未知类型)的检测和分析
	检测到攻击行为时，记录攻击的源 IP、类型、目的、时间，严重时报警
恶意代码防范	在关键网络节点处检测和清除恶意代码，并升级和更新恶意代码防护机制
	在关键网络节点处检测和防护垃圾邮件，并升级和更新垃圾邮件防护机制
安全审计	在网络边界、重要网络节点进行安全审计，审计覆盖到各用户、重要用户行为和重要安全事件
	审计记录应包括事件的日期和时间、用户、类型、是否成功等相关信息
	保护并定期备份审计记录，避免受到未预期的删除、修改或覆盖等
	审计记录生成时间由系统范围内唯一确定的时钟产生
集中管控	划分出特定的管理区域，管控其中的安全设备或安全组件
	建立安全的信息传输路径，管理网络中的安全设备或安全组件
	集中监测网络链路、安全设备、网络设备和服务器等的运行状况
	收集汇总和集中分析分散各设备中的审计数据
	集中管理安全策略、恶意代码、补丁升级等安全相关事项
	对网络中各类安全事件进行识别、报警和分析

　　云计算、移动互联网络、物联网、工业控制系统及工业互联网在网络和通信安全方面应采取扩展的强化措施。表 6.10 所示为物联网的网络和通信安全强化控制点及措施示例。

表 6.10　物联网的网络和通信安全强化控制点及措施示例

信息系统	安全控制点	具体安全措施示例
物联网	入侵防范	限制与感知节点通信的目标地址，防范其攻击陌生地址
		限制与网关节点通信的目标地址，防范其攻击陌生地址
	接入安全	仅可接入授权的感知节点

6.3.4　设备和计算安全问题及技术措施

　　设备和计算安全分为 6 个安全控制点，具体为：身份鉴别、访问控制、安全审计、入侵防范、恶意代码防范、资源控制，各安全控制点及具体安全保障或防护措施示例如表 6.11 所示。

表 6.11　设备和计算安全控制点及具体安全保障或防护措施示例

安全控制点	具体安全措施示例
身份鉴别	对登录用户进行身份标识与鉴别，身份标识具有唯一性，身份鉴别信息具有复杂度要求并定期更换
	进行登录失败处理，应配置并启用结束会话、限制非法登录次数和当登录连接超时时自动退出等相关措施
	远程管理时，应防止鉴别信息在网络传输过程中被窃听
	采用两种或两种以上组合的鉴别技术对用户进行身份鉴别
访问控制	对登录用户分配账号和权限
	重命名默认账号或修改默认口令
	及时删除或停用多余的、过期的账号，避免共享账号的存在
	授予管理用户所需的最小权限，实现权限分离
	由授权主体配置访问控制策略，访问控制策略规定主体对客体的访问规则
	访问控制的粒度应达到主体为进程级或用户级，客体为文件、数据库表级
	对所有主体、客体设置安全标记，并根据安全标记和强制访问控制规则确定主体对客体的访问
安全审计	启用安全审计功能，审计覆盖到各用户、重要的用户行为和重要安全事件
	审计记录应包括事件的日期、时间、类型、主体标识、客体标识和结果等
	保护并定期备份审计记录，避免受到未预期的删除、修改或覆盖等
	保护审计进程，防止非法中断
	审计记录生成时间由系统范围内唯一确定的时钟产生，以确保审计分析的正确性
入侵防范	遵循最小安装的原则，仅安装需要的组件和应用程序
	关闭不需要的系统服务、默认共享和高危端口
	通过设定终端接入方式或网络地址范围对通过网络进行管理的管理终端进行限制
	发现可能存在的漏洞，并在经过充分测试评估后，及时修补漏洞
	检测到对重要节点的入侵行为，严重时报警
恶意代码防范	采用恶意代码攻击免疫技术措施或采用可信计算技术，建立从系统到应用的信任链，实现系统运行过程中重要程序或文件完整性检测，并在检测到破坏后进行恢复
资源控制	限制单个用户或进程对系统资源的最大使用限度
	重要节点设备提供硬件冗余，保证系统的可用性
	监视重要节点，包括监视 CPU、硬盘、内存等资源的使用情况
	对重要节点的服务水平降低到预先规定的最小值进行检测和报警

　　云计算、移动互联网络、物联网、工业控制系统及工业互联网在设备和计算安全方面应采取扩展的强化措施。表 6.12 所示为物联网的设备和计算安全强化控制点及措施示例。

表 6.12　物联网的设备和计算安全强化控制点及措施示例

信息系统	安全控制点	具体安全措施示例
物联网	感知节点设备安全	只有授权用户方可配置或变更感知节点设备上的软件应用
		对其连接的网关节点设备进行身份标识与鉴别
		对其连接的路由节点等其他感知节点设备进行身份标识与鉴别
	网关节点设备安全	设置最大并发连接数
		对合法连接设备(包括终端节点、路由节点、数据处理中心)进行标识与鉴别
		过滤非法节点和伪造节点所发送的数据
		授权用户在设备使用过程中，在线更新关键密钥
		授权用户在设备使用过程中，在线更新关键配置参数

6.3.5　应用和数据安全问题及技术措施

　　应用系统安全形势严峻，一是部分开发商和用户对应用安全重视不够，二是应用系统漏洞数量庞大，种类繁多。美国国家标准与技术研究院(National Institute of Standard and Technology，NIST)指出，九成以上的安全漏洞来自应用系统，远远超出网络、操作系统和浏览器的漏洞数量。针对应用系统的攻击手段越来越多，应用系统面临的威胁与日俱增。数据安全是指通过技术或者非技术手段来保证数据访问受到合理控制，并保证数据不被人为或者意外的损坏而泄露或更改。应用和数据安全分为 10 个安全控制点，具体为：身份鉴别、访问控制、安全审计、软件容错、资源控制、数据完整性、数据保密性、数据备份恢复、剩余信息保护、个人信息保护，各安全控制点及具体安全保障或防护措施示例如表 6.13 所示。

表 6.13　应用和数据安全控制点及具体安全保障或防护措施示例

安全控制点	具体安全措施示例
身份鉴别	对登录用户进行身份标识与鉴别，身份标识具有唯一性，鉴别信息具有复杂度要求并定期更换
	提供并启用登录失败处理功能，多次登录失败后应采取必要的保护措施
	强制用户首次登录时修改初始口令
	用户身份鉴别信息丢失或失效时，采用鉴别信息重置等其他技术措施保证系统安全
	对同一用户采用两种或两种以上组合的鉴别技术实现用户身份鉴别
	登录用户执行重要操作时再次进行身份鉴别
访问控制	提供访问控制功能，对登录用户分配账号和权限
	重命名默认账号或修改账号的默认口令
	及时删除或停用多余的、过期的账号，避免共享账号的存在
	授予不同账号为完成各自承担任务所需的最小权限，并在它们之间形成相互制约的关系
	由授权主体配置访问控制策略，访问控制策略规定主体对客体的访问规则
	访问控制的粒度应达到主体为用户级，客体为文件、数据库表级、记录或字段级
	对所有主体、客体设置安全标记，并根据安全标记和强制访问控制规则确定主体对客体的访问

续表

安全控制点	具体安全措施示例
安全审计	提供安全审计功能，审计覆盖到各用户、重要的用户行为和重要安全事件
	审计记录应包括事件的日期、时间、类型、主体标识、客体标识和结果等
	保护并定期备份审计记录，避免受到未预期的删除、修改或覆盖等
	保护审计进程，防止非法中断
	审计记录生成时间由系统范围内唯一确定的时钟产生，以确保审计分析的正确性
软件容错	提供数据有效性检验功能，保证通过人机接口或通信接口输入的内容符合系统设定要求
	发生故障时，降级运行，并继续提供一部分功能，确保能够实施必要的措施
	提供自动保护功能，发生故障时可自动保护当前所有状态，以供恢复
资源控制	当通信双方中的一方在一段时间内未作任何响应时，另一方可自动结束会话
	对系统的最大并发会话连接数进行限制
	对单个账号的多重并发会话进行限制
	对并发进程的每个进程占用的资源分配最大限额
数据完整性	采用加解密或校验码技术保证重要数据存储的完整性
	采用专用或安全通信协议进行重要数据传输，防止因通用通信协议攻击而破坏数据完整性
数据保密性	采用加解密技术保证重要数据存储的保密性
	采用专用或安全通信协议进行重要数据传输，防止因通用通信协议攻击而破坏数据保密性
数据备份恢复	重要数据进行本地数据备份
	利用通信网络将重要数据实时备份至异地备份场地
	重要数据处理系统具备热冗余，保证系统高可用
	通过异地灾难备份，提供业务应用的实时切换能力
剩余信息保护	释放或重新分配鉴别信息所在存储空间前，将其完全清除
	释放或重新分配存有敏感数据的存储空间前，将其完全清除
个人信息保护	仅采集和保存业务必需的用户信息
	禁止非法访问和使用用户信息

　　云计算、移动互联网络、物联网、工业控制系统及工业互联网在应用和数据安全方面应采取扩展的强化措施。表 6.14 所示为物联网的应用和数据安全强化控制点及措施示例。

表 6.14　物联网的应用和数据安全强化控制点及措施示例

信息系统	安全控制点	具体安全措施示例
物联网	抗数据重放	保证鉴别数据的新鲜性，防范历史数据的重放攻击
		保证鉴别历史数据不遭非法修改，防范数据的修改重放攻击
	数据融合处理	对传感网数据进行融合，使其可在同一平台使用
		对数据依赖与制约等关系进行智能处理

6.4　网络空间安全的管理体系构建

　　前面讲了网络空间安全的技术体系架构的构建问题，接下来讨论安全管理体系架构问题。安全管理体系架构设计也应按照国际、国家相关安全标准规范、行业领域的基本要求和安全需求，对原有管理模式与策略进行调整，按照系统工程的原则，既要从整体角度为各等级安全保护对象制定统一的安全管理策略，又要根据各保护对象的具体需求来选定并调整具体的安全管理措施，最终构成统一的整体安全管理体系框架结构。

6.4.1　安全管理体系架构与总体管理要求

通常，安全保护对象的整体安全管理体系框架包括四层：顶层为安全总体方针与安全策略，用于明确网络安全工作的总体目标、范围、原则等；第二层为信息安全管理制度，用于为安全活动中的各类内容建立管理制度，以实现对信息安全相关行为的约束；第三层为安全技术标准、操作规程，用于规范管理或操作人员执行的日常管理行为以及制度的具体技术实现细节；底层为记录、表单，用于记录网络安全管理制度、操作规程实施的具体操作记录。

首先按照国际、国家相关安全标准规范、行业领域的基本要求和安全需求，制定组织机构的安全组织管理机构框架，并为不同级别的保护对象分配安全管理职责、规定安全管理策略等。然后为不同级别保护对象制定管理人员框架、分配管理人员职责、规定人员安全管理策略等。再为不同级别保护对象及办公区等物理环境、介质与设备、安全运行与维护框架、运维、安全事件处置与应急管理等制定安全管理策略。安全策略和管理制度需要考虑的因素有安全策略、管理制度、制定和发布以及评审和修订等。安全管理机构和人员需要考虑的因素有岗位设置、人员配备、授权和审批、沟通和合作、审核和检查、人员录用、人员离岗、安全意识教育和培训以及外部人员访问管理等。安全建设管理需要考虑的因素有环境管理、资产管理、介质管理、设备维护管理、漏洞和风险管理、网络和系统安全管理、恶意代码防范管理、配置管理、密码管理、变更管理、备份与恢复管理、安全事件处置、应急预案管理、外包运维管理。

由此，可以构建整个安全保护对象的安全管理体系架构，下面将给出各个层面的具体安全控制点与属性标识说明。

6.4.2　安全策略和管理制度

安全策略和管理制度分为 4 个安全控制点，具体为：安全策略、管理制度、制定和发布、评审和修订，各安全控制点及具体安全保障或防护措施示例如表 6.15 所示。

表 6.15　安全策略和管理制度安全控制点及具体安全保障或防护措施示例

安全控制点	具体安全措施示例
安全策略	制定信息安全工作的总体方针和安全策略，涵盖安全工作的总体目标、范围、原则和安全框架等
管理制度	对安全管理活动中的各类管理内容建立安全管理制度
	对管理人员或操作人员执行的日常管理操作建立操作规程
	建立全面的信息安全管理制度体系，包括安全策略、管理制度、操作规程、记录表单等
制定和发布	指定或授权专门的部门或人员负责制定安全管理制度
	通过正式、有效的方式发布安全管理制度，并进行版本控制
评审和修订	定期论证和审定安全管理制度的合理性和适用性，修订存在不足或需要改进的安全管理制度

6.4.3　安全管理机构和人员

安全管理机构和人员方面要求采取必要的管理措施来管理人员对系统的各项活动，管理过程要覆盖到信息系统的全生命周期，主要通过控制与信息系统相关各类人员的活动，从政策、制度、规范、流程以及记录等方面做出规定实现。安全管理机构和人员安全分为 9 个安全控制点，具体为：岗位设置、人员配备、授权和审批、沟通和合作、审核和检查、人员录用、人员离岗、安全意识教育和培训、外部人员访问管理，各安全控制点及具体安全保障或防护措施示例如表 6.16 所示。不同安全防护级别的信息系统可分别采取不同的安全管理或保障措施。

表 6.16 安全管理结构和人员安全控制点及具体安全保障或防护措施示例

安全控制点	具体安全措施示例
岗位设置	成立指导和管理信息安全工作的机构，单位主管领导委任或授权其最高领导
	设立信息安全管理工作的职能部门，设立安全主管、安全管理各方面负责人岗位，并定义各负责人的职责
	设立系统管理员、网络管理员、安全管理员等岗位，并定义部门及各个工作岗位的职责
人员配备	配备系统管理员、网络管理员、安全管理员等
	配备专职安全管理员，不可兼任
	关键事务岗位配备多人共同管理
授权和审批	根据各个部门和岗位的职责明确授权审批事项、审批部门和批准人等
	建立系统变更、重要操作、物理访问和系统接入等事项审批程序，按照审批程序建立逐级审批制度
	定期审查审批事项，及时更新需授权和审批的项目、审批部门和审批人等信息
沟通和合作	应加强与主管机关、供应商、业界专家及安全组织的合作与沟通
	建立外联单位联系列表，包括外联单位名称、合作内容、联系人和联系方式等信息
审核和检查	定期进行系统日常运行、系统漏洞和数据备份等常规安全检查
	定期进行现有安全技术措施有效性、安全配置与安全策略一致性、安全管理制度执行情况等全面检查
	制定安全检查表格实施安全检查，汇总安全检查数据，形成安全检查报告并通报结果
人员录用	指定或授权专门的部门或人员负责人员录用
	审查被录用人员的身份、背景、专业资格和资质等，考核其所具有的技术技能
	与被录用人员签署保密协议，与关键岗位人员签署岗位责任协议
	从内部人员中选拔从事关键岗位的人员
人员离岗	及时终止离岗员工的所有访问权限，取回各种身份证件、钥匙、徽章等以及机构提供的软硬件设备
	严格执行调离手续，并承诺调离后的保密义务后方可离开
安全意识教育和培训	对各类人员进行安全意识教育和岗位技能培训，并告知相关的安全责任和惩戒措施
	针对不同岗位制定不同的培训计划，培训信息安全基础知识、岗位操作规程等
外部人员访问管理	确保在外部人员物理访问受控区域前先提出书面申请，批准后由专人全程陪同，并登记备案
	确保在外部人员接入网络访问系统前先提出书面申请，批准后由专人开设账号、分配权限，并登记备案
	外部人员离场后及时清除其所有的访问权限
	获得系统访问授权的外部人员应签署保密协议，不得进行非授权操作，不得复制和泄露任何敏感信息
	关键区域或关键系统不允许外部人员访问

6.4.4 安全建设管理

安全建设管理的安全控制点具体为：安全保护级别确定和备案、安全方案设计、产品采购和使用、自行软件开发、外包软件开发、工程实施等，各安全控制点及具体安全保障或防护措施示例如表 6.17 所示。

表 6.17　安全建设管理安全控制点及具体安全保障或防护措施示例

安全控制点	具体安全措施示例
安全保护级别确定和备案	以书面形式说明保护对象的边界、安全保护等级及确定等级的方法和理由
	组织相关部门和安全专家论证与审定安全保护级别确定结果的合理性和正确性
	确保安全保护级别确定结果经过相关部门的批准
	将备案材料报主管部门和公安机关备案
安全方案设计	根据安全保护等级选择基本安全措施，依据风险分析的结果补充和调整安全措施
	根据保护对象的安全保护级及与其他级别保护对象的关系进行安全整体规划和安全方案设计，并形成配套文件
	组织相关部门和有关安全专家对安全整体规划及其配套文件的合理性和正确性进行论证和审定，经过批准后方可正式实施
产品采购和使用	确保信息安全产品采购和使用符合国家的有关规定
	确保密码产品采购和使用符合国家密码主管部门的要求
	预先对产品进行选型测试，确定产品的候选范围，并定期审定和更新候选产品名单
	对重要部位的产品委托专业测评单位进行专项测试，根据测试结果选用产品
自行软件开发	确保开发环境与实际运行环境物理分开，控制测试数据和结果
	制定软件开发管理制度，明确说明开发过程的控制方法和人员行为准则
	制定代码编写安全规范，要求开发人员参照规范编写代码
	确保具备软件设计的相关文档和使用指南，并对文档使用进行控制
	确保在软件开发过程中进行安全性测试，在软件安装前检测可能存在的恶意代码
	确保对程序资源库的修改、更新、发布进行授权和批准，并严格进行版本控制
	确保开发人员为专职人员，开发人员的开发活动受到控制、监视和审查
外包软件开发	在软件交付前检测软件质量和其中可能存在的恶意代码
	要求开发者提供软件设计文档和使用指南
	要求开发者提供软件源代码，并审查软件中可能存在的后门和隐蔽信道
工程实施	指定或授权专门的部门或人员负责工程实施过程的管理
	制定工程实施方案控制安全工程实施过程
	通过第三方工程监理控制项目的实施过程
测试验收	制定测试验收方案，并据此实施测试验收并形成测试验收报告
	进行上线前的安全性测试，并出具安全测试报告
系统交付	制定交付清单，并根据交付清单清点所交接的设备、软件和文档等
	对负责运行维护的技术人员进行相应的技能培训
	确保提供建设过程中的文档和指导用户进行运行维护的文档
等级测评	定期进行等级测评，发现不符合相应等级保护标准要求的及时整改
	在发生重大变更或级别发生变化时进行等级测评
	应选择具有国家相关技术资质和安全资质的测评单位进行等级测评
服务供应商选择	确保服务供应商的选择符合国家的有关规定
	与选定的服务供应商签订相关协议，明确整个服务供应链各方需履行的信息安全相关义务
	定期监视、评审和审核服务供应商提供的服务，并对其变更服务内容加以控制

6.4.5　安全运维管理

安全运维管理分为 14 个安全控制点，具体为：环境管理、资产管理、介质管理、设备维护管理、漏洞和风险管理、网络和系统安全管理、恶意代码防范管理、配置管理、密码管理、变更管理、备份与恢复管理、安全事件处置、应急预案管理、外包运维管理，各安全控制点及具体安全保障或防护措施示例如表 6.18 所示。

表 6.18　安全运维管理安全控制点及具体安全保障或防护措施示例

安全控制点	具体安全措施示例
环境管理	机房安全由专门部门或人员负责，管理机房出入，定期维护管理机房供配电、空调、消防等设施
	建立机房安全管理制度，对有关机房物理访问，物品进出机房和机房环境安全等方面的管理做出规定
	不在重要区域接待来访人员，桌面无包含敏感信息的纸档文件、移动介质等
	对出入人员进行相应级别的授权，实时监视进入重要安全区域的人员和活动等
资产管理	编制并保存与保护对象相关的资产责任部门、重要程度和所处位置等资产清单
	根据资产的重要程度对资产进行标识管理，根据资产的价值选择相应的管理措施
	对信息分类与标识方法做出规定，并对信息的使用、传输和存储等进行规范化管理
介质管理	确保介质存放在安全的环境中，控制和保护各类介质，存储环境专人管理，并定期盘点
	对介质在物理传输过程中的人员选择、打包、交付等进行控制，并登记记录介质的归档和查询等
设备维护管理	对各种设备、线路等指定专门的部门或人员定期进行维护管理
	建立配套设施、软硬件维护方面的管理制度，对其维护进行有效的管理
	确保信息处理设备必须经过审批才能带离机房或办公地点，含有存储介质的设备带出工作环境时其中重要数据必须加密
	含有存储介质的设备在报废或重用前，进行完全清除或被安全覆盖，确保该设备上的敏感数据和授权软件无法被恢复重用
漏洞和风险管理	应采取必要的措施识别安全漏洞和隐患，对发现的安全漏洞和隐患及时进行修补或评估可能的影响后进行修补
	定期开展安全测评，形成安全测评报告，对发现的安全问题采取措施
网络和系统安全管理	应划分不同的管理员角色进行网络和系统的运维管理，明确各个角色的责任和权限
	指定专门的部门或人员进行账号管理，控制申请账号、建立账号、删除账号等
	建立网络和系统安全管理制度，对安全策略、账号管理、配置管理、日志管理、日常操作、升级与打补丁、口令更新周期等方面做出规定
	制定重要设备的配置和操作手册，依据手册对设备进行安全配置和优化配置等
	详细记录日常巡检工作、运行维护记录、参数的设置和修改等运维操作日志
	严格控制变更性运维，经过审批后才可改变连接、安装系统组件或调整配置参数，操作过程中应保留不可更改的审计日志，操作结束后应同步更新配置信息库
	严格控制运维工具的使用，经过审批后才可接入进行操作，操作过程中应保留不可更改的审计日志，操作结束后删除工具中的敏感数据
	严格控制远程运维的开通，经过审批后才可开通远程运维接口或通道，操作过程中应保留不可更改的审计日志，操作结束后立即关闭接口或通道
	保证所有与外部的连接均得到授权和批准，定期检查违反规定无线上网及其他违反安全策略的行为
恶意代码防范管理	提高所有用户的防恶意代码意识，告知对外来计算机或存储设备接入系统前进行恶意代码检查等
	规定恶意代码防范要求，包括防恶意代码软件的授权使用、恶意代码库升级、恶意代码查杀等
	定期验证防范恶意代码攻击的技术措施的有效性
配置管理	记录和保存系统的基本配置信息，包括网络拓扑结构、各个设备安装的软件组件、软件组件的版本和补丁信息、各个设备或软件组件的配置参数等
	将基本配置信息改变纳入系统变更范畴，实施对配置信息改变的控制，并及时更新基本配置信息库
密码管理	使用符合国家密码管理规定的密码技术和产品
变更管理	明确变更需求，变更前根据变更需求制定变更方案，变更方案经过评审、审批后方可实施
	建立变更申报和审批控制程序，依据程序控制系统所有的变更，记录变更实施过程
	建立中止变更并从失败变更中恢复的程序，明确过程控制方法和人员职责

续表

安全控制点	具体安全措施示例
备份与恢复管理	识别需要定期备份的重要业务信息、系统数据及软件系统等
	规定备份信息的备份方式、备份频度、存储介质、保存期等
	根据数据的重要性和数据对系统运行的影响，制定数据的备份策略和恢复策略、备份程序和恢复程序等
安全事件处置	报告所发现的安全弱点和可疑事件
	制定安全事件报告和处置管理制度，明确不同安全事件的报告、处置和响应流程，规定安全事件的现场处理、事件报告和后期恢复的管理职责等
	在安全事件报告和响应处理过程中，分析和鉴定事件原因，收集证据，记录处理过程，总结经验教训
	对造成系统中断和造成信息泄露的重大安全事件采用不同的处理程序和报告程序
应急预案管理	规定统一的应急预案框架，并在此框架下制定不同事件的应急预案，包括启动预案的条件、应急处理流程、系统恢复流程、事后教育和培训等内容
	从人力、设备、技术和财务等方面确保应急预案的执行有足够的资源保障
	定期对系统相关的人员进行应急预案培训，并进行应急预案的演练
	定期对原有的应急预案重新评估，修订完善
外包运维管理	确保外包运维服务商的选择符合国家的有关规定
	与选定的外包运维服务商签订相关的协议，明确约定外包运维的范围、工作内容
	确保选择的外包运维服务商在技术和管理方面均具有按照等级保护要求开展安全运维工作的能力，并将能力要求在签订的协议中明确
	在与外包运维服务商签订的协议中明确所有相关的安全要求，如可能涉及对敏感信息的访问、处理、存储要求，对 IT 基础设施中断服务的应急保障要求等

6.5　基于系统工程的网络空间安全整体防护能力形成

前面论述了网络空间安全技术体系与管理体系通用框架及具体细节，分析了构建网络空间安全防护体系的构成要素，是从"分而治之"的角度来考虑安全防护体系构建，保证了不同安全保护等级的对象具有相适应的安全保护能力。在此基础上，下面将从系统工程的角度，讨论网络空间安全整体防护能力的形成问题。

6.5.1　网络空间安全纵深防御体系的构建

由于安全措施实现方式繁多，安全技术也在飞速发展，分级别保护对象采用的安全措施和技术，并不一定能够保证网络空间安全整体防护能力足以防范相应的安全威胁。因此，需要从整体出发，综合考虑各安全控制点、安全控制点之间以及安全控制层面之间的融合问题。

构建基于纵深防御的安全防护架构，应从技术和管理两个方面采取由点到面的安全措施，在整体上保证各种安全措施的组合从外到内构成纵深防御体系，形成保护对象整体的安全保护能力。安全措施分为技术措施和管理措施两部分，二者关联紧密、不可分割。技术措施与网络空间信息系统提供的技术安全机制有关，主要从物理和环境安全、网络和通信安全、设备和计算安全、应用和数据安全等方面来考虑，通过部署软硬件并正确配置其安全功能来实现。管理措施与各种角色参与的活动有关，并通过控制各种角色的活动，从政策、制度、标准、流程以及记录等方面做出规定来实现。

设计网络空间安全防护体系时，应结合其业务需求，按照一体化设计、安全需求一致、区域边界清晰以及多重保护等原则进行安全域划分，构建基于纵深防御的安全防护架构。其中，一体化设计原则基于系统思想，从系统整体出发，综合考虑各安全域的需求，实现安全域划分；安全需求一致原则旨在保证安全策略的一致性，将面临相同或相似安全风险的资产划分在同一安全域之中；区域边界清晰原则要求设定清晰的安全域边界并明确其安全策略；多重保护原则强调建立相互补充的多重保护机制，一旦某一层保护失效，可通过其他层的保护来补救。通过通信网络、网络边界、局域网内部、各种业务应用平台等各个层次落实所设计的各种安全措施，形成纵深防御体系。

针对不同安全保护等级对象，可提出不同的安全保护能力通用要求，从各层面或方面提出保护对象的各组成部分应该满足的安全要求。技术措施和管理措施从各个层面或方面为网络空间信息系统的各组件提供了满足相应安全要求的能力，安全防护系统的整体安全保护能力依赖于不同组件实现基本安全要求的程度。安全保护对象需要的整体安全保护能力应通过不同组成部分实现安全要求来保证，除了保证系统各组件均需满足安全要求之外，还应该从系统角度出发，同时考虑组成部分之间的相互关系，以保证形成系统的整体安全保护能力。

6.5.2　安全技术与管理措施的协调、互补与融合

网络空间安全整体防御能力的形成，基于各组件满足以安全控制的形式提出的安全通用要求。但是，在特定保护对象中贯彻执行各种安全控制时，各安全控制会在层面内部、层面之间以及功能之间产生关联关系，具体形式有连接、交互、依赖、协调、协同等。因此，应综合考虑各安全控制之间的关联关系，确保各安全控制对保护对象进行共同综合作用时，能够起到互补作用，从而保证形成保护对象的整体安全保护能力。

安全技术层面，物理和环境安全应重点关注防范各种自然灾害和人为物理破坏方面的安全控制措施；网络和通信安全应重点关注网络结构安全、通信传输、边界保护、访问控制、入侵防范、恶意代码防范、安全审计和集中管控等方面的安全控制措施；设备和计算安全应重点关注身份鉴别、访问控制、安全审计、入侵防范、恶意代码防范和资源控制等方面的安全控制措施；应用和数据安全应重点关注身份鉴别、访问控制、安全审计、软件容错、资源控制、数据完整性、数据机密性、备份恢复、剩余信息保护和个人隐私保护等方面的安全控制措施。

安全管理层面，安全策略和管理制度应重点关注安全策略及管理制度体系的完备性和制修订的及时性等方面的安全控制措施；安全管理机构和人员应重点关注机构、岗位设置、人员配备、人员录用、离岗和培训等方面的安全控制措施；安全建设管理应重点关注系统安全保护级别确定与备案、安全方案设计、产品采购与使用、系统的测试验收和交付等方面的安全控制措施；安全运维管理应重点关注设备维护管理、网络与系统安全管理、漏洞和风险管理、恶意代码防范管理、安全事件处置以及应急预案管理等方面的安全控制措施。

首先，要关注安全控制点间的协调问题。如果某安全控制点采取的安全措施难以满足安全要求，就应考察其同一控制点层面内部，是否存在具有补充作用的其他安全控制点，并分析其他措施是否具有与该控制点相似的安全功能。如果存在对安全控制点的"补位"措施，就可以认为该控制点不会影响系统整体安全防护能力的提供。例如，恶意代码防范问题，防病毒软件、采用智能入侵检测系统以及防火墙深度过滤等均可就此安全控制点相互补位，系统整体具备恶意代码防范能力。同理，安全控制各层面之间也会存在类似问题，需要考察不同层面是否存在可供补位的安全机制。例如，网络和通信层面的身份认证与应用和数据层面

的身份认证可以相互补位；物理和环境层面的访问控制与设备和计算层面的访问控制可以相互补位；设备和计算层面的管理措施与应用和数据层面的技术措施可以相互补位等。

在构建网络空间安全技术和管理体系时，要将各部分安全功能要求(例如，加密、访问控制、入侵防范、备份和灾难恢复等)分解到保护对象的各个层面，为避免某个层面安全功能的弱化或缺失导致整体安全能力在此层面削弱，应保证安全功能在各层面保持一致的实现强度。例如，如果要采用强口令机制，则应在所有层面的访问控制上均采用相同强度的口令；如果要进行恶意代码防范，则应在恶意代码活动的所有区域及流程中均采取恶意代码防范措施。

同时，还应构建统一的基础支撑平台。例如，对于高级别保护对象，采用加解密、可信计算等技术，身份认证、数据机密性保证、数字证书、安全通信等大多数安全功能，均需依靠密码技术、可信技术等来实现。因此，可以构建基于密码与可信技术的统一基础支撑平台来支持上述安全功能的实现，并以此来提高整体安全防护能力。

此外，还需要进行逻辑上的集中统一安全管理。安全管理中心就是为了实现对安全监控、安全审计、安全事件以及安全响应的集中统一管理，使得分散于各层面的安全功能可在统一安全策略的指导下实现逻辑上的统一管理，并确保发挥各安全组件的作用。

6.5.3　OODA 循环在网络空间安全攻防对抗中的应用

网络空间是继陆、海、空、天之后的第五维空间，是网络攻防对抗的基础环境。网络空间攻防对抗是指在计算机网络、信息系统等组成的全球信息环境域中进行的各种进攻和防御对抗行动。网络空间攻防对抗综合运用网络攻击、网络利用和动态网络防御等手段，对目标计算机、电信网以及嵌入设备、系统和基础设施中的处理控制器实施对抗行动。网络空间攻防对抗呈现出网络化、快速性等新特征。根据网络空间攻防对抗的概念和特征，网络攻防对抗可以使用 OODA 循环模型。

OODA 是观察(Oberve)、调整(Orient)、决策(Decide)以及行动(Act)的英文缩写，因由美国陆军上校约翰·包以德(1927—1997)提出，故又被称包以德循环。网络安全攻防对抗过程处于动态、复杂环境之中，同时存在着大量的不确定性因素，利用 OODA 模型的循环特性、强时效性、嵌套性等特点，可以实现对抗决策过程各环节的简洁描述。

OODA 模型包含以下四个基本环节。

(1)观察：对网络空间安全环境进行感知或观察，从环境中搜集信息和数据，实时了解网络中发生的事件。既可以采用传统的被动检测方式，包括各种安全检测措施的报警，或者是用户或有关部门的第三方通报，也可以采取更积极的检测方式，积极主动地发现入侵事件。

(2)判断：根据相关的环境信息和其他信息，分析和评估当前的网络安全态势，并进行信息和数据处理，来判断是否为真实攻击、攻击是否成功、对其他资产是否有损害等。

(3)决策：根据网络空间安全环境信息和当前自身的状态制定策略，并选择合适的行动方案，包括安全风险的缓解、清除以及业务和数据的恢复，也可以选择请求第三方支持，必要时可以采取反攻击等对抗措施。

(4)行动：根据决策结果和所选行动方案，实施行动。

OODA 模型较之传统的网络安全模型，更加强调了判断与决策过程，对于目前的高级、复杂、持续性威胁应对来说，非常必要。OODA 模型中，观察、判断与决策三个阶段属于网络空间安全分析范畴。而针对发现的事件如何行动，需要足够的信息并加以综合考虑。

　　同时，为适应不同层次不同类型的需求，还可以采用扩展 OODA、迭代 OODA、模块化 OODA、认知 OODA 等改进型 OODA 模型。

　　网络空间攻防对抗 OODA 模型包含了两个循环：信息流和决策流。信息流处理主要包括采集融合、存储管理、分析评估、表示、共享及应对六个环节。决策流包括 OODA 模型的四个环节，采用网络化信息流形式进行防对抗。观察环节，将各类信息获取装置和传感装置集成起来，并实现信息数据收集和信息融合；判断环节，对采集数据和融合信息进行存储与管理，形成网络态势感知，分析评估攻防对抗效果；决策环节，基于网络态势感知，提供共享感知和机制，向网络节点分发相关数据和决策信息；行动环节，根据前述决策信息，实施行动以应对对方网络攻击、窃取和利用对方信息等。随着时间的推移和循环迭代的推进，防御方获得的信息增多，OODA 模型周期缩小，判断和决策的效率与准确率随之提升，防护效能也随之增强。因此，该模型的应用有利于网络空间安全整体防护能力的形成。

第7章 大型网络信息系统安全保障系统工程实践

网络空间的大型信息系统通常具有结构复杂、规模庞大、地域跨度大、层次众多、数据量大、用户面广、学科交叉等特点，其安全保障体系较一般系统存在诸多不同的功能需求和特性要求。因此，实施网络空间大型信息系统安全保障系统工程，需要应用系统科学思想和系统工程方法。本章将从网络空间的大型信息系统安全保障系统科学与工程实践的角度出发，以人类遗传资源数据管理服务系统安全保障作为实践对象，讲述网络空间大型信息系统安全保障实践。

7.1 人类遗传资源数据管理服务系统安全保障需求

《中华人民共和国网络安全法》确定了医疗卫生领域的信息系统属于国家信息关键基础设施。其中，人类遗传资源数据管理服务系统，相关网络安全事项事关国家主权、国家安全和公众隐私，针对遗传资源服务管理的云平台系统必须按照我国现行网络安全管理要求，构建自主可控的网络安全和隐私保护体系。下面将重点讲述该系统安全保障体系构建的系统工程过程。

7.1.1 人类遗传资源数据管理服务系统概念、架构与平台

1. 人类遗传资源及其数据管理服务

在保障人口健康、维护人口安全、控制重大疾病以及推动医药创新等方面，人类遗传资源是重要的物质基础。人类遗传资源，是指含有人体基因组、基因及其产物的器官、组织、细胞、核酸、核酸制品等资源材料及其产生的信息资料。这种国家重要战略资源，是人类生命科学创新和发展的基础性资源。显然，人类遗传资源数据管理服务系统是典型的医疗卫生领域关键信息系统。

遗传资源数据来源于样本信息系统(BIS)、医院信息系统(HIS)、实验室信息系统(LIS)和医学影像档案与通信系统(PACS)等多个系统，还包括流行病学调查信息及随访信息，样本来源及其数据多样，需要以住院号或者门诊号将各个系统信息关联，将不同系统之间的信息进行有效整合，抽取并建立多维索引，并以分类摘要、具体文档等形式进行多级存储，再通过 Web 页面集成展示遗传资源样本数据信息。人类遗传资源及其数据管理服务可实现人类遗传资源的规范化收集、标准化保存、安全共享使用，通过物联网服务管理云平台集成与应用，实现遗传资源样本和数据的全链条可管、可控和可溯源，可有效解决资源样本实物资源和数据资源的全面、安全、便捷保存与共享问题。

2. 人类遗传资源及其数据管理服务系统与安全保障体系的关系

在人类遗传资源及其数据管理服务系统安全保障总体架构设计中，应将其安全保障体系

视为整个人类遗传资源及其数据管理服务系统的一个有机组成部分，并对该整体信息系统起到支撑作用。在这个过程中，从技术体系角度来说，需要对人类遗传资源及其数据管理服务系统的物理和环境安全、网络和通信安全、设备和计算安全、应用和数据安全等各部分，按照系统科学思想和系统工程方法，统筹考虑，将整个系统的安全保障功能分配给各种安全保障配置项；从管理角度来说，应统筹考虑管理机构、管理制度、管理人员等安全管理保障措施的设计。

3. 人类遗传资源数据管理服务系统架构

人类样本库既要采集、存储和使用生物样品本身，还包含了人类遗传资源的相关信息资料。从某种意义来说，人类遗传资源数据与资源物质本身同等重要，有些时候更为重要。

人类遗传资源数据的数字化，包括遗传资源样本采集、运输、保存、入库等全流程、规范化操作，具有样本空间、样本出入库、样本库存、样本组、样本问卷等管理功能。灵活自主的样本管理流程，不仅可以满足样本库流程化管理需求，也能够适应研究机构的开放式管理。具体的人类遗传资源数据管理服务系统架构如图 7.1 所示。

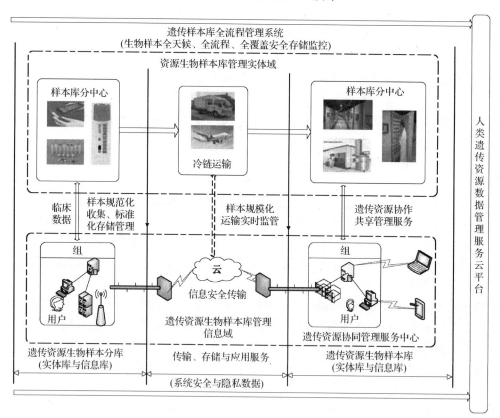

图 7.1 人类遗传资源数据管理服务系统架构示意图

人类遗传资源数据管理服务系统包含遗传资源数据管理实体域和信息域两部分。实体域与数据域一起，共同构成了人类遗传资源数据管理服务系统，并通过人类遗传资源数据管理服务云平台来实现样本及数据传输、存储与应用服务管理。

通过采用标准统一的信息元素数据标准，解决生物资源样本及数据库管理的各类数据标准、编码规范、信息系统功能框架和规范，通过利用数据规范和云平台架构，构建网络化、一站式遗传资源样本管理系统，以实现各个机构原有遗传资源数据的融合，使得不同区域存储的、不同来源的遗传资源质量控制体系、数据标准统一，按照"信息化支撑，标准化引领，实体库分散，立体化防护，云平台集成，第三方服务，综合化应用"的总原则，最终实现面向科研、转化与临床的遗传资源库建设和利用模式。

4. 人类遗传资源数据管理服务云平台

人类遗传资源数据管理服务系统负责遗传资源样本及数据采集、存储及运输(传输)的管理，管理对象包括各类遗传资源，涉及各样本分库实验设备、超低温冰箱、耗材、网络、服务器等硬件基础设施，以及相应配套的软件系统、云平台系统，用以支撑日常运营服务体系和标准化体系要求，实现临床常规检查、流行病调查以及第三方检验等多源样本的规范化收集、标准化存储、规模化运输以及相关数据同步安全传输和综合利用。

遗传资源服务管理云平台总体架构如图 7.2 所示。

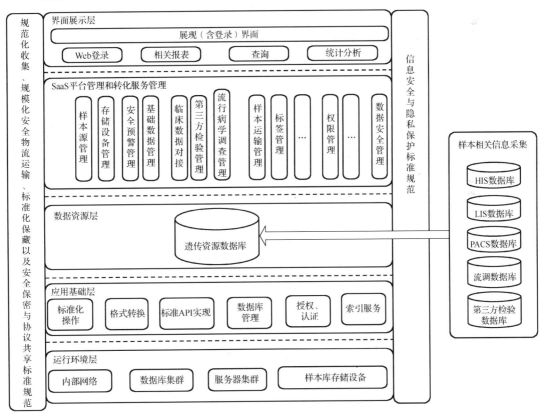

图 7.2　遗传资源服务管理云平台总体架构示意图

7.1.2　人类遗传资源数据管理服务系统安全需求获取

通过人类遗传资源数据管理服务系统概念、架构与平台可以看出，人类遗传资源的应用既包括"遗传物质材料"本身,更包括其"信息数据"。 然而,人类遗传信息数据不同于一般的生物医学数据和医疗卫生数据,人类遗传数据更具有特殊重要价值,不仅需要进行常规的安全保护,更涉及人类遗传资源提供者的隐私权保护和基因安全等安全议题,而人类遗传信息被恶意利用(如进行基因加工、制造基因武器等),则会严重危害人类健康,甚至会给人类带来灾难。如何在遗传物质安全自主可控、数据共享、安全保密和隐私保护的不同需求之间实现平衡,合理协调遗传数据开放共享、安全保密和隐私保护的关系,成为人类遗传资源和健康大数据平台领域不容回避的重大现实问题。

1. 人类遗传资源数据管理服务系统的定义与识别

首先定义与识别人类遗传资源数据管理服务系统的网络及设备部署,包括物理环境、网络拓扑结构和硬件设备的部署,明确信息系统的边界。表 7.1 给出了人类遗传资源数据管理服务系统的总体描述示意,包括系统概述、系统边界描述、网络拓扑、设备部署、支撑的业务应用的种类和特性、处理的信息资产、用户的范围和用户类型、管理框架等。

表 7.1　人类遗传资源数据管理服务系统的总体描述示意表

总体描述项	内容
系统概述	人类遗传资源数据管理服务系统负责遗传资源样本及数据采集、存储及运输(传输)管理,管理对象包括各类遗传资源,涉及各样本分库实验设备、超低温冰箱、耗材、网络、服务器等硬件基础设施,以及相应配套的软件系统、云平台系统,用以支撑日常运营服务体系和标准化体系要求,实现临床常规检查、流行病调查以及第三方检验等多源样本的规范化收集、标准化存储、规模化运输以及相关数据同步安全传输和综合利用
系统边界	管理云平台、样本分库、样本中心库、样本运输系统、样本数据传输系统
网络拓扑	管理云平台采用私有云方式,数据传输租用公有云,样本分库采用样本分中心局域网,样本运输系统数据传输租用公用信道
设备部署	样本采集及临时存储(超低温冰箱等)设备部署于样本分中心,总中心部署有样本最终储存设备,总中心私有云部署管理云平台(含应用服务器、数据库服务器、安全设备等),样本冷链运输系统部署有温控装置、定位装置、数据发送装置等
支撑的业务应用的种类和特性	样本采集、临时存储和监管业务应用:需要和 LIS\HIS\PACS 等系统对接
	样本运输管理业务应用:数据传输需要和移动通信网络对接;数据管理、异常告警等需要和管理云平台对接
	样本入中心库存储业务应用:需要和管理云平台对接
	样本数据上传系统:需要和公有云传输系统对接
	管理云平台:需要保护数据安全和隐私、需要备份
	大数据应用系统:需要保护数据安全、实现隐私保护
信息资产	主要是样本数据信息
用户的范围和用户类型	分中心系统用户
	运输系统用户
	云平台管理用户
	大数据转化用户:科研目的
管理框架	标准规范:三级等级保护、医卫行业标准;机构:安全管理部门等

人类遗传资源数据管理服务系统属于大型信息系统,可细分为样本采集、临时存储和监管业务应用、样本运输管理业务应用、样本入中心库存储业务应用、样本数据上传系统、管理云平台等子系统。

由于国家对人类遗传资源的特殊监管要求,其服务管理云计算平台主要选用私有云方式

(图 7.3)进行信息处理,结合公用云方式进行信息传输,将云计算大数据处理优势和传统数据中心可控、可信、可靠和安全的优势融为一体。云计算平台分硬件和软件两部分:硬件部分主要包括服务器、存储、网络等,软件部分包括虚拟化套件、私有云套件及安全软件。此外,还需配置基础设施云运行维护管理平台。

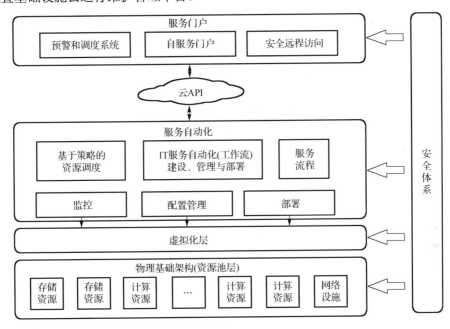

图 7.3　遗传资源服务管理私有云架构

2. 人类遗传资源数据管理服务系统的业务和资产分析、定义与识别

人类遗传资源数据管理服务系统的业务采用物联网和云计算技术,面向遗传资源服务管理业务全流程业务管理,构建覆盖所有采样样本库的样本数据管理架构。通过对遗传资源复杂、异构数据的标准化表达、组织与存储,实现多源、多维度数据的综合集成与融合;采用二维码、RFID 标签、北斗定位系统等物联网技术实现遗传资源样本及储存/运输装置的标识、定位和监控,完成临床常规检查、流行病调查以及第三方检验等不同来源样本的规范化收集、标准化存储、规模化运输以及相关数据同步安全传输;通过私有云与公有云相结合的云计算机制,支撑遗传资源服务管理业务全流程管理,完成信息异构、异质、异地动态集成、交换与协同共享,实现系统全部遗传资源样本数据的高效、便捷的互联互通、信息共享、智慧管理与应用。

基于云计算模式的遗传资源服务管理平台,围绕样本的全生命周期管理体系,实现样本采集、注册、接收、可用、归档、销毁全生命周期管理,通过基于物联网(一维码、二维码、温度传感器网络、RFID、北斗定位系统、激光扫描器、短距无线自组织网络等装置)的冷链安全监控系统,进行样本生命周期内的安全温度管理,实现样本的采集、传输、存储安全。通过物理和信息监控管理体系,保障遗传资源样本和电子病历的全链条可管、可控和可溯源。

7.2　人类遗传资源数据管理服务系统安全保障技术体系设计与实施

以安全的角度视之，各类安全防护技术手段是为安全目的而服务的，需要基于可靠的安全域模型进行高效的技术体系防护。无论安全域的边界状态还是各安全域内部可能存在的安全问题，均会对人类遗传资源数据管理服务系统安全保障体系实现的最终效果产生重要影响。因此，网络安全保障技术体系的建设必然是分步设计并逐步实施的过程。网络安全保障技术体系需要利用各种安全技术、产品与工具，作为安全管理和运行的重要手段，支撑网络安全保障体系的建设，涉及物理和环境、网络和通信、设备和计算、应用和数据等方面，主要由身份认证、访问控制、内容安全、监控审计以及备份恢复等技术组成。

7.2.1　人类遗传资源数据管理服务系统安全域划分及边界确定

安全域需要根据信息性质、使用主体、安全目标和策略等的不同来划分，是具有相近的安全属性需求的网络实体的集合。安全域划分的要素包括性能、可管理和结构优化。为了实现分层次的安全体系设计与实施以及安全技术规范的统一，应依据人类遗传资源数据管理服务系统业务及管理所涉的各种信息的关键性及其敏感程度，合理确定各种网络应用的安全级别，划定各类安全域，进而构建一整套网络安全保障体系。

人类遗传资源数据管理服务系统安全域划分如下：①互联网接入域，是整个网络系统互联网接入的出口；②互联网域，即管理服务系统外网所在的区域，主要用于互联网访问；③管理服务系统管理域，即管理服务系统内网，系统管理和应用人员日常所在安全区域，资源管理服务内网中包括办公自动化(Office Automation，OA)、财务等业务系统；④资源数据存储系统域，指资源数据存储所在的安全区域。人类遗传资源数据管理服务系统各安全域的边界包括：①互联网接入域与互联网域的边界；②互联网域与资源管理服务域的边界；③资源管理服务域与资源存储域的边界等。

7.2.2　物理和环境安全体系设计与实施

物理和环境安全策略的目的是保证网络空间中的信息系统具有良好的电磁兼容等外部环境，并防止非法用户进入机房和各种偷窃、破坏活动的发生。下面以机房和设备与介质管理为例介绍。

机房选址的建筑应具有防震、防风和防雨等能力，非建筑物的高层或地下室，上层及隔壁无用水设备。机房出入口有专人值守，配置电子门禁系统，控制、鉴别和记录进入的人员。需进入机房的来访人员必须经过申请和审批流程，而且其活动范围受限制和监控。对机房划分区域进行管理，区域和区域之间具有物理隔离装置，在数据库存储区有过渡区域。机房安装防静电活动地板，并对设备安装位置进行合理规划，安装、维护及操作具有足够的空间。房间装修使用阻燃材料，耐火等级符合国家相关标准规定。机房安装防雷和接地线，设置防雷保安器，防雷接地和机房接地分别安装，且相隔一定的距离；机房具有火灾自动消防系统，可自动检测火情、自动报警，并自动灭火；机房及相关的工作房间和辅助房采用具有耐火等级的建筑材料，并采取区域隔离防火措施。机房空调系统可保持房间恒湿、恒温的工作环境。机房供电线路上具有稳压器、过电压防护设备和UPS设备，电源线和通信线缆隔离铺设，关键设备和磁介质具有电磁屏蔽措施。

设备与介质管理方面，采取区域监控、机房防盗报警等措施，辅以严格的出入管理制度和环境监控制度。对介质进行分类标识，并分别存储在介质库或档案室中。

7.2.3　网络和通信安全体系设计与实施

1. 基础网络安全设计与实施

基础网络安全设计与实施主要是为了使整个网络的资源分布和架构合理，主要内容是网络结构安全和网络设备防护。网络结构安全包括带宽保障、设备冗余等方面；网络设备防护包括网络设备安全审计与网络设备自身安全等。

人类遗传资源数据管理服务系统选用主要网络设备时，考虑了业务处理能力的峰值流量，提供冗余空间以满足业务高峰期所需；网络各部分带宽可保证接入网络和核心网络满足业务高峰期所需；根据业务系统服务的重要次序，带宽分配优先级从大到小分别为信息数据入库、冷链运输监控、系统平台管理以及其他业务；并在业务终端与业务服务器之间建立了安全路径。遗传数据存储系统不与外部系统直接连接，而是单独划分区域，与其他网段隔离。

网络设备防护采取加固措施，具体为对登录网络设备的用户进行唯一身份鉴别，限制网络设备的管理员登录地址；身份鉴别口令设置为 3 种以上字符、长度不少于 8 位，并定期更换；登录失败后能够结束会话、限制非法登录次数、登录连接超时自动退出。采用建立在应用层和传输层基础上的安全协议(SSH)方式来加密管理数据。

2. 边界安全设计与实施

在网络边界设置和安装相关的安全设备，对外部的访问进行过滤和控制，对内部向外传输的数据信息进行安全检查，重在边界安全保护和入侵防范。

1)互联网接入域边界安全设计与实施

在互联网边界采用双出口，部署两台链路负载均衡设备，在两条双出口链路之间实现负载均衡。出口分别部署两台高性能硬件防火墙、两台入侵检测系统，并配置网络地址转换功能。通过两台上网行为管理设备，对用户的上网行为进行审计和流量控制。所有安全设备均部署为主备模式，通过心跳线实时同步会话信息，保证网络链路切换时业务不中断。

2)互联网域与资源管理服务域边界安全设计与实施

在互联网域与资源管理服务域之间部署数据安全交换区，数据交换区由 UTM、防火墙、交换机、数据交换网闸、服务器、负载均衡、磁盘阵列、代理服务器等设备构成。部署数据安全交换区，可阻断互联网域和资源管理服务域之间的网络直接连接，从互联网域到资源管理服务域的数据需要在安全交换区内落地存储，进行病毒和恶意代码查杀后，方可传输至资源管理服务域。

3)资源管理服务域与资源存储域边界安全设计与实施

在资源管理服务域和资源存储域安全边界之间，采用主备方式部署两台硬件高性能防火墙，配置安全策略以严控两个区域之间的数据通信。

3. 身份鉴别设计与实施

身份鉴别由用户标识和用户鉴别两部分组成。人类遗传资源数据管理服务系统中采用的身份鉴别技术有口令鉴别、生物特征识别技术和数字证书等。口令采用易用的键盘口令，由用户在登录时输入，口令长度设置为 8 位，其中包含大小写字母和数字，且限定每月定期更换。同时，采用指纹、人脸等实现生物特征识别。对于系统管理员等高级权限拥有者，使用数字证书来验证身份。

4. 访问控制设计与实施

根据存储的数据信息的不同安全等级要求，分别采取自主访问控制和强制访问控制。对于系统管理和权限管理系统，采用强制访问控制。非接口类的服务器(如域控服务器等)登录应用时通过统一身份认证系统进行集中的用户管理和授权管理，账号信息集中存储在轻量目录访问协议(LDAP)服务器中，通过统一身份认证系统门户进行单点登录。视频监控等业务系统和专业设备，登录系统后长期开机，通过系统管理员进行自主访问控制，以兼顾效率和使用的方便性。

5. 网络安全审计设计与实施

网络安全审计涉及日志和审计两方面。日志是安全事件及行为的记录，审计则是对日志的分析。对各交换机(核心交换机、汇聚交换机和部分接入交换机)运行情况、用户行为等重要事件进行安全审计，具体包括：网络设备或者板卡等设备、网络设备端口等启/停的日志；媒体访问控制(Media Access Controll，MAC)地址冲突的日志、用户账户的登录和变更、设备或路由的配置更改等。

将审计记录通过 SNMP、Syslog 或专用接口等方式发送到安全管理中心进行集中管理，以便于安全事件的管理及追溯。使用 SNMP Trap 机制进行日志数据采集，配置 SNMP Trap 的发送地址，目的端口设置为 UDP 162。Syslog 使用 UDP 514 端口，配置日志服务器的 IP 地址，将日志数据自动发送至日志审计系统并写到日志文件中。

7.2.4　设备和计算安全体系设计与实施

设备和计算安全体系设计与实施方面，主要考虑终端安全、恶意代码防范、计算环境安全、主机安全审计。有关云平台计算安全问题，下文专题讨论。

1. 终端安全设计与实施

终端安全管理系统设计分为服务和进程管理、文件操作管理、远程计算机管理、补丁分发、外设及端口控制等。终端禁用系统的外设和接口，外部存储设备禁止使用通用移动存储设备，但允许使用经过认证的移动存储设备。终端安全管理系统禁用光驱、磁带机、闪存设备(U 盘等)、移动硬盘等存储设备，同时禁用串口和并口、小型计算机系统接口(SCSI)、蓝牙、红外线设备、打印机、调制解调器、USB 接口等。同时将所有移动存储设备设置为只读状态，不允许用户修改或者写入。

2. 恶意代码防范设计

在业务系统内部部署网络版防病毒系统，内部主机均安装防病毒软件，提供多层安全防护能力。防范措施有：防病毒、防木马/间谍软件、防火墙、入侵防护、操作系统保护、前瞻性的主动威胁防护、恶意代码自动修复、底层 Rootkit 检测和清除、防蠕虫攻击、邮件病毒查杀、未知恶意威胁防范等。检出的恶意代码，采用清除、隔离、自动排除、威胁跟踪等方式来处理。

3. 计算环境安全设计与实施

对数据管理服务计算环境中的主机操作系统和数据库等系统软件、应用层通用程序以及定制开发的独立应用程序实施安全保护。建立相应的安全机制，解决进程控制、内存保护、对资源的访问控制、信息流的安全控制、I/O 设备的安全管理机制、审计机制，以及用户标识与鉴别机制等。操作系统采用 MAC 机制，并对主体和客体进行安全标识，实施标识管理，以达到标记安全保护级别的要求。

4. 主机安全审计设计与实施

在接口服务器、应用服务器、数据库服务器以及重要终端上，开启安全审计策略，并在服务器和终端上采用部署 Agent、Windows 管理规范(WMI)采集(Windows 服务器)或 Syslog(UNIX/Linux 类服务器)等方式，统一采集安全审计日志，并发送到安全管理中心进行集中分析与管理。

主机安全审计内容包括：用户创建、登录、注销等重要行为；特权使用、文件权限更改等系统资源的异常使用情况；文件传输协议(File Transfer Protocol，FTP)、Telnet 等重要系统命令的使用情况。审计记录包括事件的日期、时间、类型、用户名、终端 IP 地址、访问对象和结果等，通过 SNMP、Syslog 或专用接口等方式发送到综合审计平台进行审计集中管理，并保存 90 天以上。

7.2.5　应用和数据安全体系设计与实施

1. 应用安全设计与实施

对于新建的资源数据管理服务业务系统，对其提出安全要求——《资源数据管理服务业务系统开发安全规范》，重点强调应用系统对资源的控制、通信完整性保护和软件容错。对于外购软件或既有软件，采取软件改造和升级的方式进行安全加固。

资源控制对象为 CPU、内存、外存、外设、信息(包括程序与数据)、通信线路、带宽资源等，资源控制重点是工作优先级和防止对系统资源的垄断。配置连接超时限制，同时限制应用系统的最大并发会话连接数、最大并发连接速率以及单个账户的多重并发会话数，保证当前用户或进程可用。禁止同一用户能够同时多点或多次登录，以防范 DoS 攻击。限制并监控系统应用软件对访问账户或请求进程的最大和最小分配资源以及系统服务，设定服务优先级，优先保证级别高的服务可用。

系统应用软件的通信双方采用 Hash 函数、非对称加密算法来保证数据的完整性，特别是身份鉴别信息在传输过程中采用高强度加密技术。

系统应用软件考虑应用程序对错误(故障)的检测、处理能力。对数据的有效性进行验证，验证通过人机接口或通信接口输入的数据格式或长度是否符合系统设定要求。系统应用软件在发生故障时采用保存故障点的状态信息方式，以保护当前状态。

应用程序的保护通过应用程序评估和测试两方面来考虑。评估应用软件功能是否违背安全管理策略，测试其中的不安全因素，以发现和排除程序中的安全隐患。

2. 数据安全设计与实施

人类遗传资源数据的安全保障体系，综合考虑了数据产生、传输、存储、分发、共享、应用以及销毁等全生命周期中的安全保护因素，以防范数据遭受泄露、篡改、破坏等。具体的数据安全和隐私保护方法包括数据库安全措施、密码保护措施、外部研究者仅可获取不含个人信息的样本和数据等。

1) 数据库安全设计与实施

系统选用 SQL Server 数据库系统，具备较完善的安全性、完整性、并发控制、备份恢复和安全审计机制及较高的安全保护能力。针对敏感数据泄露、越权访问及操作、调用存在缓冲区溢出漏洞的函数导致服务崩溃等数据库自身安全漏洞，通过采取漏洞扫描打补丁等常规漏洞防护技术来进行加固。

2) 数据存储安全设计与实施

针对人类遗传资源数据管理服务系统中的数据存储安全问题，制定数据存储安全策略，采用遗传资源数据可伸缩存储架构、遗传资源数据加密存储及密钥管理、遗传资源数据逻辑存储环境、遗传资源数据云存储安全、数据备份与数据归档、遗传资源数据新鲜性与时效性控制等手段和措施。

3) 数据传输安全设计与实施

遗传资源数据传输时，在传输两端进行主体身份鉴别和认证、传输数据加密、传输链路节点身份鉴别和认证方面的安全控制。传输协议采用 HTTPS、SSL/TLS，支持 IPSec 实现远程通道的安全加密，并对 IPv4 协议与 IPv6 协议具有兼容性。各传输节点、传输链路、传输端到端的加密过程选用 AES 等对称加密和 RSA 等公钥加密算法。通过哈希或 MD 算法的数字签名方式来保护数据传输的完整性。

4) 数据交换安全设计与实施

采用网闸和物理隔离技术实现数据传输、页面浏览、数据库同步、文件及邮件发送等数据交换功能。对数据进行分类分级，制定并实施需导入/导出数据的安全策略，包括访问控制、一致性保证、审计与日志管理等策略。规定导出数据介质的命名规则、标识属性等标识，定期对导出数据的完整性与可用性进行验证。对数据导入/导出终端设备或软件、用户或服务组件应实行访问控制，使用用户名/口令和短信验证双因素认证方法来鉴别数据导入/导出操作人员的身份。安全级别要求高的用户及权限数据、隐私数据采用加密导入/导出操作。数据导入/导出通道进行冗余备份，监控导入/导出接口的流量过载，及时有效地清除数据导出通道的缓存数据，并对数据导入/导出进行日志管理与审计。

5) 数据使用安全设计与实施

基于最小特权、用所必需及责权分离等原则，对数据用户访问进行访问控制和权限管理，建立相应粒度或者强度的数据访问控制机制。对病案号等重要样本数据进行列级别的细粒度访问控制，预设各权限有效期。所有用户均实现唯一标识身份，访问关键、重要、敏感的数据服务时，采用可信数字证书、生物识别等多因素身份认证，对数据滥用进行有效识别、监控、预警和补救，并对数据操作日志进行高效、完整且可信的记录，具备对违规使用者进行事后识别与追责的能力。

6) 数据备份和灾难恢复设计

本系统制定了完整的灾难备份及恢复方案，包括备份硬件、备份软件、备份制度和灾难恢复计划等内容。数据采用 SQL Server 关系型数据库来存储，支持备份数据定义、在线索引、数据分类与分级存储管理，数据备份策略采用完全备份、增量备份和差分备份方式实现全自动备份。

对使用频率很低的历史数据进行归档处理，将该数据从运行平台中迁出，转至安全可靠且成本较低的单独存储空间长期保存，腾出空间供主存储使用，并与日常备份窗口不产生交叉，既保证了安全，又释放了占用的实时系统资源，可提高实时系统的运行性能与 QoS 性能。

备份与归档均为数据存储的应用形式，备份的目的在于快速复制及恢复数据，以处理故障、操作失误或灾难带来的影响，而归档的目的则是有效管理、保存、审计及长期访问、检索与分析数据。例如，针对非结构化数据可以通过数据归档技术去重压缩，供后续分析应用。

3. 应用与数据安全审计设计与实施

对所有用户的用户登录、重要业务操作、系统异常事件等进行审计，并提供对审计进程或功能的保护，不允许非授权用户中断审计进程或关闭审计功能。对审计记录进行保护，防止非授权删除、修改或覆盖审计记录。

数据审计主要牵涉到对数据库的审计，内容包括重要用户行为、系统资源的异常使用和重要系统命令的使用等重要安全相关事件。采用的数据库审计系统包括权限管理、操作识别、响应预警、定制化展现、产品部署等功能。

7.2.6　数据共享安全与隐私保护设计与实施

由于遗传资源数据具有特殊重要价值，采用身份验证与权限管理、数据传输安全、数据共享安全、数据隐私保护等技术来构建网络安全与隐私保护体系。

1. 身份验证与权限管理设计与实施

遗传资源服务管理平台用户的身份验证（认证）是信息交换的基础。身份泛指一切参与样本库管理系统的实体，包括人、计算机、设备以及应用程序等。确认了有效的用户身份后，才能保证样本信息在存储、使用和传输过程中的网络安全。为了满足遗传资源服务管理平台不同角色对系统的操作，同时保证系统的安全性，需对不同的角色用户分配不同的操作权限。管理员用户主要对用户进行权限管理。用户密码设置与更改以及查看系统相关操作记录等；普通用户负责样本信息获取请求、基础数据的管理、信息追溯、质量问题分析以及统计分析等；维护人员负责配置，即在客户端进行安装部署时或日常运行维护时，提供配置工具对配置项进行设置。

2. 数据传输安全设计与实施

遗传资源服务管理。平台数据传输采用加密算法和 HTTPS 安全传输协议。考虑身份认证和数据加密的需要，医疗数据的传输采用基于 CA（Certificate Authority）的非对称加密算法（如 RSA 算法等）。

3. 数据共享安全设计与实施

平台中的数据与用户信息需要从平台中输出或与第三方应用共享。数据共享是由业务系统及相关产品为外部客户提供数据或与第三方合作伙伴交换数据。要求数据使用相关各方制定并遵循数据共享所涉的数据类型、格式、内容以及共享场景等相关规范，并使之满足数据共享安全策略的要求。共享数据传输使用加密、建立安全通道等手段来保护安全性。

4. 数据隐私保护设计与实施

人类遗传资源数据具有特殊重要价值，需要确定敏感数据、脱敏规则并分析使用环境。该数据使用环境通常为生产环境或研发、测试验证、服务外包、数据分析等非生产环境。在数据共享时保护隐私，需要采用数据匿名化技术、数据扰乱技术、数据加密技术、访问控制技术等。

数据脱敏具体可采用数据失真法、数据加密法以及限制发布法来实现。对于不同的数据或字段，分别采用加密、替换、重排、截断、掩码、空值插入、数值变换或日期偏移取整等方法。对于统计分析使用环境来说，可采用数据失真法，对数据加噪使之失真，但同时保持所需数据或其数据属性不变，仍符合满足科研分析所需的统计分布规律。数据加密法采用加密机制，具体方法有安全多方计算、分布式匿名等。发布数据选用限制发布法脱敏，不发布或发布精度较低的数据部分，即将数据匿名化，以管控敏感数据及隐私披露风险，具体采用K-匿名模型、L-多样性(L-Diversity)与t-接近等算法。

7.2.7　云支撑平台安全防护功能设计

1. 系统加固设计与实施

对操作系统进行加固，通过操作系统裁剪，仅安装满足业务需求的"最小操作系统"，并加强安全配置。对数据库进行加固，将操作系统和数据库程序数据文件安装于不同的文件分区；数据库程序和文件安装于非系统卷上；仅安装业务所需的组件，不安装升级工具、开发工具、代码示例等不必要组件；对客户端计算机连接数据库服务器所用协议(TCP/IP)范围进行限制，并确保这些协议的安全性；对客户端计算机连接数据库服务器所用特定端口进行限制，不使用默认端口。

2. 网络安全设计与实施

采取安全域隔离与安全防护措施，提供统一的防火墙配置策略，将防火墙规则应用于虚拟机。在云计算系统中部署防病毒服务器，部署基于虚拟化的防病毒软件；对虚拟机采取隔离措施，防止虚拟机间恶性攻击。进行异常流量清洗和僵尸网络监测，隐藏资源管理服务；使用内部入侵检测；采取端到端虚拟局域网(Virtual Local Area Network，VLAN)隔离措施，实现管理、业务和存储三个平面的数据隔离，避免各个平面之间的相互影响。通过资源管理平台与网络设备集成，实现基于硬件的负载均衡管理，将访问请求分担到多台虚拟机或物理机上，提高系统的业务处理能力。

3. 虚拟化安全设计与实施

对同一物理机上的不同虚拟机之间的资源进行隔离，包括 CPU、内存、内部网络隔离、磁盘 I/O 等；采用访问控制模块（ACM）进行安全控制；预防虚拟机的地址欺骗和恶意嗅探；通过软件虚拟防火墙提供可供灵活设置策略的安全组。

7.2.8　安全管理中心设计与部署

采用安全管理中心，制定整体安全策略，并强制"计算环境"、"区域边界"和"网络通信防护"等执行统一的安全策略，实现管辖系统内所有的网络设备、安全设备、主机设备和应用系统的运行状态、安全事件的集中管理和监控，统一展现各安全域的安全风险变化。为了保证相对独立的分中心、综合业务域之间尽量减少不必要的数据通信，各规划一个安全管理中心，分别实现系统管理、安全管理、审计管理等功能。

遗传资源数据管理服务域的安全管理中心，包括建立统一身份认证系统和统一的安全管理平台。通过相关流程和系统设计，与系统的安全组织、安全制度、流程相配合，建立和维护完整的网络安全保障体系，实现动态、系统化、制度化网络安全管理。

1. 统一身份认证系统设计与实施

通过统一身份认证系统来提供统一的基础安全服务技术架构，在资源管理服务系统的各异构子系统中实现集中的单点登录、身份认证与管理、统一授权、集中审计等。表 7.2 为资源管理服务系统的统一身份认证系统架构说明。

2. 安全管理平台系统设计与实施

安全管理平台由自身系统支撑、安全信息采集、安全信息分析、安全事件响应处置、安全信息展示等部分组成。通过该平台，可实现对安全机制及安全信息进行集中监视与管理，部署安全策略并保证其执行，为网络安全保障管理体系的实施、检查和处置过程提供自动化支持。

表 7.2　资源管理服务系统的统一身份认证系统架构说明

模块	功能分类	具体实现说明
单点登录	C/S 模式应用系统单点登录	安装统一身份认证客户端，实现 C/S 系统单点登录。通过系统配置，用户输入一次用户名/密码即可实现对全部被授权的 C/S 架构的应用系统资源访问
	B/S 模式应用系统单点登录	采用透明转发技术，仅需登录一次浏览器界面，即可通过单点登录系统访问后台被管理设备
	与 Windows 域结合的单点登录	与 Windows 域整合，不需要另行维护用户信息，即可实现与活动目录（AD）域之间的单点登录
身份认证与管理	多种身份认证方式	采用基于 PKI 技术的增强身份认证方式，支持数字证书认证，并可使用软证书或 U 盾等多种身份认证方式。支持第三方 CA 认证机构颁发的数字证书。同时支持静态密码认证、动态密码认证、短信认证等
	统一用户身份认证	采用 LDAP 构建统一用户信息数据库，以树状层次结构来实现对服务、组织、人员、组、策略以及其他资源集中、分层、分组存储与管理，并为新建系统提供开发接口
	统一用户身份管理	对用户账号实施同步管理，将其身份信息与密码同步到各系统的数据库中，在一个平台上统一管理用户在各个系统中的账号和密码

续表

模块	功能分类	具体实现说明
统一授权	访问资源管理	在统一身份认证系统上注册、描述并管理系统所有需要保护的应用系统。列明各应用系统下用户情况，并对所有用户统一授权。采用基于角色的授权机制，并为用户绑定角色，为不同角色分配不同的应用系统，授权后，在单点登录平台上将只会显示其有权访问的系统
	访问策略管理	为不同角色定制不同的访问策略，针对不同类型的用户提供简单和高级策略管理两种模式
	分级授权管理	对用户进行分级管理，设定不同级别的系统管理员，本级的管理员只能管理本级的用户，并为用户分配权限
集中审计	统一审计与监控	提供对用户访问应用系统的统一审计功能，审计内容包括管理员对统一身份认证系统的管理行为、业务用户的访问行为和系统的运行情况，并提供可追查机制，提供统一监控平台
	查询统计与可视化	可按异常事件或一般事件组合查询。实现审计信息的分析统计，以图表展现

安全管理平台接口方面，交换机、防火墙、IDS/IPS、漏洞扫描、交换网闸、Linux 主机多采用 Syslog 方式，Windows 主机采取 WMI 或 Agent 方式，而网络版防病毒和终端安全管理则采取读取数据库的方式。

为支持与应用系统的整合，统一身份认证系统提供登录、认证、账号/角色以及审计等 4 类接口。各接口信息传递采用 XML 格式和 SSL 传输方式。

用户数据保存在 LDAP 中，各接口信息传递采用 XML 格式和 SAML（Security Assertion Markup Language，安全断言标记语言：一种基于 XML 的开源标准数据格式规范，用于交换身份验证和授权数据）传输。数据库中支持密码加密或 MD5 运算。

7.2.9　安全设备和产品选型与部署

1. 安全设备和产品选型原则与要求

根据人类遗传资源数据管理服务系统的安全现状和业务特点，按照国家有关法律法规和标准要求，实现网络安全产品选型。根据《中华人民共和国网络安全法》的原则精神和网络安全等级保护系列标准，所选安全产品应具有公安部颁发的信息安全产品销售许可证、国家信息安全产品认证等资质。同时，还应考虑国内网络安全等级标准、漏洞标准以及国际 CVE、ISO 13335、ISO 15408、ISO 17799 等标准。所选安全产品要求具有良好的兼容性，以满足日常维护、升级、设备联动等易用性需求。

2. 安全域中的安全产品类别及其主要参数配置项目要求

为达到等级保护的相关要求，需要从基础网络、主机、终端、数据等方面综合实施安全保障，以安全防护与业务系统相结合，合理选择安全域中的安全产品类别及其主要参数配置项要求。表 7.3 择要给出了系统所涉产品和参数配置情况。

表 7.3　安全域中的安全产品类别及其主要参数配置项要求示意

安全域	安全产品类别		主要参数配置项要求
互联网接入域	边界安全系统	链路负载	最大吞吐量
		入侵防护系统	整机吞吐量；最大检测率，最大并发连接速率，每秒新建连接速率
		防火墙系统	防火墙单向吞吐量、双向吞吐量；新建连接速率，最大并发连接速率
		上网行为审计和流量控制	整机吞吐量；最大并发连接速率，每秒四层和七层新建连接速率，支持旁路，支持实时监控、用户管理、应用管理、网页管理、流量控制

续表

安全域	安全产品类别		主要参数配置项要求
互联网域	边界安全系统	入侵检测	整机吞吐量，最大检测率，最大并发连接速率，每秒新建连接速率
	主机安全系统	终端安全管理系统	基于终端的安全管理，具备 802.1X 准入控制、资产管理、补丁管理、软件分发、外设管理等
数据交换区	边界安全系统	防火墙系统	防火墙单向吞吐量，双向吞吐量；新建连接速率，最大并发连接速率；独立 HA 口和管理口
		负载均衡	整机吞吐量；最大并发连接速率；每秒四层和七层新建连接速率；电口；支持全局负载均衡、多链路负载均衡、服务器负载均衡
		数据交互网闸	吞吐量；内部交换带宽，延时
资源管理服务域	边界安全系统	入侵检测	整机吞吐量；最大检测率，最大并发连接速率，每秒新建连接速率
	安全审计系统	日志审计子系统	平均处理能力(每秒日志解析能力，EPS)，峰值处理能力(EPS)
		运维审计系统	并发用户
		数据库审计子系统	峰值处理能力(条 SQL 语句/秒)
	主机安全系统	终端安全管理系统	基于终端的安全管理，具备 802.1X 准入控制、资产管理、补丁管理、软件分发、外设管理等
资源存储域	主机安全系统	服务器安全管理系统	基于标记的强制访问控制，具备身份认证、执行程序控制、文件访问控制、移动介质控制、网络访问控制和自身安全管理功能
		终端安全管理系统	基于终端的安全管理，具备 802.1X 准入控制、资产管理、补丁管理、软件分发、外设管理等
安全管理中心	统一身份认证系统	统一身份认证系统	账号管理、认证管理、管理控制台、组态报表等模块；单点登录模块；授权管理模块；审计管理模块；身份同步模块
		数字证书系统	CA、RA、KM、LDAP 等功能，U 盾，身份认证网关
	安全管理平台	安全管理中心系统	基本模块包括：资产管理、日志采集、事件管理、关联分析、告警管理、审计管理、报表管理等
		网络管理子系统	风险管理模块：风险管理、预警管理模块
		风险管理子系统	网络管理模块：网络管理、监控管理、拓扑管理模块
		综合审计子系统	合规性管理模块：等级保护定级、备份、差距分析等功能
		定制开发服务	根据人类遗传资源数据管理服务流程定制开发风险管理流程、威胁展示及统一报表等功能
	漏洞扫描	漏洞扫描系统	对各种网络主机、操作系统、网络设备(如交换机、路由器、防火墙等)以及应用系统的识别和漏洞扫描
其他设备	网络设备	千兆交换机	包转发能力
		分路器	接口数；设备吞吐量
		磁盘阵列	双控磁盘阵列，RAID X 模式，存储容量

7.3　人类遗传资源数据管理服务系统安全管理保障体系设计与实施

　　系统安全管理保障体系的设计与实施，是指构建、开发、部署、集成、验证组成安全管理保障子系统的管理项集合并实质生效，以满足系统所有的安全管理保障要求。

7.3.1　安全保障组织管理架构设计与实施

　　网络安全组织管理架构是确保网络安全决策落实、支持网络安全工作开展的基础。构建和完善网络安全组织结构，明确不同安全组织、不同安全角色的定位、职责以及相互关系，强化网络安全的专业化管理，实现对安全风险的有效控制。

1. 人类遗传资源数据管理服务系统安全管理保障组织架构

从人类遗传资源数据管理服务系统安全管理保障的需求出发，设立安全保障决策机构、安全保障管理机构、安全保障执行机构以及安全保障监管机构，具体如表 7.4 所示。

表 7.4　　人类遗传资源数据管理服务系统安全保障组织架构

机构设置	具体职能
安全保障决策委员会	对该系统的网络安全工作进行最高决策，从整体上来指导和控制网络安全工作
安全保障管理委员会	制定网络安全工作规则，管理决策推行，负责网络安全日常管理和监控，为决策组织提供必要的决策所需信息
安全保障执行委员会	负责具体网络安全控制措施的执行和开展
安全保障监管委员会	独立地审查和监督系统内网络安全工作的开展情况，审查监督的结果提供给安全保障决策委员会，以持续改进网络安全

2. 人类遗传资源数据管理服务系统安全保障团队和安全人力资源

基于遗传资源管理服务系统网络安全现状，结合国家标准和国际最佳实践，组建安全团队和配备安全人力资源，具体如表 7.5 所示。

表 7.5　　人类遗传资源数据管理服务系统安全保障组织管理架构

保障团队和人力资源	具体职能
安全保障主管	领导安全保障决策委员会，组建网络安全保障管理部门
安全保障管理团队	建设及维护安全保障管理体系；组织开展信息资产与风险评估相关工作；定期汇报网络安全整体情况；处理网络安全相关的合作与沟通
安全保障运维团队	维护网络安全：配置管理安全设备、应用安全策略、处理安全事件、安全应急响应等
安全保障审计团队	落实安全审计，独立审查和监督网络安全工作的开展情况和网络安全组织的运行情况，向安全保障委员会汇报审计结果，为网络安全工作的改进完善提供支持
安全保障专家团队	由内部安全专家组成，对各团队的工作给出意见和建议，并提出发展性规划建设建议
安全保障专家支持	在安全保障决策和管理委员会的管理下，实施网络安全咨询及执行工作，提供外部智力支撑

7.3.2　网络安全策略体系设计与实施

遗传资源管理服务系统安全管理保障体系编制了四级策略文件，为阐述声明、规定、指导、记录、证实、评价、保障和培训要求提供支持。图 7.4 给出了遗传资源管理服务系统安全管理保障策略文件体系。

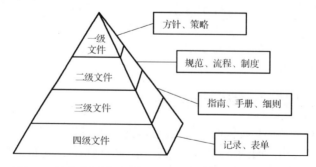

图 7.4　遗传资源管理服务系统安全管理保障策略文件体系

一级文件为《人类遗传资源数据管理服务系统安全策略》，是该系统的网络安全保障工作总纲，规定了该系统网络安全的总方针和主策略，主要阐述管理层承诺、网络安全方针以及网络安全原则，适用于整个组织层面。

二级文件为《人类遗传资源数据管理服务系统网络安全保障规范与程序》，是网络安全策略体系的核心，明确信息安全各领域的具体要求，包括《网络安全保障组织结构规划》《网络安全保障组织人员职责规定》《资产管理安全实施规范》《信息资产分类及处理指南》《信息资产安全管理办法》《员工网络安全行为准则》《外部人员网络安全管理办法》《网络安全教育与培训制度》等。

三级文件为《人类遗传资源数据管理服务系统安全保障手册与细则》，是二级文件的实施文档，针对具体系统提出了网络安全各领域的详细做法，可指导和规范具体工作的操作及工作流程，保障安全工作的制度化和日常化。

四级文件为《人类遗传资源数据管理服务系统安全保障记录与表单》，是上述各级文件中政策、标准、规程的实际执行结果留痕，在实施阶段与三级文件统筹设计和确定。

7.3.3　信息安全与隐私保护标准体系建设

人类遗传资源数据管理服务云平台，构建了从遗传资源采集、存储、利用直至共享的全流程安全数字化管理体系，从而实现了国家级遗传资源的全链条精准协同管理。而遗传资源样本统一标准规范是平台建设运行的基础，范畴涵盖标准作业流程、数据标准、数据交换标准等；样本数据资源安全和隐私保护标准是平台建设运行的保障，可为资源大数据收集、整理、分析、挖掘、共享建立安全标准化体系，为遗传资源数据提供网络安全保障，降低隐私数据泄露的风险。

人类遗传资源管理服务的信息安全与隐私保护标准化建设，是国家人类遗传资源标准规范体系的重要组成部分，是遗传资源整理、整合以及共享的必要前提。基于标准规范体系，对分散的、独立的、具体的海量人类遗传资源进行标准化整理、整合和数字化表达，实现虚拟库中的资源数据与实体库中的资源样本逐一对应，实现信息资源和实物资源的全面共享。依托人类遗传资源共性描述、人类遗传资源数据质量控制、人类遗传资源特性信息描述、人类遗传资源个性信息描述规范编写规则等规范，遵循人类遗传资源标本收集、整理及保存、人类遗传资源标本加工与复制备份、人类遗传资源库建设等系列技术规程，制定遗传临床样本及其数据资源的收集整理与整合共享技术标准、遗传资源管理服务云平台风险评估、遗传资源数据隐私保护等标准，构建遗传资源的数据收集、整理、分析、挖掘、共享的安全标准化体系，保障其安全共享与隐私保护。

7.3.4　系统安全管理及运维服务

系统安全管理及运维服务主要涉及安全管理、运维服务以及测评等服务，如表 7.6 所示。

表 7.6　系统安全管理、运维服务以及测评服务示意

安全管理与运维服务内容		具体要求
安全管理服务	网络安全组织机构规划	结合等级保护要求和系统组织实际，进行组织结构规划
	网络安全策略总纲设计	结合等级保护要求和系统组织实际，进行网络安全策略总纲设计
	网络安全管理制度设计	结合等级保护要求和系统组织实际，进行网络安全各项管理制度设计
	网络安全技术规范设计	结合等级保护要求和系统组织实际，进行各种网络安全技术规范设计

续表

安全管理与运维服务内容		具体要求
安全运维服务	网络安全风险评估	每季度进行一次安全风险评估
	信息系统安全加固	每季度进行一次安全加固
	网络安全巡检	每季度进行一次安全巡检支持
	日常安全技术支持	每年日常技术支持
安全测评服务	系统安全测评服务	对业务系统进行安全测评服务
	安全整改服务	在安全测评前、后，根据测评结果提供整改服务

7.4　人类遗传资源数据管理服务系统安全测试与评估

系统安全测评是指依据一定的标准进行测试，评估系统所能达到的安全级别和可信程度。测评过程较为复杂，涉及系统的物理和环境、网络和通信、设备和计算、应用和数据等方面的安全技术体系，也包括管理机构、管理制度以及人员等安全管理方面的内容。根据系统安全性测试、评估和认定的目的，以及依据标准及测评方法的不同，系统安全测评可分为系统安全等级保护测评、系统安全保障能力评估、系统安全方案评审等。本系统参照网络安全等级保护三级要求来进行安全保障测评，分为安全技术测评和安全管理测评两大类。

7.4.1　人类遗传资源数据管理服务系统安全合规测评

本系统参照网络安全等级保护三级要求来进行安全合规测评。

1. 人类遗传资源数据管理服务系统安全技术测评

安全技术测评包括物理和环境安全、网络和通信安全、设备和计算安全、应用和数据安全 4 个层面。其中应用和数据测评包括应用平台(如 IIS 等)的测评，且和网络、主机乃至数据等其他层面关联较大，各个应用系统的业务和数据流程各不相同，需要根据具体的业务和数据特点来确定范围。表 7.7 所示为应用和数据安全测评具体示例。

表 7.7　人类遗传资源数据管理服务系统应用和数据安全之身份鉴别测评

控制点	安全控制点要求项	实际系统采取的安全措施
身份鉴别	应用系统提供专用的登录控制模块对登录的用户进行身份标识和鉴别	各系统具有专用的登录控制模块,可实现登录用户身份标识和鉴别
	应用系统登录控制模块对同一用户采用两种或两种以上组合的鉴别技术实现用户身份鉴别	同一用户采用用户名/密码和 U 盾认证组合鉴别技术实现用户身份鉴别
	应用系统提供重复用户身份标识检查和鉴别信息复杂度检查功能,保证应用系统中不存在重复用户身份标识,身份鉴别信息不易被冒用	系统进行重复用户身份标识检查,并具有口令强度限填检查措施,具有口令强度显示功能,系统中不存在弱口令
	应用系统提供登录失败处理功能	登录失败,具有结束会话、限制非法登录次数、登录连接超时自动退出功能
	应用软件安装后应启用身份鉴别、重复用户身份标识检查、用户身份鉴别信息复杂度检查以及登录失败处理功能,并根据安全策略配置相关参数	应用软件安装后自动进行身份鉴别、重复用户身份标识检查、用户身份鉴别信息复杂度检查以及登录失败处理

2. 人类遗传资源数据管理服务系统安全管理测评

安全管理测评包括安全策略和管理制度、安全管理机构和人员、安全建设管理、安全运维管理 4 个方面的安全控制测评。

下面以安全管理测评为例说明，如表 7.8 所示。

表 7.8　人类遗传资源数据管理服务系统安全管理测评

安全控制点要求项	实际系统采取的安全措施
定级和备案	以书面的形式说明保护对象的边界、保护等级及定级的方法和理由；组织相关部门和有关安全技术专家对定级结果的合理性和正确性进行论证和审定；定级结果经过相关部门的批准；将备案材料报主管部门和公安机关备案
安全方案设计	按三级等保选择了基本安全措施，依据风险分析的结果补充和调整安全措施；进行了安全整体规划和安全方案设计，并进行了合理性和正确性论证和审定，形成了配套文件；经批准后实施
产品采购和使用	产品采购和使用符合国家的有关规定；密码产品采购和使用符合国家密码主管部门的要求
自行软件开发	开发环境与实际运行环境物理分开，测试数据和测试结果受控；具有软件开发管理制度、代码编写安全规范、软件设计的相关文档和使用指南；软件开发过程中进行了安全性测试、安装前对恶意代码进行检测；实施了版本控制；开发活动受到了控制、监视和审查
外包软件开发	软件交付前进行软件质量恶意代码检测；开发单位提供了软件设计文档、使用指南及软件源代码，对可能存在的后门和隐蔽信道进行审查
工程实施	指定或授权专门的部门或人员负责工程实施过程的管理；制定工程实施方案控制安全工程实施过程；通过第三方工程监理控制项目的实施过程

3. 人类遗传资源数据管理服务系统安全整体测评

对人类遗传资源数据管理服务系统安全测评结果进行整理，并将其与预期结果进行比较，从而得出各个方面的单项符合结论，在判定时需要结合业务和数据流程进行综合分析，而不能简单地依据单点结果来得出结论。在单元测评完成并进行测评结果判定后，针对单项测评结果的不符合项，采取逐条判定的方法，从安全控制间、层面间和区域间出发考虑，给出整体测评的具体结果，并对系统结构进行整体安全测评。整体测评时，对每一个部分符合或不符合的测评项进行分析，对部分符合和不符合测评项进行关联，找出是否有可以相互弥补的测评项，从而降低或消除此部分符合或不符合的测评项而导致测评结果的片面性和不合理性。

系统整体测评涉及信息系统的整体拓扑、局部结构，也关系到信息系统的具体安全功能实现和安全控制配置，与特定信息系统的实际情况紧密相关，内容复杂且具有鲜明的个体特征。因此，难以全面地给出系统整体测评要求的完整内容、具体实施方法和明确的结果判定方法。测评人员应根据特定信息系统的具体情况，结合测评标准要求，确定系统整体测评的具体内容，在安全控制测评的基础上，重点考虑安全控制间、层面间以及区域间的相互关联关系，判别安全控制间、层面间和区域间是否存在安全功能上的增强、补充和削弱作用以及信息系统整体安全性。

7.4.2　人类遗传资源数据管理服务云平台安全保障能力综合评估

只有对人类遗传资源数据管理服务云平台具有的安全保障能力进行有效评估，才能充分掌握系统的安全状况。为了能够量化处理该云平台安全组件之间的互相影响，可采用 ANP 方法进行分析，该方法的关键在于合理处理与分析评估指标之间的关联关系，并通过网络结构来表达。各指标之间的关系和影响强度可通过决策与试验评价实验室法(Decision Making Trial and Evaluation Laboratory，DEMATEL)方法来确定。采用 DEMATEL 方法，筛选出该云平台安全保障能力评估关键指标，建立 ANP 网络结构并进行权重计算，最后利用模糊评判等方法对安全保障能力进行综合评价。为突出方法并受篇幅所限，本节侧重于流程叙述，略去计算细节。

1. 人类遗传资源数据管理服务云平台安全保障能力评估指标

首先要确定该云平台安全保障能力的测评目标和准则。通过对人类遗传资源数据管理服务云平台特点和安全需求的分析，确定决策目标、准则和子指标。为准确地评估该云平台的安全性能，首先需要选取合适的指标体系。建立合适的指标体系是表征云平台安全性能的有效手段，也是进行量化评估的基础。

人类遗传资源数据管理服务云平台安全能力评估指标包括 5 部分：物理和环境安全、网络和通信安全、设备和计算安全、应用和数据安全以及管理安全。考虑该云平台的实际现状，在所给出的人类遗传资源数据管理服务云平台安全能力指标体系基础上，进行合理的筛选和归纳整理，以建立适合该云平台的系统安全指标体系。

以 $\{P_1, P_2, P_3, P_4, P_5\}$ 分别代表物理和环境安全、网络和通信安全、设备和计算安全、应用和数据安全与管理安全 5 项一级指标，再对指标集进行细分，以 $\{e_{11}, \cdots, e_{18}\}$、$\{e_{21}, \cdots, e_{29}\}$、$\{e_{31}, \cdots, e_{38}\}$、$\{e_{41}, \cdots, e_{49}\}$、$\{e_{51}, \cdots, e_{58}\}$ 分别代表各最底层指标，生成如图 7.5 所示的人类遗传资源数据管理服务云平台的安全保障能力评估指标体系。

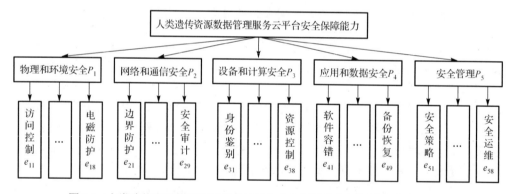

图 7.5 人类遗传资源数据管理服务云平台安全保障能力指标层次结构示意图

2. 基于 DEMATEL 的安全保障能力指标关联和影响分析

根据人类遗传资源数据管理服务云平台的安全保障能力评估指标，构建这种复杂信息系统的安全保障能力评估网络层次指标模型，其控制层目标是该云平台的安全性能，ANP 建模方法要求网络层元素组之间建立关联关系，如图 7.6 所示。

人类遗传资源数据管理服务云平台由于其复杂性和系统性，安全指标之间的关联错综复杂，关联结构规模庞大，需要梳理指标之间的关联关系，并筛选出重要的影响关系，以优化模型，科学简化后续计算。根据上一步确定的目标、准则和子指标，利用 DEMATEL 方法进行分析，得到安全保障能力指标之间的关联和相互影响。

DEMATEL 是美国 Bottelle 研究所提出的一种用于因素分析与识别的方法。该方法运用图论与矩阵工具分析系统要素，计算出每个因素的影响度和被影响度，并得到中心度和原因度，方便进一步进行结构分析和优化。该方法主要步骤为：确定直接影响关系、构建直接影响矩阵、标准化和构建综合影响矩阵、计算中心度和原因度。中心度表示该元素在整个安全性能指标体系中的重要性，元素的中心度值越高，表明该元素与其他元素的联系越密切。原因度表示该元素对其他元素的影响程度大小，该值越大，表明该元素对其他元素影响越大，而自身受其他元素影响越小。

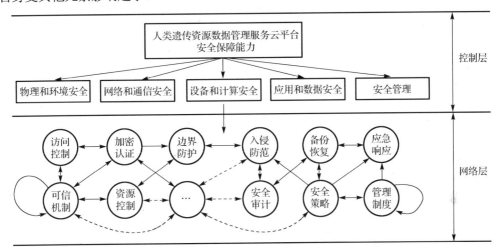

图 7.6　人类遗传资源数据管理服务云平台安全保障能力指标 ANP 模型示意图

通过 DEMATEL 分析，可以得到：访问控制、加密认证、边界防护、入侵防范、可信机制、资源控制、安全审计、安全策略、管理制度等指标组的中心度均明显高于其他指标，说明这些指标（组）在人类遗传资源数据管理服务云平台安全能力指标体系中作用更加明显。原因度方面，访问控制、资源控制和备份恢复的原因度均为高负值，说明这三个指标的独立性很差，受其他指标的影响非常高。事实上，访问控制通常要靠其他安全手段和策略来配合，脱离系统的安全策略，想要提高访问控制效能是不现实的。同时，加密认证、边界防护、入侵防范、可信机制、安全审计、安全策略、管理制度等影响值较高，说明这些指标对其他指标影响程度较高。

3. 构建 ANP 评估模型

前面通过 DEMATEL 方法对指标之间的关联性进行了分析，下一步就是根据元素之间的相互关系和影响强弱，参考前面的 DEMATEL 计算结果，从评估指标体系中选取重要以及与其他指标关联程度较高（中心度在 0.5 以上）的指标进行建模合成 ANP 网络结构，即构建 ANP 评估模型。这样既满足了评估精度要求，又能在很大程度上减少计算量。图 7.7 给出了人类遗传资源数据管理服务云平台安全保障能力指标网络结构示意图。

4. 各指标的全局权重值计算和综合评价

从图 7.7 可以看出，经过 DEMATEL 方法对指标重要性和关联性进行分析后，选出的指标构成的网络结构规模控制得较好，复杂程度也较低，极大地方便了后续的计算。接下来是构建 ANP 超矩阵，计算权重向量，然后计算极限超矩阵。由于指标网络模型中，控制层只有一个准则，即人类遗传资源数据管理服务云平台安全保障能力，接下来所进行的所有运算，均是根据此准则进行的，后面不再说明。

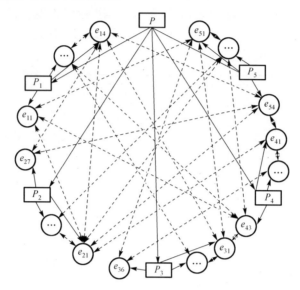

图 7.7　人类遗传资源数据管理服务云平台安全保障能力指标网络结构示意图

将各一级指标之间互相比较形成的加权矩阵与未加权超矩阵按照公式合成，得到加权超矩阵。对该矩阵进行极限化操作，得到极限向量，即各个指标的全局权重值。然后，按判断集进行打分，并和全局权重值加权构造模糊判断子集，得到系统最终评分。

综上，通过人类遗传资源数据管理服务系统安全保障管理体系设计与实施，制定了样本资源管理服务云平台的系统安全标准规范及其实施指南，构建了遗传资源信息与隐私数据安全综合防护体系，实现了人类遗传资源及其数据资源采集、处理、保藏、挖掘、共享的全流程可视化管理，保障了系统和规模化收集包括遗传临床样本资源以及信息资源在内的完备和标准化的临床样本数据的安全，满足了面向云服务提供者和云用户的、涵盖云平台全生命周期的系统开发与供应链安全、系统与通信保护、访问控制、配置管理、维护、应急响应与灾备、审计、风险评估与持续监控、安全组织与人员、物理与环境安全、隐私保护等一系列安全保障要求。该系统促进了规模化临床样本向大数据资源的转化、整合、管理与共享，形成了标准化、可共享和第三方的遗传资源多层次组学信息库，实现了云平台与大数据安全综合一体化防护，有效地解决了遗传资源数据开放共享与数据安全保护之间的突出矛盾，为遗传资源领域的科研、共享、开发、转化与临床应用提供了有力支撑，还可为医卫行业其他云平台系统及其安全保障体系建设提供有益参考。

参 考 文 献

陈华山, 皮兰, 刘峰, 等, 2015. 网络空间安全科学基础的研究前沿及发展趋势. 信息网络安全, (3): 1-5.

Denzin N K, Lincoln Y S, 2010. 定性研究: 解释、评估与描述及定性研究的未来. 风笑天译. 重庆: 重庆大学出版社.

Dori D, 2017. 基于模型的系统工程—综合运用 OPM 和 SysML. 杨峰, 王文广, 王涛, 等译. 北京: 电子工业出版社.

方滨兴, 2015. 从层次角度看网络空间安全技术的覆盖领域. 网络与信息安全学报, (1): 2-7.

工业互联网产业联盟. 工业互联网-安全防护要求. [2018-02-20] http://www.aii-alliance.org/index.php?m=content&c=index&a=show&catid=25&id=214.

工业互联网产业联盟. 工业互联网安全框架. [2018-02-10] http://www.aii-alliance.org/index.php?m=content&c=index&a=show&catid=23&id=210.

工业互联网产业联盟. 工业互联网-安全总体要求. [2018-02-18] http://www.aii-alliance.org/index.php?m=content&c=index&a=show&catid=25&id=213.

工业互联网产业联盟. 工业互联网平台-可信服务评估评测要求. [2017-11-30] http://www.aii-alliance.org/index.php?m=content&c=index&a=show&catid=25&id=178.

Gray R M, 2012. 熵与信息论(影印版). 北京: 科学出版社.

何大韧, 刘宗华, 汪秉宏, 2009. 复杂系统与复杂网络. 北京: 高等教育出版社.

何晓群, 2016. 现代统计分析方法与应用. 北京: 中国人民大学出版社.

胡昌振, 2010. 网络入侵检测原理与技术. 北京: 北京理工大学出版社.

Hermann Haken, 2005. 协同学: 大自然构成的奥秘. 凌复华译. 上海: 上海译文出版社.

Hermann Haken, 2010. 信息与自组织. 郭治安译. 成都: 四川教育出版社.

Hitchins D K, 2017. 系统工程: 21 世纪的系统方法论. 朱一凡, 王涛, 杨峰译. 北京: 电子工业出版社.

Holland J P, 2011. 隐秩序: 适应性造就复杂性. 周晓牧, 韩晖译. 上海: 上海世纪出版集团.

李凤华, 2015. 信息技术与网络空间安全发展趋势. 网络与信息安全学报, 1(1): 8-17.

李建华, 2016. 网络空间威胁情报感知、共享与分析技术综述. 网络与信息安全学报, 2(2): 16-29.

刘烃, 田决, 王稼舟, 等, 2019. 信息物理融合系统综合安全威胁与防御研究. 自动化学报, 45(1): 5-24.

倪光南, 2014. 为保障网络空间安全提供法规制度支撑. 信息安全与通信保密, (8): 6-7.

钱学森, 2011. 钱学森系统科学思想文选. 北京: 中国宇航出版社.

钱学森, 宋健, 2011. 工程控制论. 3 版. 北京: 科学出版社.

卿斯汉, 2015. 关键基础设施安全防护. 信息网络安全, 2015, (2): 1-6.

沈昌祥, 2015. 关于中国构建主动防御技术保障体系的思考. 中国金融电脑, (1): 13-16.

沈小峰, 胡岗, 姜璐, 1987. 耗散结构论. 上海: 上海人民出版社.

孙宏才, 田平, 王莲芬, 等, 2011. 网络层次分析法与决策科学. 北京: 国防工业出版社.

谭跃进, 赵青松, 2011. 体系工程的研究与发展. 中国电子科学研究院学报, 6(5): 441-445.

涂序彦, 王枞, 刘建毅, 2010. 智能控制论. 北京: 科学出版社.

Thomas R, 2017. 机器崛起: 遗失的控制论历史. 王晓, 郑心湖, 王飞跃译. 北京: 机械工业出版社.

Von B, 1987. 一般系统论: 基础、发展和应用. 林康义, 魏宏森译. 北京: 清华大学出版社.

汪应洛, 2017. 系统工程. 5 版. 北京: 机械工业出版社.

王科, 2018. 系统综合评价与数据包络分析方法: 建模与应用. 北京: 科学出版社.

王育民, 李晖, 2013. 信息论与编码理论. 2 版. 北京: 高等教育出版社.

王越, 罗森林, 2015. 信息系统与安全对抗理论. 2 版. 北京: 北京理工大学出版社.

魏宏森, 2009. 系统论: 系统科学哲学. 北京: 世界图书出版社.

吴建平, 2016. 网络空间安全的挑战和机遇. 中国教育网络, (5): 20-22.

吴志军, 杨义先, 2010. 信息安全保障评价指标体系的研究. 计算机科学, (7): 7-10, 82.

肖双爱, 吴浩, 王积鹏, 等, 2016. 面向综合电子信息系统效能评估的仿真技术研究. 电子世界, (14): 48-49.

谢宗晓, 2012. 信息安全管理体系实施指南. 北京: 中国标准出版社.

闫怀志, 2017. 网络空间安全原理、技术与工程. 北京: 电子工业出版社.

杨健, 2018. 定量分析方法. 北京: 清华大学出版社.

杨克巍, 赵青松, 谭跃进, 等, 2011. 体系需求工程技术与方法. 北京: 科学出版社.

杨义先, 钮心忻, 2018. 安全通论. 北京: 电子工业出版社.

杨义先, 杨庚, 2016. 专题: 网络空间安全. 中兴通讯技术, (1): 1-1.

游光荣, 张英朝, 2010. 关于体系与体系工程的若干认识和思考. 军事运筹与系统工程, 24(2): 13-20.

张发明, 2018. 综合评价基础方法及应用. 北京: 科学出版社.

张维明, 刘忠, 阳东升, 等, 2010. 体系工程理论与方法. 北京: 科学出版社.

赵战生, 谢宗晓, 2016. 信息安全风险评估. 2 版. 北京: 中国标准出版社.

中华人民共和国国家质量监督检验检疫总局, 中国国家标准化管理委员会, 2012. 信息安全技术-信息系统安全等级保护测评过程指南: GB/T 28449-2012. 北京: 中国标准出版社.

中华人民共和国国家质量监督检验检疫总局, 中国国家标准化管理委员会, 2016. 信息安全技术-信息安全风险评估实施指南: GB/T 31509-2015. 北京: 中国质检出版社.

Anderson R J, 2008. Security Engineering: A Guide to Building Dependable Distributed Systems, 2nd ed.

Andreas R C K, Richard M, Alexander M, 2018. An architectural approach to the integration of safety and security requirements in smart products and systems design. CIRP Annals - Manufacturing Technology, 67: 173-176.

Collberg C, Nagra J, 2010. Surreptitious Software: Obfuscation, watermarking, and tamper proofing for software protection. Boston: Addison-Wesley.

Chapurlat V, Daclin N, 2012. System interoperability: Definition and proposition of interface model in MBSE context. IFAC Proc, 45: 1523-1528.

Chen J H, Yu L, Chen K, et al. , 2014. Attribute basedkey insulated signature and its applications. Information Sciences, 275: 57-67.

Ding D R, Han Q L, Xiang Y, et al., 2018. A survey on security control and attack detection for industrial cyber-physical systems. Neurocomputing, 275: 1674-1683.

Eberz S, Rasmussen K B, Lenders V, et al. , 2016. Looks like eve: Exposing insider threats using eye movement biometrics. ACM Transactions on Privacy and Security, 19(1): 1-5.

Felice R, Lafser K, 2013. Improving requirements engineering through the application of MBSE. Proceedings of the 2013 Industrial and Systems Engineering Research Conference. Norcross: 293-333.

Hashem Y, Takabi H, Ghasemi G M, et al., 2016. Inside the mind of the insider: Towards insider threat detection using psychophysiological signals. Information Security, 6(1): 20-36.

Horowitz B M, Katherine M, Pierce, 2013. The integration of diversely redundant designs, dynamic system models, and state estimation technology to the cyber security of physical systems. Systems Engineering, 16(4): 401-412.

Li J G, Du H T, Zhang Y C, et al. , 2014. Provably secure certificate based key insulated signature scheme. Concurrencyand Computation: Practice and Experience, 26(8): 1546-1560.

Lukei M, Hassan B, Dumitrescu R, et al. 2016. Modular inspection equipment design for modular structured mechatronic products—Model based systems engineering approach for an integrative product and production system development. Procedia Tech, 26: 455-464.

Roy S, Ellis C, Shiva S, et al. , 2010. A survey of game theory as applied to network security. Proceedings of the 43rd Hawaii International Conference on System Sciences(HICSS'43): 1-10.

Sandro B, Alessandro F, Maurizio M, 2013. Cyber Security and Resilience of Industrial Control Systems and Critical Infrastructures. Berlin: Springer International Publishing.

Seito T, Shikata J, 2011. Information theoretically secure key insulated key agreement. Proceedings of the 2011 IEEE Information Theory Workshop, Brazil: 287-291.

Stouffer K, Falco J, Scarfone K, 2011. Guide to industrial control system (ICS) security, SP800-82. Gaithersburg: National Institute of Standards and Technology(NIST).

Wan Z M, Li J G, Hong X, 2013. Parallel key insulated signature scheme without random oracles. Journal of Communications and Networks, 15(3): 252-257.

Wang L, 2014. Researches on the potential risks and solutions of industrial control information security. Applied Mechanics and Materials, 68: 2055-2058.

Wang Y Z, Yun M, Li J Y, et al. , 2012. Stochastic game net and applications in security analysis for enterprise network. International Journal of Information Security, 11(1): 41-52.

Zhang B Y, Chen Z G, Tang W S, et al. , 2011. Network security situation assessment based on stochastic game model. ICIC'11 Proceedings of the 7th International Conference on Advanced Intelligent Computing sssss(ICAIC'7): 517-525.